高等职业教育课程改革项目研究成果系列教材
"互联网+"活页式新形态教材

电子技术基础项目式教程

(活页式教材)

主　编　董小琼　张　芳　张　璐
副主编　周秀珍　甘先锋　李培丽
参　编　陈梦婕　王　菲　冷海滨　刘　越
主　审　余海明

北京理工大学出版社
BEIJING INSTITUTE OF TECHNOLOGY PRESS

内 容 简 介

本教材共分为六个项目，内容包括半导体器件的识别与检测、小信号电压放大电路的制作与调试、集成运算放大器应用电路制作、小功率直流稳压电源的制作与调试、门电路和组合逻辑器件应用电路制作、触发器与时序逻辑器件应用电路制作。其中每个项目以 1~2 个任务为载体，将电子技术的基本理论知识、实践技能、职业素养融入任务中。每个任务以问题式、启发式的方式抛砖引玉，让学生在"学中做，做中学"，有利于掌握知识、形成技能、提高能力。为方便教学，本教材还配备了电子教案、电子课件，提供了课程网站；还将教学视频、仿真电路、动画等以二维码的形式呈现出来。

本教材可作为高等职业技术学院、高等职业专科学校、成人院校等的电力、电气自动化、机电一体化、计算机技术、新能源发电技术等专业"电子技术"课程教学用书，也可作为从事电子行业的工程技术人员的参考用书。

版权专有　侵权必究

图书在版编目（CIP）数据

电子技术基础项目式教程 / 董小琼，张芳，张璐主编. －－北京：北京理工大学出版社，2023.12

ISBN 978-7-5763-3284-1

Ⅰ.①电⋯　Ⅱ.①董⋯ ②张⋯ ③张⋯　Ⅲ.①电子技术-教材　Ⅳ.①TN

中国国家版本馆 CIP 数据核字（2024）第 012814 号

责任编辑：封　雪　　**文案编辑：**毛慧佳
责任校对：刘亚男　　**责任印制：**施胜娟

出版发行 / 北京理工大学出版社有限责任公司
社　　址 / 北京市丰台区四合庄路 6 号
邮　　编 / 100070
电　　话 /（010）68914026（教材售后服务热线）
　　　　　　（010）68944437（课件资源服务热线）
网　　址 / http：//www.bitpress.com.cn

版 印 次 / 2023 年 12 月第 1 版第 1 次印刷
印　　刷 / 河北盛世彩捷印刷有限公司
开　　本 / 787 mm×1092 mm　1/16
印　　张 / 17.75
字　　数 / 394 千字
定　　价 / 58.00 元

图书出现印装质量问题，请拨打售后服务热线，负责调换

前言

本教材贯彻落实党的二十大精神及中共中央办公厅和国务院办公厅印发的《关于深化现代职业教育体系建设改革的意见》中的主要精神，本着"工学结合、项目引导、任务驱动、教学做一体化"的原则，融入电子产品设计制作赛项相关要求，立足培养学生的岗位能力，以"理论够用"和"着眼应用及培养电子技术领域的大国工匠精神"为原则编写。

随着信息时代的快速发展，电子技术被社会赋予了更高的要求。作为高职电类及自动化类专业必修的专业基础课，"电子技术基础"课程的教学必须贯彻中共中央办公厅和国务院办公厅印发的《关于深化现代职业教育体系建设改革的意见》的主要精神，推进"三教"改革，贯彻落实党的二十大精神"三进"要求，培养爱党报国、敬业奉献、德才兼备的高素质劳动者和技术技能人才。

本编写团队基于"校企合作、岗课赛证融通"机制，根据高等职业教育的人才培养目标和基于工作过程的课程体系，针对企业和社会对电子技术方面人才知识、技能、素养的要求，以实践应用为主体，以真实项目为载体，开发了本教材。另外，教材中还适时引入二维码微视频《高速发展的中国电子技术》和二维码文档《大国工匠之电子科技》等，旨在介绍将青春和汗水献给了电子通信技术事业，推动了中国在新一轮科技革命中勇立潮头的大国工匠们。此处，思政案例的融入，有助于培养学生专心致志的学习态度和精益求精、勇攀科技高峰的科学精神，激励学生努力学好电子技术，拥有报效祖国的学习热情，为推动数字经济高质量发展和构建数字中国做出贡献。本教材具有以下特色：

（1）企业工程人员参与制定编写大纲，并提出全面编写建议且参与部分内容的编写，实现了人才培养与企业需求的接轨。

（2）从岗位需求分析出发，确定知识目标、技能目标、素养目标，以"够用、实用"为原则精心组织教材内容。

（3）融入电子产品设计与制作技能竞赛和"1+X集成电路开发与测试"职业技能等级证书对电子技术的知识要求、技能要求、素养要求，实现"岗课赛证"相融。

（4）把握学生的认知规律，由浅入深，循序渐进地编排教学项目，以生活中常见的、容易引起学生兴趣的电子产品制作和电子技能竞赛部分实践内容作为项目的实践任务，将相关理论知识、实践技能、必备素养有机融入制作过程，让学生边学边用，边用边学。

（5）项目中任务（电子产品制作）的选取具备典型性、实用性、综合性和可操作性。

各任务的完成过程渗透着社会主义核心价值观，体现了"职业道德"和"安全生产"的主题，展现了工匠精神。

本教材共分为六个项目。其中，项目一"半导体器件的识别与检测"主要介绍了二极管、三极管的结构、类型、主要参数，以及二极管的伏安特性、三极管的电流分配及放大作用、三极管的输入输出特性、电极和材料的判断等内容。项目二"小信号电压放大电路的制作与调试"主要介绍了三种组态放大电路的电路结构、静动态分析、非线性失真现象及原因，多级放大电路的耦合方式及电路的分析、集成运算放大器的基本知识、反馈的分类和负反馈对放大电路的影响等内容。项目三"集成运算放大器应用电路制作"主要介绍了集成运算放大器的线性和非线性的典型应用电路等内容。项目四"小功率直流稳压电源的制作与调试"主要介绍了整流与滤波电路、稳压电路、集成稳压器等。项目五"门电路和组合逻辑器件应用电路制作"主要介绍了数字电路基础知识、逻辑代数与逻辑门电路、组合逻辑电路的分析与设计、编码器与译码器等内容。项目六"触发器与时序逻辑器件应用电路制作"主要介绍了触发器、时序逻辑电路的分析、555定时器及其应用、典型的时序逻辑器件计数器和寄存器等。

学习本教材后，学生应能具备高级职业技术应用型人才所必备的电子技术的基本知识和基本技能，初步具有查阅电子元器件手册并合理选用元器件的能力、识图常见电路的能力、测试常用电路功能和排除简单故障的能力，并初步具有应用集成电路、分析和设计逻辑电路的能力。

本教材由湖北水利水电职业技术学院董小琼、张芳和襄阳汽车职业技术学院张璐任主编，由武汉职业技术学院周秀珍、湖北省樊口电排站管理处甘先锋、随州职业技术学院李培丽任副主编。另外，湖北水利水电职业技术学院陈梦婕、王菲、冷海滨、刘越也参与了本教材的编写。具体分工如下：董小琼、张芳、张璐分别负责项目二、项目三、项目五的编写，周秀珍、李培丽与甘先锋分别负责项目六中的任务一、任务二及项目一中的任务一的编写，陈梦婕与王菲参与编写项目四，冷海滨与刘越参与编写项目一中的任务二。董小琼负责总体策划及本教材的统稿。本教材由湖北水利水电职业技术学院余海明副教授主审。此外，在本书的编写过程中，一些老师亦提出了宝贵的意见与建议，在此一并表示感谢。

由于编者水平有限，书中难免存在疏漏之处，恳请广大读者批评指正。

编　者

目 录

项目一 半导体器件的识别与检测 ……………………………………………… (1)

 任务一 二极管的识别与检测 ………………………………………………… (1)
  学习目标 ………………………………………………………………………… (1)
  任务概述 ………………………………………………………………………… (2)
  任务引导 ………………………………………………………………………… (2)
  知识链接 ………………………………………………………………………… (2)
   知识点一 半导体基础知识 ………………………………………………… (2)
   知识点二 半导体二极管 …………………………………………………… (6)
   知识点三 特殊二极管 ……………………………………………………… (9)
   知识点四 半导体二极管的应用 …………………………………………… (12)
  任务实施 ………………………………………………………………………… (14)
  任务达标知识点总结 …………………………………………………………… (16)
  思考与练习1.1 ………………………………………………………………… (17)
 任务二 三极管的识别与检测 ………………………………………………… (20)
  学习目标 ………………………………………………………………………… (20)
  任务概述 ………………………………………………………………………… (20)
  任务引导 ………………………………………………………………………… (20)
  知识链接 ………………………………………………………………………… (21)
   知识点一 三极管的结构与分类 …………………………………………… (21)
   知识点二 三极管的电流分配与放大作用 ………………………………… (22)
   知识点三 半导体三极管的特性曲线及主要参数 ………………………… (25)
  任务实施 ………………………………………………………………………… (31)
  任务达标知识点总结 …………………………………………………………… (35)
  思考与练习1.2 ………………………………………………………………… (35)
  知识拓展 场效应管 …………………………………………………………… (37)

项目二　小信号电压放大电路的制作与调试 ……………………………………… (45)

任务一　共发射极放大电路的制作与调试 ………………………………………… (45)
- 学习目标 ……………………………………………………………………………… (45)
- 任务概述 ……………………………………………………………………………… (46)
- 任务引导 ……………………………………………………………………………… (46)
- 知识链接 ……………………………………………………………………………… (46)
  - 知识点一　放大电路基本知识 ………………………………………………… (46)
  - 知识点二　基本放大电路的分析 ……………………………………………… (50)
  - 知识点三　放大电路静态工作点的稳定 ……………………………………… (56)
  - 知识点四　共集与共基电路 …………………………………………………… (58)
- 任务实施 ……………………………………………………………………………… (61)
- 任务达标知识点总结 ………………………………………………………………… (64)
- 思考与练习2.1 ………………………………………………………………………… (65)

任务二　多级放大助听器电路的制作与调试 ……………………………………… (68)
- 学习目标 ……………………………………………………………………………… (68)
- 任务概述 ……………………………………………………………………………… (68)
- 任务引导 ……………………………………………………………………………… (69)
- 知识链接 ……………………………………………………………………………… (69)
  - 知识点一　多级放大电路 ……………………………………………………… (69)
  - 知识点二　集成运算放大器 …………………………………………………… (71)
  - 知识点三　负反馈放大器 ……………………………………………………… (74)
- 任务实施 ……………………………………………………………………………… (79)
- 任务达标知识点总结 ………………………………………………………………… (82)
- 思考与练习2.2 ………………………………………………………………………… (83)
- 知识拓展　场效应管放大电路 ……………………………………………………… (86)

项目三　集成运算放大器应用电路制作 …………………………………………… (91)

任务　热敏电阻式温度控制器电路的制作与调试 ………………………………… (91)
- 学习目标 ……………………………………………………………………………… (91)
- 任务概述 ……………………………………………………………………………… (91)
- 任务引导 ……………………………………………………………………………… (92)
- 知识链接 ……………………………………………………………………………… (92)
  - 知识点一　集成运算放大器的基本运算电路 ………………………………… (92)
  - 知识点二　集成运算放大器的非线性应用 …………………………………… (97)
- 任务实施 ……………………………………………………………………………… (100)
- 任务达标知识点总结 ………………………………………………………………… (103)
- 思考与练习3 …………………………………………………………………………… (103)
- 知识拓展　功率放大器 ……………………………………………………………… (107)

项目四　小功率直流稳压电源的制作与调试 ……………………………………… (115)

　任务　可调直流稳压电源的制作与调试 ………………………………………… (115)
　　学习目标 ………………………………………………………………………… (115)
　　任务概述 ………………………………………………………………………… (116)
　　任务引导 ………………………………………………………………………… (116)
　　知识链接 ………………………………………………………………………… (116)
　　　知识点一　整流与滤波电路 ………………………………………………… (116)
　　　知识点二　稳压电路 ………………………………………………………… (121)
　　　知识点三　集成稳压器 ……………………………………………………… (123)
　　任务实施 ………………………………………………………………………… (126)
　　任务达标知识点总结 …………………………………………………………… (128)
　　思考与练习 4 …………………………………………………………………… (128)
　　知识拓展　开关型稳压电源 …………………………………………………… (131)

项目五　门电路和组合逻辑器件应用电路制作 ………………………………… (134)

　任务一　摩托车防盗报警电路的制作与调试 …………………………………… (134)
　　学习目标 ………………………………………………………………………… (134)
　　任务概述 ………………………………………………………………………… (135)
　　任务引导 ………………………………………………………………………… (135)
　　知识链接 ………………………………………………………………………… (136)
　　　知识点一　数字电路基础 …………………………………………………… (136)
　　　知识点二　逻辑代数 ………………………………………………………… (141)
　　　知识点三　逻辑门电路 ……………………………………………………… (149)
　　任务实施 ………………………………………………………………………… (156)
　　任务达标知识点总结 …………………………………………………………… (159)
　　思考与练习 5.1 ………………………………………………………………… (160)
　　知识拓展　逻辑函数的卡诺图化简法 ………………………………………… (162)
　任务二　医院病床简易呼叫系统制作与调试 …………………………………… (170)
　　学习目标 ………………………………………………………………………… (170)
　　任务概述 ………………………………………………………………………… (170)
　　任务引导 ………………………………………………………………………… (170)
　　知识链接 ………………………………………………………………………… (171)
　　　知识点一　组合逻辑电路的分析与设计 …………………………………… (171)
　　　知识点二　编码器 …………………………………………………………… (174)
　　　知识点三　译码器 …………………………………………………………… (178)
　　任务实施 ………………………………………………………………………… (184)
　　任务达标知识点总结 …………………………………………………………… (186)
　　思考与练习 5.2 ………………………………………………………………… (187)

知识拓展　加法器与数据选择器和数据分配器 …………………………………（189）

项目六　触发器与时序逻辑器件应用电路制作 ………………………………（195）

　任务一　四人抢答器的设计与制作 ………………………………………………（195）
　　学习目标 ……………………………………………………………………………（195）
　　任务概述 ……………………………………………………………………………（196）
　　任务引导 ……………………………………………………………………………（196）
　　知识链接 ……………………………………………………………………………（197）
　　　知识点一　触发器 ………………………………………………………………（197）
　　　知识点二　时序逻辑电路的分析 ………………………………………………（209）
　　　知识点三　555定时器及其应用 ………………………………………………（211）
　　任务实施 ……………………………………………………………………………（218）
　　任务达标知识点总结 ………………………………………………………………（220）
　　思考与练习6.1 ……………………………………………………………………（221）
　任务二　物体流量计数器电路的设计与制作 ……………………………………（225）
　　学习目标 ……………………………………………………………………………（225）
　　任务概述 ……………………………………………………………………………（225）
　　任务引导 ……………………………………………………………………………（226）
　　知识链接 ……………………………………………………………………………（226）
　　　知识点一　计数器 ………………………………………………………………（226）
　　　知识点二　寄存器 ………………………………………………………………（234）
　　任务实施 ……………………………………………………………………………（237）
　　任务达标知识点总结 ………………………………………………………………（240）
　　思考与练习6.2 ……………………………………………………………………（240）
　　知识拓展　数/模与模/数转换 ……………………………………………………（243）

　附录一　半导体器件型号命名方法 …………………………………………………（256）
　附录二　部分常用半导体器件的型号和参数 ………………………………………（258）
　附录三　中国半导体集成电路型号命名方法 ………………………………………（260）
　思考与练习参考答案 …………………………………………………………………（265）
　参考文献 ………………………………………………………………………………（275）

项目一

半导体器件的识别与检测

项目说明

20世纪50年代初,随着半导体器件的出现,全世界的电子技术快速发展,我国在电子技术领域中的成就也日新月异,特别是电子计算机的高速发展及其在生产领域中的广泛应用,直接影响着工业、农业、科学技术和国防建设,关系着社会主义建设的发展速度和国家的安危;也直接影响到亿万人民的物质、文化生活。而半导体二极管和三极管是最基本的电子器件,也是电子线路中的核心元件,只有掌握它们的基本结构、性能、工作原理和工作特点,大家才能正确分析电子电路的工作原理,正确选择并合理使用二极管和三极管。而掌握二极管、三极管的识别和检测方法,是成功制作电路的前提。本项目包含两个任务:一是半导体二极管的识别与检测,二是半导体三极管的识别与检测。

高速发展的
中国电子技术

任务一 二极管的识别与检测

学习目标

[知识目标]
1. 了解半导体的基础知识;
2. 熟悉二极管的结构及特性;
3. 了解二极管的主要参数及其基本应用。

[技能目标]
1. 能从外形上识别二极管的极性;
2. 能用万用表判别二极管的极性,并对二极管进行质量检测;
3. 会查阅二极管相关资料及参数。

[素养目标]
1. 养成勤于思考、善于观察、勇于实践的学习习惯,形成规范操作的职业习惯;
2. 具备实事求是的科学态度和严肃认真的工作作风;
3. 培养团结协作、互帮互助的品质。

任务概述

由于二极管具有单向导电性,如果将其接错,则会导致电路无法正常工作,焊接电路板前必须对二极管好坏、极性进行判别。本任务要求准备 2AP 型、2CP 型、2CW 型二极管、发光二极管各一只,坏的二极管若干只,用万用表测试上述二极管的极性,鉴别二极管的质量好坏并查阅半导体器件手册来识读二极管的相关参数。各种型号的二极管如图 1-1 所示。

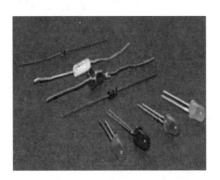

图 1-1 各种型号的二极管

任务引导

问题 1:在日常生活所用的电子产品中,你见过什么型号的二极管?

问题 2:二极管有什么重要特性?你能否设计出一个简单的电路来说明二极管的重要特性?

问题 3:怎样使用万用表判断二极管的极性和质量?

知识链接

知识点一　半导体基础知识

自然界中的各种物质按导电能力可分为导体、绝缘体、半导体。半导体的导电能力在导体和绝缘体之间,具有热敏性、光敏性和可掺杂性。利用光敏性可制成光电二极管、光电三极管、光敏电阻、光电池等;利用热敏性可制成各种热敏电阻;利用可掺杂性可制成如二极管、三极管、场效应管等性能不同、用途不同的半导体器件。而半导体器件是构成各种电子电路(包括模拟电路和数字电路、集成电路和分立元件电路)的基础。

在电子器件中，应用得最多的材料是硅和锗，它们都是四价元素，最外层的原子轨道上有 4 个电子，称为价电子。每个原子的 4 个价电子不仅受自身原子核的束缚，也被相邻原子核吸引。因此，每个价电子不仅围绕自身的原子核运动，也围绕相邻的原子核运动。也就是说，两个相邻的原子共有一对价电子，而这一对价电子便称为共价键，其结构如图 1-2 所示。

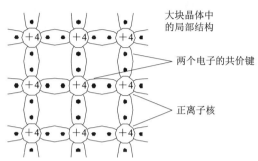

半导体基本知识

图 1-2 硅和锗的共价键结构

1. 本征半导体

纯净的、不含杂质的半导体称为本征半导体。在温度为零开尔文（-273.15 ℃）时，半导体每一个原子的外围电子被共价键所束缚，不能自由移动。

当温度升高或受光照时，有少数价电子从外界获得足够的能量，挣脱共价键的束缚，成为自由电子；同时，在原来共价键的相应位置上留下一个空位，这个空位称为空穴，如图 1-3 所示。空穴的出现是半导体区别于导体的一个重要特点。显然，自由电子和空穴是成对出现的，所以称它们为电子空穴对。在本征半导体中，电子与空穴的数量总是相等的，因此，本征半导体对外呈中性。我们把本征半导体在热或光的作用下产生的电子空穴对现象称为本征激发，又名热激发。

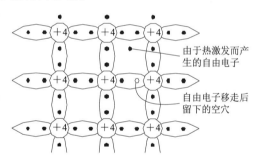

图 1-3 本征激发产生电子空穴对示意图

由于共价键中出现了空位，在外电场或其他能源的作用下，邻近的价电子就可填补过来，而这个价电子原来的位置上又出现了新的空位，其他价电子又可转移至此。这种价电子的填补运动称为空穴运动（可以将空穴视为一种带正电荷的载流子，它所带电荷和电子相等，符号相反）。由此可见，本征半导体中存在两种载流子：电子和空穴。而金属导体中只有一种载流子——电子。在常温下，本征半导体载流子浓度很低，因此导电能力很弱。当本征半导体受到光或热的作用时，由于外界能量的激发，较多的共价键发生破裂，产生大量的载流子，使半导体导电能力明显增强，呈现出半导体的光敏性、热敏性。本征半导体在外电场作用下，两种载流子的运动方向相反但形成的电流方向相同。

2. 杂质半导体

在纯净的半导体中掺入某种特定的杂质后，该半导体就成为杂质半导体。与本征半导体相比，杂质半导体的导电能力发生了显著的变化。根据掺入杂质的不同，其可形成两种不同的杂质半导体，即 N 型半导体和 P 型半导体。

1）N 型半导体

在纯净的半导体硅（或锗）中掺入微量五价元素（如磷）后，其就可成为 N 型半导体。由于五价的磷原子与相邻四个硅（或锗）原子组成共价键时，有一个多余的价电子不能构成共价键，这个价电子只受杂质原子核的束缚，在常温下很容易脱离原子核的束缚而成为自由电子。因此，在这种半导体中，自由电子数远大于空穴数，导电以电子为主，故此类半导体亦称电子型半导体。N 型半导体中自由电子是多数载流子（简称"多子"），空穴是少数载流子（简称"少子"），自由电子主要是由于掺杂产生的，而空穴是由原半导体热激发产生的。

讨论题 1：半导体导电和金属导体导电相比较有何特点？

2）P 型半导体

在硅（或锗）的晶体内掺入少量三价元素杂质，如硼（或铟）等。硼原子只有 3 个价电子，它与周围硅原子组成共价键时，由于缺少一个电子，很容易吸引相邻硅原子上的价电子而产生一个空穴。这个空穴与本征激发产生的空穴都是载流子，具有导电性能。掺入的三价元素杂质越多，空穴的数量越多。在 P 型半导体中，空穴数远远大于自由电子数，空穴为多数载流子（简称"多子"），自由电子为少数载流子（简称"少子"）。由于导电方式以空穴为主，此类半导体又称为空穴型半导体。

讨论题 2：P 型半导体多子为空穴，N 型半导体多子为自由电子，P 型半导体带正电、N 型半导体带负电吗？

3. PN 结的形成及特性

PN 结的形成及特性

PN 结形成（动画）

1）PN 结的形成

在一块完整的晶片上使用一定的掺杂工艺可以让一边形成 P 型半导体，让另一边形成 N 型半导体，而它们的交界面则会形成一个特殊的薄层。在 P 型和 N 型半导体交界面的两侧，由于载流子浓度的差别，N 区的电子必然向 P 区扩散，而 P 区的空穴要向 N 区扩散。扩散到 P 区的电子会由于与空穴复合而消失，扩散到 N 区的空穴也会因与电子复合而消失。复合的结果是在交界处两侧出现不能移动的正、负离子组成的空间电荷区，称为 PN 结。在此区域内，由于多数载流子已扩散到对方并复合了，或者说消耗尽了，因此其又称为耗尽层。在空间电荷区由于两侧出现正、负离子而产生内电场，其方向是从 N 区指向 P 区，内电场的建立阻碍了多数载流子的扩散运动，有助于少数载流子进行漂移运动，当扩散和漂移这一对相反的运动达到平衡时，相当于两个区之间没有电荷运动，此时的 PN 结达到一定宽度。

讨论题 3：空间电荷区有没有载流子？其对扩散运动有何影响？

2) PN 结的单向导电特性

在 PN 结两端外加电压的过程称为给 PN 结以偏置电压。

给 PN 结加正向偏置电压，即 P 区接电源正极，N 区接电源负极，此时称 PN 结为正向偏置（简称"正偏"），如图 1-4 所示。由于外加电源产生的外电场的方向与 PN 结产生的内电场方向相反，削弱了内电场，使 PN 结变薄，有利于两区多数载流子向对方扩散，从而形成较大的正向电流，此时的 PN 结处于正向导通状态，其中的正向电阻较小。

PN 结单向导电性原理（动画）

给 PN 结加反向偏置电压，即 N 区接电源正极，P 区接电源负极，称 PN 结反向偏置（简称"反偏"），如图 1-5 所示。由于外加电场与内电场的方向一致，因而加强了内电场，使 PN 结加宽，阻碍了多子的扩散运动。在外电场的作用下，只有少数载流子形成的很微弱的反向电流（一般为微安级），此工作状态称 PN 结反向截止，此时的 PN 结呈高阻状态。由于少数载流子是由于热激发产生的，PN 结中的反向电流受温度影响很大。

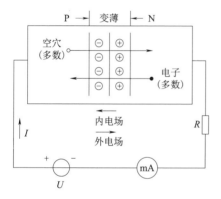

图 1-4　给 PN 结加正向偏置电压　　　图 1-5　给 PN 结加反向偏置电压

综上所述，PN 结具有单向导电性，即加正向偏置电压时导通，加反向偏置电压时截止。

3) PN 结的电容效应

PN 结除了具有单向导电性以外，当加于其上的电压发生变化时，PN 结的空间电荷也发生变化，这如同电容器充放电一样，因此，PN 结具有电容效应，可以视为等效电容，称为 PN 结电容。PN 结的电容大小与 PN 结面积成正比，与 PN 结宽度成反比，一般为几至几十 pF。

PN 结电容的存在使 PN 结的高频特性变坏，甚至当加在其上的电压频率达到一定值时，会因结电容的旁路而导致 PN 结双向导通，从而失去单向导电性。但是可以利用它制成变容二极管和集成电路中的电容等。

由于 PN 结具有单向导电等特性，它便成为构成半导体二极管、三极管和其他多种半导体器件的基础。

讨论题 4：在电路中，如何接 PN 结才能使其正向导通？

知识点二　半导体二极管

1. 半导体二极管的结构和类型

1）结构

在形成PN结的P型半导体和N型半导体上分别引出两根金属引线，并用塑料、玻璃或金属等材料制成外壳封装，就成为半导体二极管。其中，从P区引出的线为正极（或阳极），从N区引出的线为负极（或阴极），如图1-6（a）所示，其电路符号如图1-6（b）所示。电路符号中的三角形实际上是一个箭头，箭头背向相连的电极为正极，记为"+"，箭头指向相连的电极为负极，记为"-"。箭头方向实为单向导电方向，该方向的电流为正向电流。二极管的文字符号在本书中用"VD"表示。图1-6（c）是部分二极管的外形，而生产厂家都在二极管的外壳上用特定的标记来表示正负极。最明确的表示方法是在外壳上画有二极管的符号，箭头指向一端为二极管的负极；螺栓式二极管带螺纹的一端是二极管的负极，它是一种工作电流很大的二极管；许多二极管上标出了色环，带色环的一端为负极。

二极管结构类型及型号

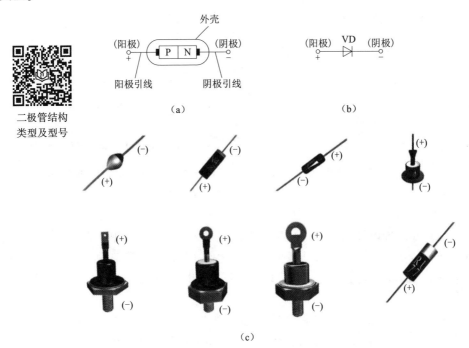

图1-6　二极管的基本结构、电路符号及外形
（a）基本结构；（b）电路符号；（c）外形

2）类型

（1）二极管按制造材料可分为锗二极管、硅二极管和砷化镓二极管等。

（2）根据PN结面积大小，二极管主要分为点接触型二极管、面接触型二极管。点接触型二极管PN结面积小，因此其结电容小，但由于结面积小、不易散热，允许流过的电流小，能承受的反向电压也低。这类二极管适用于高频检波和用作脉冲数字电路中的开关元件,也可用于小功率整流。我国目前生产的普通型锗二极 2AP 系列和开关型 2AK 系列均属于点接触型。面接触型其 PN 结面积大,因此允许流过较大的电流。但由于 PN 结的结电容大,工作频率低,常用于整流电路中。我国目前生产的面接触型二极管多为硅管,如 2CP 系列和 2CZ 系列,2CP 系列的功率较小,2CZ 系列的功率较大。此外,我国还生产一种硅平面型开关二极管(如 2CK 系列),它常在脉冲数字电路中作为开关使用。

(3) 按用途,二极管分为整流二极管、稳压二极管、开关二极管、发光二极管、光电二极管、变容二极管、阻尼二极管等。

(4) 按功率分类,二极管分为大功率二极管、中功率二极管及小功率二极管。

讨论题 5:二极管的核心是什么?它应具有什么特性?

2. 半导体二极管的伏安特性

半导体二极管的核心是 PN 结,它的特性就是 PN 结的特性——单向导电性。为了形象地表示二极管的单向导电性,人们常利用伏安特性曲线来描述。所谓伏安特性,是指二极管两端电压 U 和流过二极管电流 I 的关系,即 $I=f(U)$。典型的二极管伏安特性曲线如图 1-7 所示。特性曲线包含两部分,即正向特性和反向特性。

1) 正向特性

图 1-7 的右半部分显示了二极管的正向特性。二极管两端加正向电压时,就产生正向电流,当正向电压较小时,如图 1-7 中 $OA(OA')$ 段,正向电流极小(几乎为零),这一部分称为

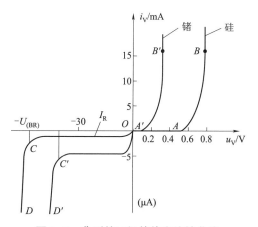

图 1-7 典型的二极管伏安特性曲线

死区,而相应的 $A(A')$ 点的电压称为死区电压或门槛电压(也称为阈值电压),硅管电压约为 0.5 V,锗管电压约为 0.1 V。

当正向电压超过门槛电压时,正向电流就会急剧增大,二极管呈现很小电阻而处于导通状态,这时硅管的正向导通压降为 0.6~0.8 V,锗管为 0.2~0.3 V。如图 1-7 中 $AB(A'B')$ 段。为了便于对电路进行分析和计算,人们通常把硅二极管的导通压降为 0.7 V(锗管为 0.2 V)来处理。

2) 反向特性

二极管两端加上反向电压时,在开始很大范围内,二极管相当于电阻值非常大的电阻,其反向电流很小,且几乎不随反向电压的变化而变化,而此时的电流称为反向饱和电流 I_S(或 I_R),如图 1-7 中 $OC(OC')$ 段。在相同的温度下,锗管的 I_S 比硅管大,一般小功率锗管的不超过几十 μA,而硅管的在 1 μA 以下。

二极管的伏安特性

二极管反向电压加到一定数值时,反向电流急剧增大,这种现象称为反向击穿。此时对应的电压称为反向击穿电压,用 U_{BR} 表示,如图 1-7 中 $CD(C'D')$ 段。当二极管被击穿后,不具有单向导电性。

但是发生击穿并不意味着二极管损坏。实际上,当发生反向击穿时,只要注意控制反

向电流的数值，不使其过大，以免因其因过热而烧坏，则当反向电压降低时，二极管的性能有可能恢复正常。

在实际应用电路中，当电源电压远大于二极管的导通压降且反向不击穿时，可以忽略二极管的导通压降及反向电流，认为二极管是理想的。即二极管在正向导通时，其死区电压和导通压降均为零；反向截止时，反向电流 I_S 为零，反向击穿电压 $U_{(BR)}$ 为无穷大。理想二极管可用一个理想开关来等效，当正向导通时相当于理想开关闭合，反向截止时相当于理想开关断开的状态。

3）温度对特性的影响

二极管的核心是 PN 结，它的导电性能与温度有关，当温度升高时，二极管正向特性曲线向左移动，正向压降减小；当温度升高时，反向特性曲线向下移动，反向电流增大。

讨论题 6：二极管正向特性和反向特性各是什么？

讨论题 7：分别用万用表的 $R \times 10$ 和 $R \times 100$ 挡测二极管的正向电阻，测得的阻值是否相同？为什么？

3. 半导体二极管的主要参数

电子器件的参数既是其特性的定量描述，也是实际工作中选用器件的主要依据。各种器件的参数可以从《常用二极管型号及参数手册》中查到。半导体二极管的主要参数有以下几个：

1）最大整流电流 I_F

最大整流电流 I_F 是指二极管长期工作时，允许通过的最大正向平均电流。在使用时，正向平均电流不能超过此值，否则可能使二极管由于过热而损坏。

2）最大反向工作电压 U_{RM}

最大反向工作电压 U_{RM} 是指二极管正常工作时所承受的最高反向电压（峰值）。通常，《常用二极管型号及参数手册》上给出的最大反向工作电压是击穿电压的一半左右。

3）反向饱和电流 I_S

反向饱和电流 I_S 是指在规定的反向电压和室温下所测得的反向电流值。其值越小，表明该二极管的单向导电性能越好。

4）最高工作频率 f_M

最高工作频率 f_M 是指二极管正常工作时的上限频率值，它的大小与 PN 结的结电容有关，超过此值，二极管的单向导电性变差。

二极管种类繁多，国内外都采用各自规定的命名方法加以区分。国产半导体器件的命名方法采用国家标准《半导体分立器件型号命名方法》（GB/T 249—2017）。目前，国内市场上常用的进口晶体二极管有 1N 系列、1S 系列等。

二极管的型号命名方法和主要参数可参阅附录一和附录二。

讨论题 8：硅管比锗管应用得广泛的原因是什么？

讨论题 9：A、B、C 三只二极管，测得它们的反向电流分别为 2 μA、0.5 μA、5μA，在外加相同的正向电压时，测得它们的正向电流分别是 5 mA、15 mA、8 mA。试比较三只二极管的性能，说出哪只更好并解释原因。

知识点三　特殊二极管

除了普通二极管外，还有许多特殊用途的二极管，如稳压、发光、变容、光电等二极管。下面分别对它们加以介绍。

特殊二极管

1. 稳压二极管

1) 稳压二极管的工作特性

稳压二极管简称"稳压管"，是一种用特殊工艺制成的硅平面二极管，其反向击穿特性比一般二极管陡直，且反向击穿电压也比一般二极管低，通常工作在反向击穿状态下，而且要在电路中串联限流电阻，从而防止热击穿而损坏。稳压二极管的实物、特性曲线及电路符号如图 1-8 所示。稳压管正向特性与普通二极管相同，由反向击穿特性可知，当流过管子的反向电流在较大范围内变化时，两端电压基本不变。稳压管正是利用反向击穿特性来实现稳压的，因此，当稳压管正常工作时，工作于反向击穿状态，此时的击穿电压称为稳定工作电压，用 U_Z 表示。

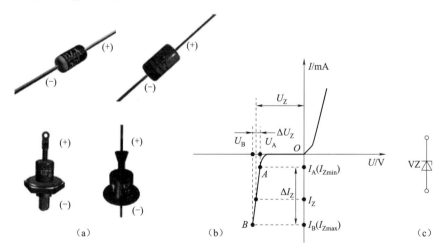

图 1-8　稳压二极管的实物、特性曲线及电路符号
(a) 实物图；(b) 特性曲线；(c) 电路符号

2) 稳压二极管的主要参数

(1) 稳定工作电压 U_Z。

稳定工作电压 U_Z 是指稳压管工作在反向击穿区时的稳定工作电压，近似等于反向击穿电压 U_{BR}。由于击穿电压与制造工艺、环境温度及工作电流有关，因此在手册中只能给出某一型号稳压管的稳压范围，如 2CW21A 这种稳压管的稳定工作电压 U_Z 为 4～5.5 V，

2CW55A 的稳定工作电压 U_Z 为 6.2~7.5 V。但是，对于某只具体的稳压管，U_Z 是其工作电压范围内的一个确定的值。

(2) 稳定工作电流 I_Z。

稳定工作电流 I_Z 是指稳压管工作在稳压状态时流过的电流。当稳压管稳定工作电流小于最小稳定电流 I_{Zmin} 时，没有稳压作用；当稳压管稳定工作电流大于最大稳定电流 I_{Zmax} 时，管子因过流而损坏。一般来说，工作电流大一点，稳压性能会好一些。

(3) 最大耗散功率 P_{ZM}。P_{ZM} 和 I_{Zmax} 是为了保证二极管不被热击穿而规定的极限参数，由二极管允许的最高结温决定，$P_{ZM} = I_{Zmax} U_Z$。

(4) 动态电阻 r_Z。动态电阻 r_Z 是指稳压范围内稳压管两端电压变化量与相应的电流变化量之比，即 $r_Z = \Delta U_Z / \Delta I_Z$，如图 1-8（b）所示。$r_Z$ 值很小，只有几欧至几十欧。r_Z 越小越好，即反向击穿特性越陡越好，也就是说，r_Z 越小，稳压性能越好。

(5) 电压温度系数 C_{TV}。电压温度系数 C_{TV} 是指稳压管的电流保持不变时，环境温度每变化 1 ℃ 时所引起的稳定电压 U_Z 的变化的百分比。当 U_Z > 7 V 时，稳定电压具有正的温度系数，即随着温度上升，U_Z 将增大，C_{TV} 为正值；当 U_Z < 4 V 时，稳定电压具有负的温度系数，即随着温度上升，U_Z 将减小，C_{TV} 为负值。U_Z 介于 4~7 V 的二极管，其温度系数接近零，温度稳定性能较好。

在要求温度稳定性能较高的电路中，可采用具有温度补偿的稳压管，如 2CW234 型稳压管。这类二极管是将两只普通稳压二极管反向串联封装在一起，引出三个引脚，如图 1-9（a）所示，电路符号如图 1-9（b）所示。使用时常以上、下两端作为一只稳压管使用，无论外加电压极性如何，两只二极管中总是有一只工作在正向，其电压具有负的温度系数；另一只二极管工作在反向，其电压具有正的温度系数。两只二极管的温度系数互相抵消，使整个二极管的电压温度系数极小。

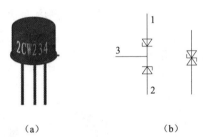

图 1-9 具有温度补偿的稳压二极管
(a) 实物图；(b) 电路符号

讨论题 10：硅稳压二极管与普通二极管有何异同？普通二极管有稳压性能吗？

2. 发光二极管

发光二极管是一种能把电能转换成光能的特殊器件，由磷砷化镓、磷化镓、镓铝砷等半导体材料制成，它的内部仍是一个 PN 结，外面用透明塑料封装。与普通二极管一样，具有单向导电性。当外加适当正向电压时，发光二极管发光。而发光的颜色（即光的波长）由发光二极管的材料决定，磷砷化镓和镓铝砷发光二极管发红光或黄光，磷化镓发光二极管发绿光或黄光。

发光二极管的正向工作电压为 1.5~2.5 V，工作电流为 5~20 mA，一般在 $I_V = 1$ mA 时起辉。随着 I_V 的增加，亮度不断增加。当 $I_V \geq 5$ mA 以后，亮度并不显著增加。当流过发光二极管的电流超过极限值时，会导致管子损坏。因此，发光二极管在使用时，必须在电路中串接限流电阻 R。

发光二极管常用作设备的指示灯，除单个使用外，还可封装成七段式或矩阵式数码管，用来显示数字、文字和符号。其中的白色发光二极管，在照明方面应用很广，前景很好，它的光电转换效率高、寿命长，电路简单可靠。发光二极管除了常用来作显示器件，它的另一个重要的用途是将电信号变为光信号，通过光缆传输，然后再用光电二极管接收，再现电信号。发光二极管的实物与电路符号如图 1-10 所示。在单色发光二极管的两根引脚中，长引脚是正极，短引脚是负极。

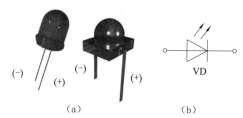

图 1-10　单色发光二极管

(a) 实物；(b) 电路符号

3. 光电二极管

光电二极管是一种很常用的光敏元件。与普通二极管相似，它也是具有一个 PN 结的半导体器件，但二者在结构上有着显著不同。普通二极管的 PN 结是被严密封装在管壳内部的，光线的照射对其特性不产生任何影响；而光电二极管的管壳上则开有一个透明的窗口，光线能透过此照射到 PN 结上，以改变其工作状态。光电二极管的实物与电路符号如图 1-11 所示。

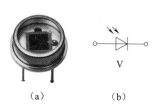

图 1-11　光电二极管

(a) 实物；(b) 电路符号

光电二极管工作在反偏状态，它的反向电流随光照强度的增加而上升，用于实现光电转换功能。光电二极管被广泛应用于遥控接收器、激光头中。当将其制成大面积的光电二极管时，能将光能直接转换成电能，可当作一种能源器件，即光电池，其正极为二极管的阳极，负极为二极管的阴极。在科学研究和工业中，常常用它来精确测量光强，因为它比其他光导材料具有更好的线性。在医疗设备（如 X 射线、计算机断层成像和脉搏探测器）中的应用十分广泛。

4. 变容二极管

变容二极管是利用 PN 结电容可变原理制成的半导体器件。它仍工作在反向偏置状态，当外加反向偏置电压大小变化时，其结电容随外加偏压变化而变化，在电路中它可当作可变电容器使用。由于它无机械磨损且体积小，因此，广泛应用于彩电调谐器中。不同型号的变容二极管，其电容最大值可能是 3～300 pF，最大电容值与最小电容值之比约为 5∶1。其电路符号和压控特性曲线如图 1-12 所示。

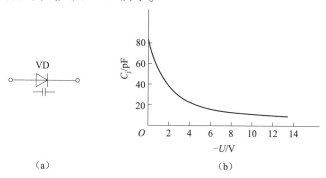

图 1-12　变容二极管的电路符号和压控特性曲线

(a) 电路符号；(b) 压控特性曲线

讨论题 11：在图 1-13 所示的发光二极管的应用电路中，若输入电压 $U_i=1.0\ \mathrm{V}$，发光二极管是否发光？为什么？

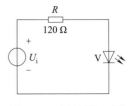

图 1-13　讨论题 11 图

知识点四　半导体二极管的应用

半导体二极管的应用

二极管的应用范围很广，主要是利用它的单向导电性工作。常用于整流、检波、限幅、元件保护及其在数字电路中用作开关元件等，下面仅介绍其中的两种。

1. 二极管用于整流电路

利用半导体二极管的单向导电性，可以将交流电变成直流电，从而完成整流作用。能够实现整流功能的电路称为整流电路。单相整流电路分为半波整流、全波整流、桥式整流及倍压整流等。

下面以半波整流电路为例来说明二极管在整流电路中的应用。

图 1-14（a）所示为单相半波整流电路，它由变压器 T 和整流二极管 VD 组成。如果变压器的初级输入正弦电压为 u_1，则在次级可得同频的交流电压 u_2，设 $u_2=\sqrt{2}U_2\sin\omega t$。

当 u_2 为正半周时，A 端电位高于 B 端电位，VD 因正向偏置而导通，电流流经方向为 A 端→VD→R_L→B 端，即自上而下流过 R_L，在 R_L 上得到上正下负的电压 u_o。若忽略二极管正向压降，则负载上的电压 $u_o=u_2$。

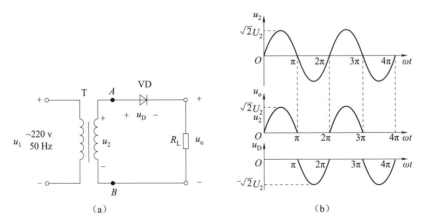

图 1-14　单相半波整流电路及波形
（a）电路；（b）波形

当 u_2 为负半周时，A 端电位低于 B 端电位，整流二极管 VD 因反向偏置而截止，电路中无电流流过，负载电压 u_o 为零，而二极管承受反偏电压 $u_D=-u_2$。

负载上的电压 u_o 及二极管 VD 两端承受的电压 u_D 波形如图 1-14（b）所示，二极管承

受的最高反向电压 $U_{RM}=\sqrt{2}U_2$。

可见，在交流电压 u_2 的整个周期内，负载 R_L 上将得到一个单方向的脉动直流电压（大小变化，方向不变），由于流过负载的电流和加在负载两端的电压只有半个周期的正弦波，故称为半波整流。

2. 二极管用于限幅电路

在电子电路中，为了限制输出电压的幅度以满足电路工作的需要，或者为了保护某些器件不受大的信号电压作用而损坏，往往利用二极管的导通和截止来限制信号的幅度，这就是所谓的限幅。图 1-15（a）所示为由二极管组成的单向限幅电路。其中，u_i 为输入的正弦交流电压，其峰值为 5 V；直流电压 $U=+3$ V；限流电阻 $R=1$ kΩ；u_o 为输出端的电压。其输入、输出端电压波形如图 1-15（b）所示。其工作原理为：交流输入电压 u_i 和直流电压 U 同时作用于二极管 VD 上，当 u_i 的幅值高于 3 V 时，VD 导通，$u_o=3$ V；当 u_i 的幅值小于 3 V 时，VD 截止，$u_o=u_i$。

另外，在电子电路中，二极管常当作开关使用。这是因为二极管正偏导通时两端的电压很小，可近似看作压降为 0，即相当于开关闭合；反向偏置时流过的电流很小，可近似看作开路，即相当于开关断开。因此，二极管具有开关特性。

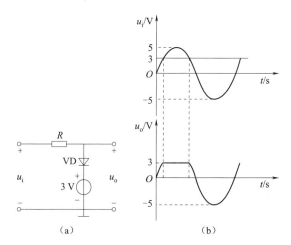

图 1-15 二极管组成的单向限幅电路及其输入、输出端波形图
（a）二极管组成的单向限幅电路；（b）输入、输出端电压波形图

在电子电路中，二极管还可作保护电路使用，常将二极管串接在电源与器件之间，防止电源反接时损坏器件。

任务实施

选取不同型号的二极管用万用表测量二极管的极性,鉴别二极管的质量,并查找资料说明各二极管的相关工作参数。进行任务实施时,将班级学生分成2~3人一组,轮流当组长,使每个人都有锻炼培养组织协调管理能力的机会。

1. 器件和仪表

2AP 型、2CP 型、2CW 型二极管、发光二极管各一只,坏的二极管若干只;指针式万用表、数字式万用表各一块。

2. 测量原理

1)万用表测量电阻的原理

指针式万用表外形及欧姆挡等效电路如图1-16所示,E 为表内电源(一般基本挡使用一节1.5 V电池,$R×10$ k、$R×100$ k挡多采用9 V或12 V的电池),r 为万用表等效内阻,I 为被测回路中的实际电流。由图1-16可知,万用表"+"端表笔(红表笔)对应表内电源的负极,而"-"端表笔(黑表笔)对应表内电源的正极。测试时,由指针偏转角度估算流经被测元器件的直流电流。

数字式万用表"+"端表笔(红表笔)对应表内电源的正极,而"-"端表笔对应表内电源的负极。

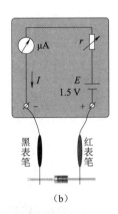

图1-16　指针式万用表外形及欧姆挡等效电路
(a)指针式万用表外形;(b)电阻挡等效电路

2)用万用表测二极管的原理

(1)判别二极管极性。

二极管内部是一个PN结,具有单向导电性,因此,当其以不同的方向接入万用表表笔之间时,测量回路的电流是不同的。

用指针式万用表测量时,若黑表笔(电源正极)接二极管正(与P区相连),红表笔(电源负极)接二极管负极(与N区相连),这时回路电流较大,指示出的电阻值就较小。反之,回路电流较小,指示出的电阻值就较大。故在电阻值小的一次测量中,与黑表笔相接触的引脚就是二极管正极(阳极)。

注:测量小功率二极管时,一般使用 $R×100$ 或 $R×1$ k挡,不致损坏二极管。发光二极

管因正反向电阻比普通二极管要大得多,故测试时要用 $R\times 10$ k 挡。

数字万用表测量二极管时,量程开关置于蜂鸣挡(二极管挡),用红、黑两表笔分别接触二极管的两个引脚,当红表笔接二极管阳极、黑表笔接二极管阴极时,会显示二极管的正向导通压降(硅管 500~800 mV,锗管 200~300 mV),如果反接,则显示溢出数"1"。

(2)判别二极管好坏。

由于二极管具有单向导电性,测量得到的正反向电阻值应该差别很大,而差别越大,则说明其单向导电性越好。通常,正常的正向电阻值小于数千欧,而反向电阻值则应该在 200 千欧以上。若正反向测量时,二极管所呈现电阻都很小,则这只二极管被击穿短路(坏)。若正反向测量时,二极管所呈现的电阻都很大,则这只二极管是断路的(坏)。

3. 测量步骤

1)用指针式万用表测量二极管

用指针式万用表测量各型号二极管的正反向电阻,对二极管的极性、好坏做出判断,将结果记入表 1-1 中。

表 1-1 晶体二极管测量记录表(1)

型号	正向电阻		反向电阻		好坏判断
	$R\times 100$ Ω	$R\times 1$ kΩ	$R\times 100$ Ω	$R\times 1$ kΩ	
2AP 型					
2CP 型					
2CW 型					
发光二极管					
其他二极管(1)					
其他二极管(2)					

2)用数字式万用表测量二极管并查找相关参数

用数字式万用表测量各型号二极管,判断二极管极性、好坏,并使用网络或者《新编中国半导体器件数据手册》查找各二极管的相关参数,记入表 1-2 中。

表 1-2 晶体二极管测量记录表(2)

二极管类型		2AP 型	2CP 型	2CW 型	发光二极管	其他二极管(1)	其他二极管(2)
测量判断	正向显示						
	反向显示						
	好坏判断						
	二极管材料						
资料查阅	最大整流电流 I_F						
	正向压降						
	最高反向工作电压						
	最大反向电流 I_R						

4. 任务实施分析总结

(1)分析、讨论测量结果并得出结论。

（2）总结任务实施过程中出现的问题，找到解决方法并写出收获。

5. 任务评价

二极管识别与检测评分标准如表 1-3 所示。

表 1-3 二极管识别与检测评分标准

项目及配分	工艺标准或要求	扣分标准	自评分	互评分	教师评分	终评分
指针万用表挡位选择（5分）	能根据二极管类型正确选择二极管挡位	1. 选择非电阻挡，一次扣2分； 2. 电阻挡的挡位选择不合理，一次扣2分				
数字万用表挡位选择（5分）	能正确选择蜂鸣挡	不能正确选择蜂鸣挡，一次扣2分				
操作规范（10分）	能正确放置二极管进行测量	双手同时握紧二极管的两极进行测量，一次扣2分				
二极管检测（40分）	1. 能用万用表判别 2AP 型、2CP 型、2CW 型及发光二极管的极性、质量、性能； 2. 能用万用表判别出已损坏的二极管； 3. 能正确填写表 1-1 和表 1-2	1. 不能判别二极管的极性，一次扣5分； 2. 不能正确判别二极管的质量，一次扣5分				
资料查找（15分）	能正确利用网络或半导体器件手册查找相关参数	查找参数不正确，一次扣5分				
分析结论（15分）	能利用测量的结果正确总结二极管的工作特点	不能正确总结任务实施4中的问题，一次扣4分				
安全、文明生产（10分）	1. 没有人为损坏元件、仪表设备等； 2. 实训环境整洁、秩序井然，操作习惯良好	1. 测量任务完成后，未能关掉万用表电源，扣5分； 2. 人为损坏元器件、设备，一次性扣10分； 3. 任务完成后不能保持环境整洁，扣5分				
总分						

任务达标知识点总结

（1）半导体是一种导电能力介于导体和绝缘体之间的物质，常用的半导体材料是硅（Si）和锗（Ge），具有热敏性、光敏性和可掺杂性。

（2）杂质半导体分为 P 型和 N 型半导体，P 型半导体是在本征半导体中掺入微量三价元素，主要靠空穴导电；N 型半导体是在本征半导体中掺入微量五价元素，主要靠自由电子导电，它们对外都不显电性。半导体具有自由电子和空穴两种载流子。

（3）PN 结是构成各类半导体器件的基础，具有单向导电性，加正向电压时导通，加反向电压时截止。

（4）半导体二极管具有单向导电性，有硅管、锗管、点接触型、面接触型之分。二极管特性可以用伏安特性曲线和一系列参数来描述。硅二极管的死区电压约为 0.5 V，锗二极管的死区电压约为 0.1 V；二极管正向导通时的阻值很小，硅二极管的正向导通压降为 0.6~0.8 V，锗二极管的正向压降为 0.2~0.3 V。

（5）二极管的参数是其性能的定量表达，是合理选择和正确使用管子的依据。二极管的主要参数有最大整流电流 I_F、最高反向工作电压 U_{RM}、最大反向电流 I_R 及最高工作频率 f_M。

（6）稳压二极管工作在反向击穿区，体现了稳压特性。发光二极管工作在正偏状态才发光，光电二极管和变容二极管工作在反偏状态。

思考与练习 1.1

一、填空题

1. 半导体具有_____特性、_____特性和可掺杂特性。根据掺入的杂质不同，杂质半导体有_____型和_____型之分。
2. PN 结加正向电压，是指电源的正极接_____区，电源的负极接_____区，这种接法叫_____。当 PN 结反向偏置时，应该是 N 区的电位比 P 区的电位_____。
3. PN 结具有_____特性，即加正向电压时_____，加反向电压时_____。
4. 二极管的两端加正向电压时，有一段"死区电压"，锗管约为_____，硅管约为_____。硅二极管的导通压降为_____V，锗二极管的导通压降为_____V。
5. 二极管的类型按材料分_____二极管和_____二极管。
6. 单相半波整流电路中，利用二极管的_____特性，可以将正弦交流电变成单方向脉动的直流电。
7. 限幅电路限制了_____电压的幅度，是_____在起主要作用。
8. 硅稳压二极管主要工作在_____区。
9. 当加在二极管上的反向电压增加到一定值时，反向电流会突然增大，称为_____现象。

二、选择题

1. 当温度升高时，二极管的反向饱和电流将（　　）。
   A. 减小　　　　　B. 不变　　　　　C. 增大　　　　　D. 时大时小
2. N 型半导体是在本征半导体中加入（　　）后形成的。
   A. 电子　　　　　B. 空穴　　　　　C. 三价硼元素　　D. 五价锑元素
3. 要得到 P 型半导体，可在本征半导体硅或锗中掺入少量的（　　）杂质。
   A. 三价元素　　　B. 四价元素　　　C. 五价元素　　　D. 六价元素
4. 已知理想二极管构成的电路如图 1-17 所示，则（　　）。

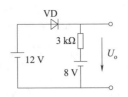

图 1-17　选择题题 4 图

A. VD 截止，$U_o = -4$ V　　　　　　B. VD 导通，$U_o = +4$ V

C. VD 截止，$U_o = +8$ V　　　　　　D. VD 导通，$U_o = +12$ V

5. 二极管具有（　　）特性。

A. 放大　　　　B. 恒温　　　　C. 单向导电　　　　D. 恒流

6. 温度升高时，二极管的反向伏安特性曲线（　　）。

A. 上移　　　　B. 下移　　　　C. 不变　　　　D. 不确定

7. 当给二极管加正向电压时，其（　　）。

A. 立即导通　　　　　　　　　　B. 超过击穿电压就导通

C. 超过 0.2 V 就导通　　　　　　D. 超过死区电压就导通

8. 用数字式万用表的二极管测量挡检测二极管时，红、黑表笔分别接二极管的两个极，若万用表显示的数字为 0.593，则说明（　　）。

A. 接红表笔的是正极，接黑表笔的是负极，并且该管为锗管

B. 接红表笔的是负极，接黑表笔的是正极，并且该管为锗管

C. 接红表笔的是正极，接黑表笔的是负极，并且该管为硅管

D. 接红表笔的是负极，接黑表笔的是正极，并且该管为硅管

9. 当正极电位为 -5 V，负极电位为 -4.3 V，则二极管处于（　　）状态。

A. 反偏　　　　B. 正偏　　　　C. 零偏　　　　D. 以上都不对

10. 半导体中的载流子为（　　）。

A. 电子　　　　B. 空穴　　　　C. 正离子　　　　D. 电子和空穴

三、判断题

1. P 型半导体带正电，N 型半导体带负电。　　　　　　　　　　　　（　　）
2. N 型半导体的多数载流子是自由电子，所以带负电。　　　　　　　（　　）
3. 二极管加正向电压时导通，加反向电压时截止。　　　　　　　　　（　　）
4. 体积较小的二极管，有色环的一端为正极，无色环的一端就是负极。（　　）
5. 二极管的漏电流（反向饱和电流）越大，说明管子的单向导电性越好。（　　）
6. 二极管正向电流可以无限大。　　　　　　　　　　　　　　　　　（　　）
7. 由于 PN 结交界面两边存在电位差，当 PN 结两端短路时，有电流流过。（　　）

四、分析计算题

1. 限幅电路如图 1-18 所示，$u_i = 2\sin\omega t$，VD1、VD2 均为硅管，导通电压为 0.7 V。试根据输入电压波形画出输出电压的波形（必须考虑二极管的导通电压）。

2. 判断图 1-19 电路中的二极管是否导通，并求输出电压 u_o（忽略二极管正向导通电压）。

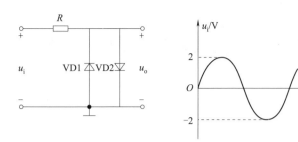

图 1-18 分析计算题题 1 图

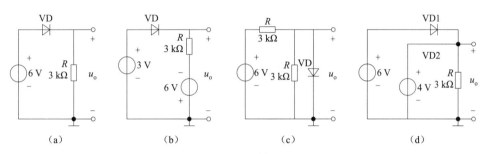

图 1-19 分析计算题题 2 图

3. 若稳压二极管 VZ1 和 VZ2 的稳定电压分别为 6 V 和 10 V，求图 1-20 中电路的输出电压 u_o（忽略二极管正向导通电压）。

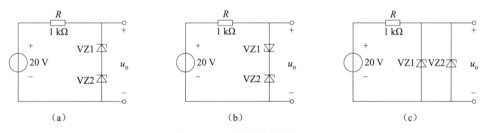

图 1-20 分析计算题题 3 图

4. 设二极管为 2AP8A 型，试求图 1-21 所示的各种电路中，二极管 VD 端电压 U_{VD}、电阻的电压 U_R 和电流 I。

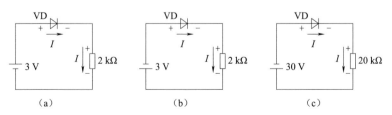

图 1-21 分析计算题题 4 图

任务二　三极管的识别与检测

学习目标

[知识目标]
1. 熟悉三极管的结构及特性；
2. 理解三极管的伏安特性，掌握三极管三个工作状态的工作条件；
3. 理解三极管的主要参数。

大国工匠之
电子科技

[技能目标]
1. 能分析正常工作电路中三极管的工作状态；
2. 会用万用表检测并识别三极管；
3. 会查阅三极管的各种资料及参数。

[素养目标]
1. 培养学生勤于思考、做事认真的良好学习习惯，形成规范操作的职业习惯；
2. 培养实事求是的科学态度和严肃认真的工作作风；
3. 培养学生善于观察、勇于实践的学习习惯，以及团结协作、互帮互助的精神。

任务概述

三极管是放大电路的核心元件，合理选用三极管，并能正确测试三极管，是电子电路设计及制作的前提。本任务要求：

1. 利用万用表对型号为 3AX31、3DG6、3BX81、3AD50 的三极管（各一只）、坏的三极管（若干只）进行电极和管型（NPN 和 PNP）判别，测量三极管的电流放大系数 β，鉴别三极管的质量及损坏情况。

2. 利用三极管手册或其他资源查阅 3AX31、3DG6、3BX81、3AD50 主要电参数。

任务引导

问题1：三极管在结构上可看成两个二极管反向串联，能否把两个二极管反向串联起来作为一个三极管使用？为什么？

问题2：三极管有哪几个工作状态？各需要具备什么条件？

问题3：怎样利用万用表判断三极管的管脚的极性和类型？

知识链接

知识点一 三极管的结构与分类

双极型三极管（BJT）因有自由电子和空穴两种极性的载流子同时参与导电而得名，在它问世后的近 30 年时间里，一直是进行电子电路设计的首选。双极型三极管俗称半导体三极管，又称晶体三极管，简称三极管（或晶体管），是组成电子电路的核心器件，它是用半导体工艺制成的具有两个 PN 结的半导体器件，主要特性是可以把电流放大。

1. 三极管的结构与电路符号

三极管是在一块半导体上用掺入不同杂质的方法制成三层杂质半导体形成两个紧挨着的 PN 结，并引出三个电极。三极管的结构示意及电路符号如图 1-22 所示。按半导体的组合方式不同，可将其分为 NPN 型管和 PNP 型管。

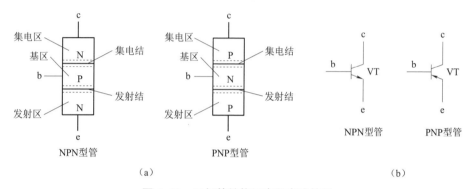

图 1-22　三极管结构示意和电路符号

(a) 结构示意；(b) 电路符号

无论是 NPN 型管还是 PNP 型管，它们内部均含有三个区：发射区、基区、集电区。这三个区的作用分别是：发射区是用来发射载流子的，基区是用来控制载流子的传输的，集电区是用来收集载流子的。从三个区各引出一个金属电极，将它们分别称为发射极（e）、基极（b）和集电极（c）；同时，在三个区的两个交界处分别形成两个 PN 结，发射区与基区之间形成的 PN 结称为发射结，集电区与基区之间形成的 PN 结称为集电结。三极管的电路符号如图 1-22 (b) 所示，符号中的箭头方向表示发射结正向偏置时，发射极的电流方向。因此，NPN 管箭头向外，PNP 管箭头向内。另外，三极管在电路中的字母符号用 VT 表示。

2. 三极管的分类

三极管的种类很多，常见的有以下 5 种分类形式：按其结构类型分为 NPN 管和 PNP 管；按其制作材料分为硅管和锗管，我国目前生产的硅管多为 NPN 型，锗管多为 PNP 型。按其工作频率分为高频管和低频管；按其功率大小分为大功率管（功率大于 1 W）、中功率管（功率为 500 mW ~ 1 W）和小功率管（功率小于 500 mW）；按工作状态分为放大管和开关管。

三极管的结构与类型

常见的三极管外形如图 1-23 所示。

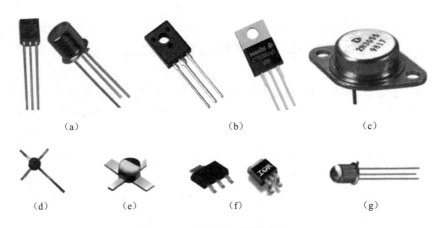

图 1-23　常见的三极管外形

(a) 小功率三极管；(b) 中功率三极管；(c) 大功率三极管；
(d) 高频三极管；(e) 低噪声三极管；(f) 贴片三极管；(g) 光电三极管

3. 三极管实现电流放大的内部要求和外部要求

三极管有一个重要的作用是电流放大作用，要实现电流放大作用，必须从其内部结构和外部所加电源的极性来保证。在制作时三极管，每个区的掺杂和面积均不同，这样可以保证三极管三个区的作用不同。其内部结构特点是发射区的掺杂浓度高；基区做得很薄，且掺杂浓度低；集电结面积大于发射结面积。这三个特点是使三极管实现放大作用的内部条件。

三极管实现放大作用的外部条件是外加电源的极性应使发射结处于正向偏置状态，而集电结处于反向偏置状态。

讨论题 1：三极管的发射区和集电区使用的都是同类型的半导体材料，它们可以互换使用吗？为什么？

知识点二　三极管的电流分配与放大作用

1. 三极管的电流放大作用的电路接法

若希望三极管具有电流放大作用，必须同时具备内部和外部条件。外部条件就是指给三极管发射结加正向电压，集电结加反向电压，即发射结正偏，集电结反偏。对 NPN 管而言，基极（P区）电位高于发射极（N区）电位，则为发射结正偏；集电极（N区）电位高于基极（P区），则为集电结反偏，即 $V_C>V_B>V_E$。对 PNP 型三极管同样保证发射结正偏、集电结反偏，其三个极的电位高低则与上述 NPN 型三极管相反，即有 $V_C<V_B<V_E$。

图 1-24（a）所示为 NPN 管的偏置电路，U_{BB} 通过 R_b 给发射结提供正向偏置电压（$U_B>U_E$），U_{CC} 通过 R_c 给集电结提供反向偏置电压（$U_C>U_B$），这样，三个电极之间的电压

关系为 $U_C>U_B>U_E$，实现了发射结的正向偏置，集电结的反向偏置。图 1-24（b）所示为 PNP 管的偏置电路，为保证三极管实现放大作用，则必须满足 $U_C<U_B<U_E$，和 NPN 管的偏置电路相比，电源极性正好相反。

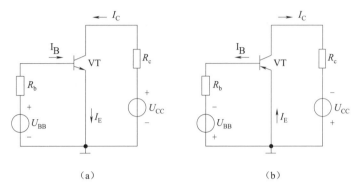

图 1-24　三极管具有放大作用的电源接法

（a）NPN 管的偏置电路；（b）PNP 管的偏置电路

2. 三极管的电流分配关系

三极管各电极电流分配关系可用图 1-25 所示的电路进行测试。在电路中，调节图中的电位器 R_P，由电流表可测得相应的 I_B、I_C、I_E 的数据如表 1-4 所示。

三极管的电流分配与放大

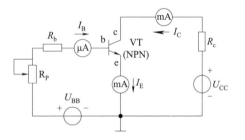

三极管内部载流子的运动规律（动画）

图 1-25　三极管各电流分配关系测试电路

表 1-4　I_B、I_C、I_E 的测试数据

I_B/mA	0	0.01	0.02	0.03	0.04	0.05
I_C/mA	≈0.010	1.01	2.02	3.04	4.06	5.06
I_E/mA	≈0.010	1.02	2.04	3.07	4.10	5.11
I_C/I_B		101	101	101.3	101.5	101.2
$\Delta I_C/\Delta I_B$		101	102	102	100	

分析表 1-4 中的每一列实验数据可得三极管的电流分配关系：

$$I_E = I_B + I_C \tag{1-1}$$

此结果满足基尔霍夫电流定律，即流进三极管的电流等于流出管子的电流。三个电极电流中 I_B 最小，I_E 最大，即 $I_C ≈ I_E \gg I_B$。

从表 1-4 中第四行数据可知，I_C 与 I_B 的比值近似为一个常数，而这个常数反映了三极

管的直流电流放大能力，用 $\bar{\beta}$ 表示，即

$$\bar{\beta}=\frac{I_C}{I_B} \tag{1-2}$$

通常将 $\bar{\beta}$ 称作共射极直流电流放大系数，则有 $I_C\approx\bar{\beta}I_B$，则 $I_E=(1+\bar{\beta})I_B$。

从表1-4相邻两列的 I_C 变化与 I_B 变化的比值的第五行数据可以看出，基极电流较小的变化，引起集电极电流较大的变化，因此，晶体三极管是一种电流控制型器件，即基极电流对集电极电流具有小量控制大量的作用，这就是三极管的电流放大作用，用 β 表示，即

$$\beta=\frac{\Delta I_C}{\Delta I_B} \tag{1-3}$$

通常将 β 称作共射极交流电流放大系数。β 和 $\bar{\beta}$ 反映了三极管的电流放大能力，用 h_{FE} 和 h_{fe} 表示。由上述数据分析可知：$\beta\approx\bar{\beta}$，为了方便，本书中不加区分，统一用 β 表示。β 太大或太小都不好，小功率三极管的 β 通常为 20~200，而大功率管的 β 值一般为 10~30。

三极管的电流分配关系可用图1-26表示，PNP型管的各极电流方向与NPN管相反，但电流分配关系完全相同。

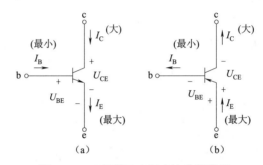

图 1-26 三极管三电极电流分配关系

(a) NPN型三极管；(b) PNP型三极管

当发射结正偏、集电结反偏时，三极管的三个电极上的电流不是孤立的，电流放大系数主要由基区宽度、掺杂浓度等因素决定，管子做好后就基本确定了；反之，一旦知道电流放大系数 β，就不难得出三个电极电流之间的关系，从而为定量分析晶体管电路提供了方便。

讨论题2：在两个放大电路中，测得三极管各极电流分别如图1-27所示。求另一个电极的电流，并在图1-27中标出其实际方向及各电极 e、b、c。接下来，试分别判断它们是NPN管还是PNP管并求出其电流放大系数 β。

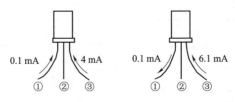

图 1-27 讨论题2图

3. 三极管的三种基本组态

所谓组态就是三极管接入电路的方式或接法。三极管有三个电极，而在连成电路时必须有两个电极接输入回路，两个电极接输出回路，这样，势必有一个电极作为输入和输出回路的公共端。根据公共端的不同，有三种基本连接方式。

（1）共发射极接法（简称共射接法）。共射接法是以基极为输入端的一端，集电极为输出端的一端，发射极为公共端，如图 1-28（a）所示。

（2）共基极接法（简称共基接法）。共基接法是以发射极为输入端的一端，集电极为输出端的一端，基极为公共端，如图 1-28（b）所示。

（3）共集电极接法（简称共集接法）。共集接法是以基极为输入端的一端，发射极为输出端的一端，集电极为公共端，如图 1-28（c）所示。

图 1-28 中的"⊥"表示公共端，又称接地端。无论采用哪种接法，都必须满足发射结正偏，集电结反偏的条件。

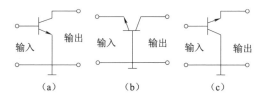

图 1-28 三极管电路的三种组态
（a）共发射极接法；（b）共基极接法；（c）共集电极接法

三种组态构成的电路各有特点，各有用处，将在项目二中具体介绍。

知识点三　半导体三极管的特性曲线及主要参数

三极管的特性可以用它的外部各电极电压和电流的关系曲线即伏安特性曲线来描述，它能直观、全面地反映三极管各极电流与电压之间的关系。根据特性曲线可以确定管子的某些参数和判断管子的质量好坏，还可以借助特性曲线对放大电路进行分析。

由于三极管有三个电极，它的伏安特性曲线比二极管更复杂一些，工程上常用到的是它的输入特性和输出特性。输入特性曲线反映了三极管输入端的电流和电压的关系，输出特性曲线则反映了三极管输出端的电压和电流的关系。三极管的特性曲线可以用特性图示仪直观地显示出来，也可用测试电路逐点描绘。因为三极管的共射接法应用最广，故以 NPN 管共射接法为例来分析三极管的特性曲线。其测试电路如图 1-29 所示。

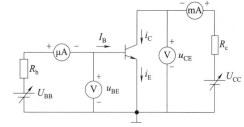

图 1-29 三极管特性曲线的测试电路

1. 输入特性曲线

当 u_{CE} 不变时，输入回路中的电流 I_B 与电压 u_{BE} 之间的关系曲线被称为输入特性，即

三极管的
输入特性

$$I_B = f(u_{BE}) \mid u_{CE} = 常数$$

图1-30所示为某硅三极管的输入特性曲线，由此可知：

当 $U_{CE} = 0$ 时，相当于c、e短接，此时三极管的输入回路相当于两个PN结并联，三极管的输入特性是两个正向二极管并联的伏安特性。

当 $U_{CE} \geq 1\,V$ 时，不同 U_{CE} 值的各条输入特性曲线几乎重叠在一起，所以常用 $U_{CE} > 1\,V$ 的某条输入特性曲线来表示 U_{CE} 更高的情况。在实际应用中，三极管的 U_{CE} 一般大于1 V，因此 $U_{CE} > 1\,V$ 时的曲线更具有实际意义。

输入特性曲线与二极管正向特性曲线形状一样，也有一段死区，输入电压 U_{BE} 小于某一开启值时，三极管不导通，基极电流为零，这个开启电压又叫阈值电压（死区电压）。只有当 u_{BE} 大于死区电压时，输入回路才有 i_B 电流产生。常温下硅管的死区电压约为0.5 V，锗管的约为0.1 V。另外，当发射结完全导通时，发射结压降变化不大。常温下，硅管的导通电压为0.6~0.8 V，锗管的导通电压为0.2~0.3 V。为便于对电路进行分析和近似计算，工程上通常将硅三极管发射结的导通压降作0.7 V（锗0.2 V）处理。

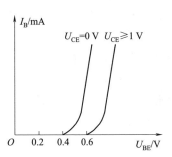

图1-30 某硅三极管的输入特性曲线

2. 输出特性曲线

当 I_B 不变时，输出回路中的电流 I_C 与电压 U_{CE} 之间的关系曲线称为输出特性曲线，即

$$I_C = f(U_{CE}) \mid_{I_B = 常数}$$

三极管的输出特性

在图1-29中，给定不同的 I_B 值可对应地测得不同的曲线，这样不断地改变 I_B，便可得到一组输出特性曲线，即如图1-31中的一组曲线。根据输出特性曲线的形状，可将其划分成三个区域：放大区、饱和区、截止区。

1）放大区

将 $I_B > 0$ 以上，$U_{CE} > 1\,V$ 以右曲线比较平坦几乎与横轴平行的区域称为放大区。根据曲线特征可以总结出放大区有如下重要特性：

当 I_B 一定时，I_C 的值基本不随 U_{CE} 变化，具有恒流特性。I_B 等量增加时，输出特性曲线等间隔地平行上移，各曲线间的间隔大小可表现 β 值的大小。这个区域的工作特点是发射结正向偏置，集电结反向偏置，$I_C \approx \beta I_B$，I_C 主要受 I_B 和 β 控制，而与 U_{CE} 几乎无关。工作在这一区域的三极管具有电流放大作用，因此把该区域称为放大区。

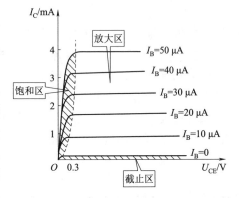

图1-31 典型的三极管输出特性曲线

2）截止区

一般将 $I_B = 0$ 以下的区域称为截止区。当 $I_B = 0$ 时，$I_C = I_{CEO}$（称穿透电流），由于穿透电流 I_{CEO} 很小，输出特性曲线是一条几乎与横轴重合的直线。此时，发射结零偏或反偏，集电结反偏，即 $U_{BE} \leq 0$，$U_{CB} > 0$。这时，$U_{CE} \approx U_{CC}$，三极管的c-e相当于开路状态，可视为开关断开，三极管失去电流放大作用。

3) 饱和区

图 1-31 中曲线的左侧将 I_C 上升段和弯曲部分之间的区域称为饱和区。这一区域对应的 U_{CE} 约在 1 V 以下。此时，发射结和集电结均处于正向偏置，三极管失去了基极电流对集电极电流的控制作用，这时，I_C 由外电路决定，其大小受 U_{CE} 的控制，而与 I_B 无关，三极管不具备放大作用。将此时所对应的 U_{CE} 值称为饱和压降，用 U_{CES} 表示。一般情况下，小功率管的 U_{CES} 小于 0.4 V（硅管约为 0.3 V，锗管约为 0.1 V），大功率管的 U_{CES} 为 1~3 V。在理想条件下，$U_{CES} \approx 0$，三极管 c-e 之间相当于短路状态，类似开关闭合。

三极管工作原理（三种状态动画）

由以上分析可知，三极管在电路中既可以作为放大元件，又可以作为开关元件使用。

在实际分析中，常把以上三种不同的工作区域又称为三种工作状态，即放大状态、饱和状态及截止状态。可以利用三极管饱和、截止状态作开关。另外，放大区也称为线性区，三极管在这个区域工作时也称为线性状态，饱和区和截止区统称为非线性区，三极管在这个区域工作时也对应称为非线性状态。不管在哪个区工作，$I_E = I_B + I_C$ 的关系始终成立。在模拟电路中，三极管主要工作在线性状态，在数字电路中三极管主要工作在非线性状态。

在实际电路中，通常可以利用测量三极管各电极之间的电压来判断它的工作状态。

例 1.1 判断图 1-32 中三极管的工作状态。

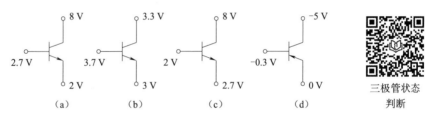

图 1-32 例 1.1 图

解：在图 1-32（a）中，$U_B = 2.7$ V，$U_C = 8$ V，$U_E = 2$ V，经比较：$U_C > U_B > U_E$，故发射结正偏，集电结反偏，所以图 1-32（a）中的三极管工作于放大区。

在图 1-32（b）中，$U_B = 3.7$ V，$U_C = 3.3$ V，$U_E = 3$ V，经比较：$U_B > U_C > U_E$，发射结和集电结均正向偏置，所以图 1-32（b）中的三极管处于饱和区。

在图 1-32（c）中，$U_B = 2$ V，$U_C = 8$ V，$U_E = 2.7$ V，经比较：$U_C > U_E > U_B$，发射结和集电结均反向偏置，所以图 1-32（c）中的三极管工作于截止区。

在图 1-32（d）中，三极管为 PNP 型，对于 PNP 型三极管，工作在放大区时，各极电压的关系大小应为 $U_E > U_B > U_C$；工作于截止区时，各极电压的大小关系应为 $U_B > U_E > U_C$；工作于饱和区时，各极电压的关系应为 $U_E > U_C > U_B$。在图 1-32（d）中，$U_B = -0.3$ V，$U_E = 0$ V，$U_C = -5$ V。经比较得：$U_E > U_B > U_C$，发射结正向偏置，集电结反向偏置，所以图 1-32（d）中的三极管工作于放大区。

讨论题 3：在实际电路中，如何快速判断正常工作的三极管其工作状态？

3. 三极管的主要参数

三极管的参数是表征其性能和安全运用范围的物理量，是合理选择与正确使用三极管的依据。三极管的参数较多，下面只介绍主要的几个。

1）电流放大系数

电流放大系数的大小反映了三极管放大能力的强弱，主要有共发射极交流电流放大系数 β 和共发射极直流电流放大系数 $\bar{\beta}$。

$$\beta = \frac{\Delta I_C}{\Delta I_B}\bigg|_{U_{CE}=常数} \qquad \bar{\beta} \approx \frac{I_C}{I_B}$$

$\bar{\beta}$ 与 β 的值几乎相等，故在应用时不再区分，均用 β 表示。

2）极间反向电流

（1）集电极-基极间的反向电流 I_{CBO}：I_{CBO} 是指发射极开路时，集电极-基极间加上一定的反向电压时的电流，也称集电结反向饱和电流，如图1-33（a）所示。温度升高时，I_{CBO} 急剧增大，温度每升高10℃，I_{CBO} 增大一倍。选管时应选 I_{CBO} 小且 I_{CBO} 受温度影响小的三极管。

（2）集电极-发射极间的反向电流 I_{CEO}：I_{CEO} 是指基极开路时，集电极-发射极间加上一定电压时的反向电流，如图1-33（b）所示，也称集电结穿透电流。其与 I_{CBO} 的关系为

$$I_{CEO} = (1+\beta)I_{CBO} \tag{1-4}$$

它反映了三极管的稳定性，温度升高时，I_{CBO} 增大，I_{CEO} 增大。穿透电流 I_{CEO} 的大小是衡量三极管质量的重要参数，其值越小，受温度影响也越小，三极管的工作状态也就越稳定。注意，硅管的 I_{CEO} 比锗管的小。

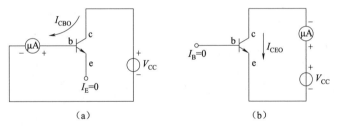

图 1-33　I_{CBO}、I_{CEO} 的测试电路

(a) I_{CBO}；(b) I_{CEO}

3）极限参数

三极管的极限参数是指在使用时不得超过的极限值，以此来保证三极管能够安全工作。

（1）集电极最大允许电流 I_{CM}：集电极电流 I_C 过大时，β 将明显下降，I_{CM} 为 β 下降到规定允许值（一般为额定值的1/2~2/3）时的集电极电流。使用中若 $I_C > I_{CM}$，三极管不一定会损坏，但 β 会明显下降。

（2）集电极最大允许功率损耗 P_{CM}：当三极管工作时，U_{CE} 的大部分降在集电结上，因此集电极功率损耗 $P_C = U_{CE}I_C$，近似为集电结功耗，它将使集电结温度升高而使三极管发热致使其损坏。工作时的 P_C 必须小于 P_{CM}。

（3）反向击穿电压 $U_{(BR)CEO}$、$U_{(BR)CBO}$、$U_{(BR)EBO}$：$U_{(BR)CEO}$ 为基极开路时集电结不致击穿，施加在集电极-发射极之间允许的最高反向电压；$U_{(BR)CBO}$ 为发射极开路时集电结不致击穿，施加在集电极-基极之间允许的最高反向电压；$U_{(BR)EBO}$ 为集电极开路时发射结不致击穿，施加在发射极-基极之间允许的最高反向电压。

它们之间的关系为 $U_{(BR)CEO} > U_{(BR)CBO} > U_{(BR)EBO}$

通常 $U_{(BR)CEO}$ 为几十伏，$U_{(BR)EBO}$ 为数伏到几十伏。

根据三个极限参数 I_{CM}，P_{CM}，$U_{(BR)CEO}$ 可以确定三极管的安全工作区，如图 1-34 所示。三极管工作时必须保证在安全区内，并留有一定的余量。

4. 温度对三极管的特性与参数的影响

由于半导体元件的热敏性，温度升高会造成三极管的 u_{BE} 减小，温度每升高 1 ℃，u_{BE} 就减小 2~2.5 mV。温度升高会使 I_{CBO} 增加，即温度每升高 10 ℃，I_{CBO}、I_{CEO} 就约增大 1 倍。另外，温度升高使 β 值增加，温度每升高 1 ℃，β 值就增加 0.5%~1%。

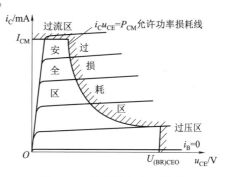

图 1-34 三极管安全工作区

u_{BE} 的减小，I_{CBO} 和 β 的增加，集中表现为三极管的集电极电流 i_C 增大，从而影响三极管的工作状态。所以，一般应在电路中采取限制由于温度变化而影响三极管性能变化的措施。

讨论题 4：当 NPN 三极管处于饱和状态和截止状态时，各电极电位的关系如何？

5. 常用三极管的型号命名方法和参数

常用三极管的型号命名方法见附录一。常用三极管的参数见附录二附表 7。

6. 复合三极管

复合三极管是指将两个或两个以上的三极管的管脚适当的连接起来，使之等效为一个三极管（又称为复合管），也称为达林顿管。复合三极管的四种连接形式如图 1-35 所示。

（a）　　　　（b）

（c）　　　　（d）

图 1-35 复合管的四种连接形式

构成复合管时，应遵守两条规则：①串接点的电流必须连续；②并接点电流的方向必须保持一致，必须保证总电流为两个三极管中电流的代数和。

由图 1-35 可知：

（1）复合管的极性取决于第一个管，与第一管的极性相同，即若 VT_1 为 NPN 型，则复合管就为 NPN 型。

（2）若 VT_1 和 VT_2 管的电流放大系数为 β_1、β_2，则复合管的电流放大系数 $\beta \approx \beta_1 \cdot \beta_2$。

（3）复合管具有穿透电流大的缺点，满足下列关系：

$$I_{CEO} = I_{CEO2} + \beta I_{CEO1}$$

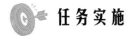 任务实施

从多个三极管中选取不同型号的三极管用万用表测量判断三极管的电极，测量其电流放大系数 β；鉴别三极管的质量好坏，说明三极管类型、材料；查找资料说明各三极管的相关工作参数。任务实施时，将班级学生分为 2~3 人一组，轮流当组长，使每个人都有锻炼培养组织协调管理能力的机会。

1. 器件和仪表

3AX31、3DG6、3BX81、3AD50 三极管各一只，坏的三极管若干只；数字万用表、指针万用表各一块。

2. 测量原理

由于三极管基极 b 到集电极 c 和基极 b 到发射极 e 分别是两个 PN 结，用万用表进行测量判断时可将三极管看成是由两个背靠背或面对面的二极管构成，如图 1-36 所示。

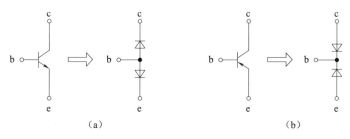

图 1-36 用万用表测量三极管的等效电路图

1) 指针万用表测量三极管

(1) 判定三极管基极、管子好坏和类型（用 $R \times 1\,k$ 挡）。

首先，将任一表笔接在假定的基极上，另一支表笔分别去接另外两支管脚。若两次测得的阻值一大一小则证明假定的基极不对，再换一个管脚假定为基极重测，若两次测出的电阻都大（或都小），这时应将红、黑表笔互换，再重复以上测量，若测得的电阻变为都小（或都大），则假定的基极就是正确的。如果又出现一大一小的情况，需换脚重测，直到找出基极。若三个管脚都不能被确认为基极，则被测管不是一只晶体管，或是一只坏管。当基极确定下来后，若黑表笔接基极，红表笔接 c 极或 e 极，所测电阻很小，则被测管为 NPN 管。若红表笔接 b 极，黑表笔接 c 极或 e 极，所测电阻很小，则被测管为 PNP 管。

(2) 判断三极管的晶体材料（用 $R \times 1\,k$ 挡）。

测量被测三极管的正向电阻，对于 NPN 型三极管，黑表笔接基极 b；对于 PNP 型三极管，红表笔接基极 b；将另一表笔接剩余的任一电极，如果正向电阻在 6~10 $k\Omega$ 的为硅材料；在 6 $k\Omega$ 以下且不为 0 Ω 的为锗材料。

(3) 判别三极管的集电极 c 和发射极 e。

①在基极 b 确定后，假定另外两个电极中的一个为 c 极，在 c 极与 b 极之间加上一只 100~200 $k\Omega$ 的电阻（可用手指代替）作为 b 极的偏置电阻（用手指把基极和假设的集电极 c 连起来，但两极不能相碰），如图 1-37 所示。

②对于 NPN 管，黑表笔接假设的 c 极，红表笔接假设的 e 极；对于 PNP 管，红表笔接

假设的 c 极，黑表笔接假设的 e 极，记下此时的阻值为 R_1。

③再反过来设定一次，即原假设 c 极的改为 e 极，原假设 e 极的改为 c 极。重复以上步骤，并记下第二次的阻值 R_2。

④比较两次所测得的阻值，电阻小（指针偏转大）的那一次即为正确的假设。

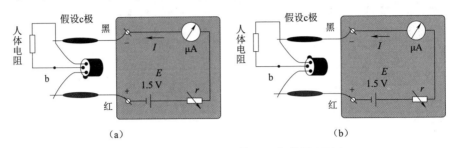

图 1-37 判别 NPN 三极管 c、e 极的原理示意

注：由于锗管的穿透电流较大，使用 $R \times 100$ k 或 $R \times 10$ k 挡测量效果更好，而硅管则通常采用 $R \times 1$ k 挡来测量。

(4) 测量三极管的电流放大系数 β。

一般万用表上都设有 h_{FE} 挡位和三极管测试座，可用来测量三极管的电流放大系数（β 值）。测试时将转换开关旋至 h_{FE} 挡位，然后将表笔短接调零（对设有 ADJ 挡位的万用表应先在 ADJ 挡位调零后再旋至 h_{FE} 挡），调好后先将表笔分开，再将待测三极管插入相应的测试座中，然后在 h_{FE} 刻度盘上，并读出 β 值。

2）数字万用表测量三极管

其步骤基本与指针万用表类似。

(1) 判定三极管基极、管子好坏（用二极管挡位即蜂鸣挡）。

数字万用表置于二极管挡位（蜂鸣挡）：将任一表笔接在假定的基极上，将另一支表笔分别接在另两个管脚上。若万用表两次显示结果不一致，即一次显示"1"另一次显示数字（700 mV 左右或 200 mV 左右），则证明假定的基极不对，再换一个管脚并假定其为基极重测，若两次测量显示一致（都为"1"或都显示数字），这时应将红、黑表笔互换，再重复以上测量，若这两次显示的也一致并与上两次相反（上两次显示"1"这两次显示数字，上两次显示数字这两次显示"1"），则假定的基极就是正确的。若三个管脚都不能被确认为基极，则被测三极管不是一只晶体管，可能是一只坏管。

(2) 判断三极管的类型、材料（用二极管挡位即蜂鸣挡）。

测量被测三极管的正向导通压降判断。红表笔接基极，黑表笔接另外任一管脚，若显示数字，且数字为 700 mV 左右，则该管为 NPN 硅管，显示的数字为 200 mV 左右，则该管为 NPN 锗管。若黑表笔接基极，红表笔接另外任一管脚，显示上述现象，则该管为 PNP 硅管或锗管。

(3) 判别三极管的集电极 c 和发射极 e，测量 β 值。

确定基极后，将数字万用表置于 h_{FE} 挡位（测量 β 值），将已经确定基极和类型的三极管插入万用表的 h_{FE} 测量插座，记录显示结果。三极管基极 b 位置不变，将另两个管脚对调，重新插入 h_{FE} 测量插座，万用表再次显示值。

比较两次测试结果，显示值大的那一次测量，管脚插入正确，即三极管的三个管脚与万用表 h_{FE} 测量插座标识是一致的，显示的数值即为该三极管的 β 值。

3. 测量步骤

1）用指针式万用表测量三极管

用指针式万用表对三极管的管脚、类型和好坏做出判断，并记入表 1-5 中（标注三极管的 b、c、e 时，应使管脚朝向自己，即以底视图方式标注）。

表 1-5 指针式万用表测晶体三极管记录表

型号	好坏判断	三极管类型（NPN 或 PNP）	材料	c、e 间电阻值	电流放大系数 β	极性标注（按底视图标注）
3AX31						
3DG6						
3BX81						
3AD50						
其他三极管（1）						
其他三极管（2）						

2）用数字式万用表测量三极管并查阅资料

用数字式万用表对三极管的管脚、类型和好坏做出判断，并查阅相关资料填写三极管的主要参数，并记入表 1-6 中。

表 1-6 数字万用表测晶体三极管及资料查阅记录

	型号	3AX31	3DG6	3BX81	3AD50	其他三极管（1）	其他三极管（2）
万用表测量	好坏判断						
	类型（NPN 或 PNP）						
	材料						
	放大系数 β						
资料查阅	P_{CM}						
	I_{CM}						
	$U_{(BR)CEO}$						
	I_{CEO}						
	h_{fe}						
	f_T/MHz						

4. 任务实施分析总结

（1）对用万用表测量三极管的方法进行小结。

(2) 分析测量数据，总结硅管、锗管发射结导通电压的范围。

(3) 总结任务实施过程中发生的问题，找到解决方法并谈一谈收获。

5. 任务评价

三极管的识别与检测评分标准如表 1-7 所示。

表 1-7　三极管的识别与检测评分标准

项目及配分	工艺标准或要求	扣分标准	自评分	互评分	教师评分	终评分
指针万用表挡位选择（5 分）	能正确选择欧姆挡位及 h_{fe} 挡进行测量	1. 选择非电阻挡，一次扣 2 分； 2. 电阻挡的挡位选择不合理，一次扣 2 分				
数字万用表挡位选择（5 分）	能正确选择蜂鸣挡及 h_{fe} 挡进行测量	不能正确选择挡位，一次扣 2.5 分				
操作规范（10 分）	能正确放置三极管进行测量	双手同时握紧三极管的两极进行测量，一次扣 2 分				
三极管检测（40 分）	1. 能用万用表判别三极管的电极、类型； 2. 能用万用表判别出已损坏的三极管； 3. 能正确填写表 1-5 和表 1-6	1. 不能判别三极管的基极，一次扣 5 分，不能判断集电极和发射极，一次扣 2 分； 2. 不能正确判别三极管的质量，一次扣 5 分； 3. 不能正确判断三极管类型，一次扣 5 分； 4. 不能正确测出 β，一次扣 5 分				
资料查找（15 分）	能正确利用网络或半导体器件手册查找相关参数	查找参数不正确，一次扣 5 分				
分析结论（15 分）	能利用测量的结果正确总结三极管的特点	不能正确总结任务实施 4 中的问题，一次扣 4 分				
安全、文明生产（10 分）	1. 没有人为损坏元件、仪表设备等； 2. 实训环境整洁、秩序井然，操作习惯良好	1. 测量任务完成，未能关掉万用表电源，扣 5 分； 2. 人为损坏元器件、设备，一次性扣 10 分； 3. 任务完成后不能保持环境整洁扣 5 分				
总分						

任务达标知识点总结

（1）有两种载流子参与导电的三极管又称为双极型三极管（BJT）。其有三个电极：基极、集电极和发射极。其有三个区：集电区、基区、发射区。其有两个 PN 结：集电结和发射结。三极管符号中发射极电流方向为发射结正偏时的电流方向。

（2）三极管根据材料分有硅管和锗管之分，国产的硅管多为 NPN 管，锗管多为 PNP 管。

（3）三极管具备电流放大的内部条件为：发射区载流子浓度高、基区薄、集电区面积大。三极管具备电流放大的外部条件为：发射结正偏、集电结反偏。对于 NPN 三极管，有 $V_C>V_B>V_E$；对于 PNP 型三极管，有 $V_C<V_B<V_E$。

（4）三极管有三个工作状态：放大、饱和、截止。饱和与截止称为开关状态，在模拟电路中，三极管为放大状态，在数字电路中三极管多为开关状态。

（5）当发射结正偏、集电结反偏时，三极管工作在放大状态；当发射结正偏、集电结正偏时，三极管工作在饱和状态；当发射结反偏、集电结反偏时，三极管工作在截止状态。

（6）三极管的参数受温度影响：温度升高会使 I_{CBO}、β 增加、I_C 增加，使 U_{BE} 下降。

思考与练习 1.2

一、填空题

1. 晶体三极管内部有三个区，分别是_____区、_____区和_____区。

2. 晶体三极管按其内部结构分为_____型三极管和_____型三极管两种。

3. 某放大状态的晶体三极管，当 $I_B = 20~\mu A$ 时，$I_C = 1~mA$，当 $I_B = 60~\mu A$ 时，$I_C = 3~mA$，则该管的电流放大系数 β 值为_____。

4. 晶体三极管作为电子开关时，其工作状态必须为_____状态、_____状态。三极管工作在截止时状态时，相当于开关_____；工作在饱和状态时，相当于开关_____。

5. 晶体三极管处于放大状态时，对于 NPN 管，其三个电极的电位大小关系为_____。

6. 晶体三极管的电流放大作用是通过改变_____电流来控制_____电流的。

7. 晶体三极管各极之间的电流分配关系式为_____，且三者的大小取决于_____的变化。晶体管的放大系数 $\beta=$_____。

二、选择题

1. NPN 型三极管处在放大状态时，（　　）。
 A. $U_{BE}<0$，$U_{BC}<0$　　　　　　B. $U_{BE}>0$，$U_{BC}>0$
 C. $U_{BE}>0$，$U_{BC}<0$　　　　　　D. $U_{BE}<0$，$U_{BC}>0$

2. 当晶体管工作在放大区时，发射结电压和集电结电压应为（　　）。
 A. 前者反偏，后者也反偏　　　　B. 前者正偏，后者反偏
 C. 前者正偏，后者也正偏　　　　D. 前者反偏，后者正偏

3. 当两个 PN 结都正偏时，该三极管处于（　　）。
 A. 饱和状态　　B. 放大状态　　C. 截止状态　　D. 稳压状态

4. 图 1-38 所示是三极管的三种工作状态，其中①处于（   ）。

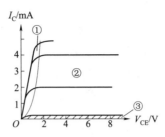

图 1-38　选择题 4 图

A. 放大区　　　　B. 饱和区　　　　C. 截止区　　　　D. 击穿区

5. 晶体三极管的主要特性是具有（   ）。

A. 单向导电性　　B. 滤波作用　　　C. 稳压作用　　　D. 电流放大作用

6. 用万用表判别放大电路中处于正常工作的某个晶体管的类型（NPN 或 PNP 型）与三个电极时，以测出（   ）最为方便。

A. 极间电阻　　　B. 各极对地电位　C. 各极电流

7. 当温度升高时，晶体管的电流放大系数 β（   ），反向饱和电流 I_{CBO}（   ），正向结电压 u_{BE}（   ）。

A. 变大　　　　　B. 变小　　　　　C. 不变

三、判断题

1. 三极管的发射极和集电极都是从同类型的半导体区域引出的电极，故在电路中可以互换使用。　　　　　　　　　　　　　　　　　　　　　　　　　　　　　　　（　　）

2. 三极管无论工作在何种状态，$I_E = I_B + I_C$ 总是成立的。　　　　　　　　　（　　）

3. 三极管的发射结导通压降随温度升高而降低。　　　　　　　　　　　　　（　　）

4. 三极管是电压型控制器件。　　　　　　　　　　　　　　　　　　　　　（　　）

5. 三极管在放大电路中工作于开关状态。　　　　　　　　　　　　　　　　（　　）

6. 将晶体三极管的集电极和发射极互换使用，仍有较大的电流放大作用。　（　　）

四、分析计算题

1. 分别测得的两个放大电路中三极管的各电极电位如图 1-39 所示，回答以下问题：

（1）三极管的三个管脚分别是哪个电极？并在各管脚上注明 e、b、c；

（2）它们是 NPN 管还是 PNP 管？是硅管还是锗管？

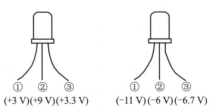

图 1-39　分析计算题 1 图

2. 试根据三极管各电极的实测对地电压数据，判断图 1-40 中各三极管所处的工作区域（放大区、饱和区、截止区）。

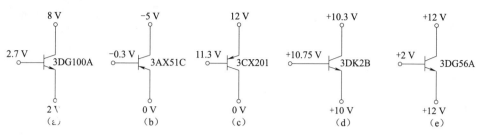

图 1-40 分析计算题 2 图

 知识拓展

场效应管

场效应管（FET）是利用输入电压产生的电场效应来控制输出电流的，是一种电压控制型器件。它工作时只有一种载流子（多数载流子）参与导电，故又名单极型半导体三极管。由于具有很高的输入电阻（可达 $10^7 \sim 10^{15}\ \Omega$），能满足高内阻信号源对放大电路的要求，它是较理想的前置输入级器件。另外，它还具有热稳定性好、功耗低、噪声低、制造工艺简单、便于集成等优点，因此得到了广泛应用。

根据结构，场效应管可以分为结型场效应管（JFET）和绝缘栅型场效应管（IGFET）两大类。根据场效应管制造工艺和材料，其又可分为 N 型沟道场效应管和 P 型沟道场效应管。

结型场效应管

1. 结型场效应管

1）结构和符号

结型场效应管的外形如图 1-41（a）所示。结型场效应管（JFET）按导电沟道分为 N 沟道和 P 沟道两种。其结构和符号分别如图 1-41（b）、（c）所示。N 沟道结型场效应管是在同一块 N 型半导体上制作两个高掺杂的 P 区，将它们连接在一起，引出电极栅极 G。N 型半导体分别引出漏极 D、源极 S，P 区和 N 区的交界面形成耗尽层。源极和漏极之间的非

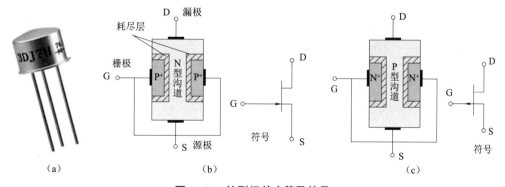

图 1-41 结型场效应管及符号

（a）外形；（b）N 沟道；（c）P 沟道

37

耗尽层称为导电沟道。导电沟道是 N 型的，称 N 沟道结型场效应管。P 沟道结型场效应管是在同一块 P 型半导体上制作两个高掺杂的 N 区，将它们连接在一起，引出电极栅极 G。P 型半导体分别引出漏极 D、源极 S，在 P 区和 N 区的交界面形成耗尽层。源极和漏极之间的非耗尽层为导电沟道。如果导电沟道是 P 型的，则称 P 沟道结型场效应管。

2) 工作原理

现以 N 沟道结型场效应管为例讨论外加电场是如何来控制场效应管的电流的。正常工作时，在栅源之间加负向电压（保证耗尽层承受反向电压），漏源之间加正向电压（以形成漏极电流），这样既保证了栅源之间的电阻很高，又实现了 u_{GS} 对沟道电流 i_D 的控制。

结型场效应管工作原理（动画）

图 1-42 所示为结型场效应管施加偏置电压后的接线图。由图 1-42 可见，在栅源之间加反向电压 u_{GS}，而此时耗尽层加宽，沟道变窄，电阻增大，在漏源电压 u_{DS} 的作用下，将产生漏极电流 i_D。当栅源间反偏电压 u_{GS} 改变时，沟道电阻也随之改变，从而引起漏极电流 i_D 变化，即通过 u_{GS} 实现了对漏极电流 i_D 的控制作用。

场效应管和普通三极管一样，可以视为受控的电流源，但它其实是一种电压控制的电流源。

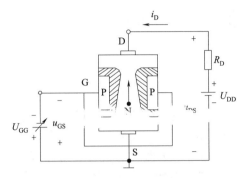

图 1-42　N 沟道结型场效应管工作原理

3) 结型场效应管的特性曲线

场效应管的特性曲线分为转移特性曲线和输出特性曲线。在正常工作的情况下，场效应管栅极电流几乎为零（$i_G \approx 0$），管子无输入特性。

(1) 转移特性曲线。

转移特性曲线是指在一定漏源电压 u_{DS} 作用下，栅极电压 u_{GS} 对漏极电流 i_D 的控制关系。曲线反映场效应管的 u_{GS} 对 i_D 的控制特性，即

$$i_D = f(u_{GS})\big|_{u_{DS}=常数}$$

图 1-43 所示为 N 沟道结型场效应管的转移特性曲线。当 $u_{GS}=0$ 时，i_D 最大，称为饱和漏极电流，并用 I_{DSS} 表示；当 $|u_{GS}|$ 增大时，沟道电阻增大，漏极电流 i_D 减小；当 $u_{GS}=U_{GS(off)}$ 时，沟道被夹断，此时 $i_D=0$。$U_{GS(off)}$ 称为夹断电压。

在 $U_{GS(off)} \leq u_{GS} \leq 0$ 的范围内，漏极电流 i_D 与栅极电压 u_{GS} 的关系可用下式表示：

$$i_D = I_{DSS}\left(1-\frac{u_{GS}}{U_{GS(Off)}}\right)^2 \quad (1-5)$$

(2) 输出特性曲线（或漏极特性曲线）。

输出特性是指当栅源电压 u_{GS} 一定时，漏极电流 i_D 与漏极电压 u_{DS} 之间的关系，即

$$i_D = f(u_{DS})\big|_{u_{GS}=常数}$$

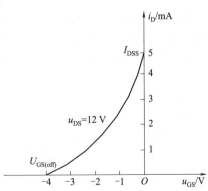

图 1-43　N 沟道结型场效应管转移特性曲线

图 1-44 所示为 N 沟道结型场效应管的输出特性曲线，可分成四个区域。

①可变电阻区：当漏源电压 u_{DS} 很小时，场效应管工作于该区。在此区域，当 U_{GS} 不变时，U_{DS} 由零逐渐增加且较小时，I_D 随 U_{DS} 的增加而线性上升，场效应管导电沟道畅通，漏源之间可视为一个线性电阻 R_{DS}，当 U_{DS} 较小时，这个电阻主要由 U_{GS} 决定，所以此时沟道电阻值近似不变。但当栅源电压变化时，特性曲线的斜率也随之发生变化。可以看出，栅源电压 u_{GS} 越负，输出特性曲线越倾斜，漏源间的等效电阻越大，即对于不同的栅源电压 U_{GS} 有不同的电阻值 R_{DS}，故称为可变电阻区。

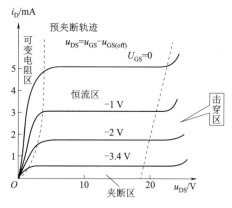

图 1-44 结型场效应管的输出特性曲线

②恒流区：随着 u_{DS} 的继续增大，u_{GD} 减小，当 $u_{GD}=U_{GS(th)}$ 时，导电沟道在漏极一端产生夹断，称为预夹断。接下来，u_{DS} 继续增大，夹断区延长，漏电流 i_D 基本恒定，而与漏源电压 u_{DS} 基本无关，称这个区域为恒流区，又称放大区、饱和区。在恒流区，i_D 主要由栅源电压 u_{GS} 决定，表现出场效应管电压控制电流的放大作用，场效应管组成的放大电路就在这个区域工作。

③击穿区：如果继续增大 u_{DS} 到一定值后，漏极电流 i_D 急剧上升，漏源极间发生击穿现象。此时若不加以限制，管子就会损坏。

④夹断区（截止区）：当 u_{GS} 负值增加到夹断电压 $U_{GS(off)}$ 后，即当 $u_{GS}<U_{GS(off)}$ 时，场效应管的导电沟道被耗尽层全部夹断，由于耗尽层电阻极大，漏极电流 i_D 几乎为零（$i_D\approx 0$）。此区域类似于三极管输出特性曲线的截止区，在数字电路中常用作断开的开关。

结型场效应管工作时，栅源之间加反偏电压，所以它的输入电阻很大，从栅极几乎不输入信号电流。在 u_{DS} 不变的情况下，栅源之间很小的电压变化就可以引起漏极电流 i_D 发生相应的变化，从而实现通过 u_{GS} 来控制 i_D，即为电压控制器件。

讨论题 1：N 沟道结型场效应管栅、源极之间能否加正偏电压？为什么？

2. 绝缘栅型场效应管

在结型场效应管中，栅源间的输入电阻一般为 $10^6\sim 10^9\ \Omega$。PN 结反偏时总有一定的反向电流存在，而且受温度的影响，因此，便限制了结型场效应管输入电阻的进一步提高。而绝缘栅型场效应管的栅极与漏极、源极及沟道是绝缘的，输入电阻可高达 $10^9\ \Omega$ 以上。由于这种场效应管是由金属（Metal）、氧化物（Oxide）和半导体（Semiconductor）组成的，故称为 MOS 管。MOS 管可分为 N 沟道和 P 沟道两种。按照工作方式的不同，其可以分为增强型和耗尽型两类。

1）N 沟道增强型绝缘栅场效应管

（1）结构和符号。

图 1-45（a）所示为 N 沟道增强型 MOS 管的结构图。MOS 管以一块掺杂浓度较低的 P 型硅片作衬底，在衬底上通过扩散工艺形成两个高掺杂的 N 型区，并引出两个极作为源极 S 和漏极 D；在 P 型硅表面制作一层很薄的二氧化硅（SiO_2）绝缘层，然后在二氧化硅表面喷一层铝，引出栅极 G。这种场效应管栅极与源极和漏极之间都是绝缘的，所以称为绝缘栅场效应管。

衬底和源极通常连接在一起使用。栅极和衬底各相当于一个极板，中间是绝缘层，从而形成了电容。当栅源电压改变时，将改变衬底靠近绝缘层处感应电荷的数量，从而控制漏极电流的大小。

绝缘栅场效应管的图形符号如图 1-45（b）和图 1-45（c）所示，箭头方向表示沟道类型，若箭头指向管内，表示为 N 沟道 MOS 管；否则便为 P 沟道 MOS 管。

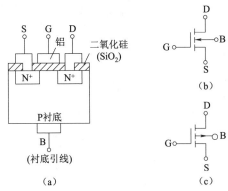

图 1-45　增强型 MOS 管结构及符号图
(a) N 沟道结构图；(b) N 沟道符号；(c) P 沟道符号

(2) 工作原理。

图 1-46 所示为 N 沟道增强型 MOS 管的工作原理。工作时栅源之间加正向电源电压 U_{GS}，漏源之间加正向电源电压 U_{DS}，并且源极与衬底连接，衬底是电路中最低的电位点。

当 $U_{GS}=0$ 时，D 与 S 之间是两个 PN 结反向串联，无论在 D 与 S 之间加什么极性的电压，漏极电流均接近零。

N 沟道增强型 MOS 管

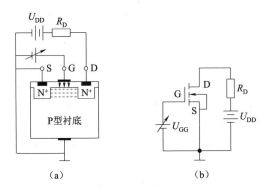

图 1-46　N 沟道增强型 MOS 管工作原理
(a) 示意；(b) 电路图

当 $U_{GS}>0$ 时，栅极与衬底之间产生了一个垂直于半导体表面、由栅极 G 指向衬底的电场。这个电场的作用是排斥 P 型衬底中的空穴而吸引电子到表面层，当 U_{GS} 增大到一定程度时，绝缘体和 P 型衬底的交界面附近积累了较多的电子，形成了 N 型薄层，称为 N 型反型层。反型层使漏极与源极之间成为一条由电子构成的导电沟道，当加上漏源电压 U_{DS} 之后，就会有电流 I_D 流过。人们通常将刚刚出现漏极电流 I_D 时所对应的栅源电压称为开启电压，用 $U_{GS(th)}$ 表示。

当 $U_{GS}>U_{GS(th)}$，U_{GS} 增大时，电场增强、沟道变宽、沟道电阻减小、I_D 增大；反之，U_{GS} 减小，沟道变窄，沟道电阻增大，I_D 减小。所以，改变 U_{GS} 的大小就可以控制沟道电阻的大小，从而控制电流 I_D 的大小。而随着 U_{GS} 的增强，其导电性能也跟着增强，故称为增强型。必须强调，这种管子当 $U_{GS}<U_{GS(th)}$ 时，反型层（导电沟道）消失，$I_D=0$。只有当 $U_{GS}\geq U_{GS(th)}$ 时，才能形成导电沟道，并存在电流 I_D。

（3）特性曲线。

①转移特性曲线：表示在 u_{DS} 为常数的情况下，输入电压 u_{GS} 与输出电流 i_D 之间的关系，即

$$I_D=f(U_{GS})|_{U_{GS}=常数}$$

N 沟道增强型绝缘栅场效应管的转移特性曲线如图 1-47（a）所示，当 $U_{GS}<U_{GS(th)}$ 时，导电沟道没有形成，$I_D=0$。当 $U_{GS}\geq U_{GS(th)}$ 时，开始形成导电沟道，而且随着 U_{GS} 的增大，导电沟道变宽，沟道电阻变小，电流 I_D 增大。

在 $u_{GS}\geq U_{GS(th)}$ 时，i_D 与 u_{GS} 的关系可用下式表示

$$i_D=I_{D0}\left(\frac{u_{GS}}{u_{GS(th)}}-1\right)^2 \tag{1-6}$$

式中，I_{D0} 是 $u_{GS}=2U_{GS(th)}$ 时的 i_D 值。

②输出特性：表示 u_{GS} 为常数的情况下，输出电压 u_{DS} 与输出电流 i_D 之间的关系曲线，即

$$I_D=f(U_{DS})|_{U_{GS}=常数}$$

输出特性曲线如图 1-47（b）所示，其中的特性曲线有 4 个区：可变电阻区、恒流区、击穿区和夹断区（截止区）。其含义与结型场效应管输出特性曲线相应区域的含义相同。

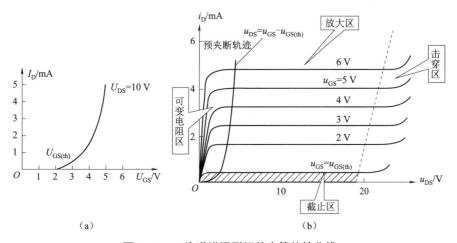

图 1-47 N 沟道增强型场效应管特性曲线

(a) 转移特性；(b) 输出特性

2）N 沟道耗尽型 MOS 管

（1）结构、符号和工作原理。

N 沟道耗尽型 MOS 管的结构和符号如图 1-48 所示。N 沟道耗尽型 MOS 管在制造时，

在二氧化硅绝缘层中掺入了大量的正离子,而这些正离子的存在,使 $U_{GS}=0$ 时,就有垂直电场进入半导体,并吸引自由电子来到半导体的表层,形成 N 型导电沟道。

人们通常将 $u_{GS}=0$ 时的漏极电流 i_D 称为饱和漏极电流,用 I_{DSS} 表示。当在栅、源之间加上反偏电压 u_{GS} 后,u_{GS} 所产生的外电场就会削弱正离子所产生的电场,使沟道变窄,也使沟道中感应的负电荷减少,从而使 i_D 减小。因此,反偏电压 u_{GS} 增大,沟道中感应的负电荷进一步减少。当反偏电压增大到某一值时,使 $i_D=0$,沟道被夹断,此时的 u_{GS} 称为夹断电压,用 $u_{GS(off)}$ 表示。反之,则电流 I_D 增加,故这种管子的栅源电压 U_{GS} 可以是正的,也可以是负的。改变 U_{GS} 就可以改变沟道的宽窄,从而控制漏极电流 I_D。

这种耗尽型 MOS 管的 u_{GS} 不论是正、是负还是零,都可以控制 i_D,这样,使用起来更具有较大的灵活性。

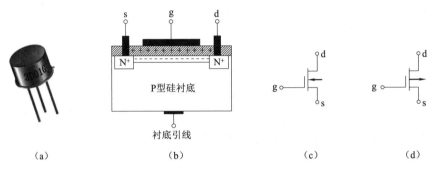

图 1-48　耗尽型 MOS 管的结构及符号

(a) 实物;(b) N 沟道结构;(c) N 沟道符号;(d) P 沟道符号

(2) 特性曲线。

N 沟道耗尽型场效应管的特性曲线如图 1-49 所示。输出特性曲线可分为可变电阻区、恒流区(放大区)、夹断区和击穿区。当 $u_{GS} \geqslant U_{GS(off)}$ 时,i_D 与 u_{GS} 的关系可用下式表示:

$$i_D = I_{DSS}\left(1-\frac{U_{GS}}{U_{GS(Off)}}\right)^2 \tag{1-7}$$

耗尽型绝缘栅 MOS 管

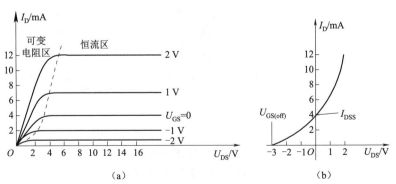

图 1-49　N 沟道耗尽型 MOS 管特性曲线

(a) 输出特性曲线;(b) 转移特性曲线

3. 场效应管的主要参数及注意事项

1) 主要参数

(1) 开启电压 $U_{GS(th)}$ 和夹断电压 $U_{GS(off)}$。

当 U_{DS} 等于某一定值，使漏极电流 I_D 等于某一微小电流时，栅源之间所加的电压 U_{GS}，①对于增强型管，称为开启电压 $U_{GS(th)}$；②对于耗尽型管和结型管，称为夹断电压 $U_{GS(off)}$。

(2) 饱和漏极电流 I_{DSS}。

饱和漏极电流是指工作于饱和区时，耗尽型场效应管在 $U_{GS}=0$ 时的漏极电流。

(3) 低频跨导 g_m（又称低频互导）。

低频跨导是指 u_{DS} 为某一定值时，漏极电流的微变量和引起这个变化的栅源电压微变量之比，即

$$g_m = \left. \frac{\mathrm{d}i_D}{\mathrm{d}u_{GS}} \right|_{u_{DS}=常数}$$

式中，$\mathrm{d}i_D$ 为漏极电流的微变量；$\mathrm{d}u_{GS}$ 为栅源电压微变量。g_m 反映了 u_{GS} 对 i_D 的控制能力，是表征场效应管放大能力的重要参数，单位为西门子（S）。另外，g_m 也就是转移特性曲线上工作点处切线的斜率。

(4) 直流输入电阻 R_{GS}。

直流输入电阻是指漏源间短路时，栅源间的直流电阻值，一般大于 $10^8\ \Omega$。

(5) 漏源击穿电压 $U_{(BR)DS}$。

漏源击穿电压是指漏源间能承受的最大电压，当 U_{DS} 值超过 $U_{(BR)DS}$ 时，栅漏间发生击穿现象，I_D 开始急剧增加。

(6) 栅源击穿电压 $U_{(BR)GS}$。

栅源击穿电压是指栅源间所能承受的最大反向电压，当 U_{GS} 值超过 $U_{(BR)GS}$ 时，栅源间发生击穿现象，I_D 由零开始急剧增加。

(7) 最大耗散功率 P_{DM}。

最大耗散功率 $P_{DM}=U_{DS}I_D$，与半导体三极管的 P_{CM} 类似，受管子最高工作温度的限制。

2) 注意事项

(1) 在使用场效应管时，要注意漏源电压 U_{DS}、漏源电流 I_D、栅源电压 U_{GS} 及耗散功率等值不能超过最大允许值。

(2) 场效应管从结构上看漏源两极是对称的，可以互相调用，但有些产品在制作时已将衬底和源极在内部连在一起，只引出三个电极，这时漏源两极不能对换。若有四个管脚，则这种管子将衬底引出，其漏极和源极可以互换使用。

(3) 结型场效应管的栅源电压 U_{GS} 不能加正向电压，因为它工作在反偏状态。通常各极在开路状态下保存。

(4) 绝缘栅型场效应管的栅源两极绝不允许悬空，由于栅源两极如果有感应电荷，就很难泄放，电荷的积累会使电压升高，而使栅极绝缘层击穿，造成管子损坏。因此，要在栅源间绝对保持直流通路，保存时务必用金属导线将三个电极短接起来。在焊接时，烙铁外壳必须接电源地端，并在烙铁断开电源后再焊接栅极，以避免交流感应将栅极击穿，并按 S、D、G 极的顺序焊好，再去掉各极的金属短接线。

(5) 注意，不能接错各极电压的极性。

讨论题 2：能否用万用表测量绝缘栅型场效应管及其管脚的性能？

场效应管知识点总结

　　场效应管为电压控制电流源器件，即用栅源电压来控制沟道宽度，改变漏极电流。场效应管为单极型器件，仅有一种载流子（多子）导电，热稳定性高于三极管。场效应管有结型和绝缘栅型两种结构，每种又分为 N 沟道和 P 沟道两种。绝缘栅型场效应管又分为增强型和耗尽型两种类型。场效应管的漏极特性曲线分为可变电阻区、截止区和恒流区，其在放大电路中应工作在恒流区。

项目二

小信号电压放大电路的制作与调试

项目说明

用放大电路将微弱的电信号进行多级电压放大和功率放大,然后用得到的足够功率的输出信号推动执行机构(如继电器、仪表、显示器、扬声器、微电机等),是电子技术的重要应用之一。例如,晶体管扩音机,是将话筒产生的几十微伏的电压信号进行多级放大,送到扬声器中,使它发出响亮的声音。再如,许多电子仪表在测量微弱的电流、电压、电场强度等物理量时,必须先将输入量放大,再送到检测机构测量。基本放大电路是放大电路中最基本的结构形式,也是构成复杂放大电路的基本单元,本项目中对共射、共集、共基基本放大电路进行分析,通过典型工作任务的完成理解单管放大电路、多级放大电路及其应用,并了解反馈的相关知识及应用。

本项目包含两个任务:共发射极放大电路的制作与调试和助听器电路的制作与调试。

任务一 共发射极放大电路的制作与调试

学习目标

[知识目标]
1. 理解放大电路的基本概念及其动态参数的含义;
2. 掌握基本放大电路的组成及静态工作点的确定;
3. 掌握放大电路的分析方法;
4. 理解共集放大电路、共基放大电路的特点。

[技能目标]
1. 能对放大电路的静态、动态参数进行计算;
2. 能用万用表、信号发生器、示波器、交流毫伏表测试放大电路静态、动态参数;
3. 能对放大电路进行装配、调试。

[素养目标]
1. 树立学生勤于思考的工作态度和良好的职业道德;
2. 培养实事求是的科学态度和严肃认真的工作作风;
3. 培养良好的安全生产意识、质量意识和效益意识。

任务概述

利用三极管、电阻、电容等元器件,制作一个静态工作点稳定的单管电压放大电路,如图2-1所示,完成该电路的装配。利用万用表、信号发生器、毫伏表、示波器等仪器仪表完成静态工作点的调试,测试其放大能力,并分析这种放大能力的影响因素。

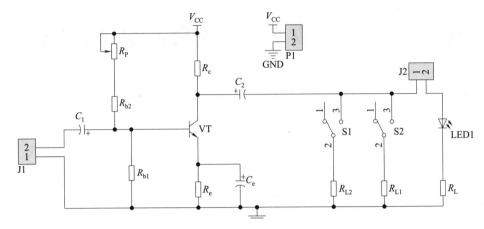

图2-1 静态工作点稳定的单管电压放大电路

任务引导

问题1:将三极管组成放大电路时,能否将基极作为放大电路的输出端,将集电极作为输入端?

问题2:为什么要给放大电路设置合理的静态工作点?

问题3:在放大电路中,输出波形产生失真的原因是什么?应如何解决?

知识链接

知识点一 放大电路基本知识

1. 放大电路的基本概念

放大电路是用来将微弱信号加以放大,使信号达到足够幅度,又称为放大器。所谓放大,从表面上看是将信号由小变大,而实际上,放大的过程是实现能量转换的过程。由于在电子线路中,输入信号往往很小,它所提供的

放大电路的基本知识

能量不能直接推动负载工作，需要另外提供一个能源（直流电源），由能量较小的输入信号控制这个能源，经三极管使之放大去推动负载工作。三极管不是能源，只是一种能量控制元件。我们把这种小能量对大能量的控制作用称为放大作用。

三极管是放大电路的核心元件，其在电路中有三种不同的连接方式（或称三种组态），即共（发）射极接法、共集电极接法和共基极接法。

2. 放大电路的组成

一个基本放大电路中必须有输入信号源（产生需要放大的微弱信号）、晶体三极管、输出负载，以及直流电源和相应的偏置电路，如图 2-2（a）所示。其中，直流电源和相应的偏置电路用来为晶体管提供静态工作点，以保证晶体三极管工作在放大区，即保证三极管发射结正偏，集电结反偏。输入信号源一般是将非电量变为电量的换能器，如各种传感器：将声音信号变为电信号的话筒、将图像信号变为电信号的摄像管等，它们提供的电压信号或电流信号就是基本放大电路的输入信号。

一个由 NPN 三极管构成的共发射极放大电路如图 2-2（b）所示，其中的 u_i 是信号源 u_S（内阻为 R_S）产生的送到放大电路输入端需要放大的信号，u_o 是放大电路放大后送给负载 R_L 的输出电压。图 2-2（c）是该电路的另一种习惯画法，看起来更加简洁。在放大电路中，常把输入电压、输出电压以及直流电压的公共端称为"地"，用符号"⊥"表示，实际上该端并不是真正接到地，而是在分析放大电路时，以"地"点作为零电位点（即参考电位点），这样，电路中任一点的电位就是该点与"地"之间的电压，便于分析电路。

图 2-2（c）中标注 $+V_{CC}$ 的位置接直流电源 $+V_{CC}$ 的正极，直流电源 $+V_{CC}$ 的负极接公共参考地"⊥"，而 $+V_{CC}$ 本身不画出来。

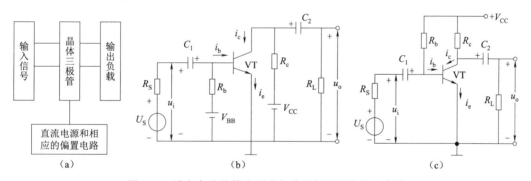

图 2-2 放大电路的基本组成与共发射极基本放大电路

（a）放大电路基本组成；（b）共射基本放大电路；（c）该电路的另一种习惯画法

1）各元件的作用

（1）三极管 VT：是放大电路中的核心器件，具有电流放大作用。

（2）直流电源 $+V_{CC}$：有两个作用，其一是为三极管提供适当的偏置电压，使三极管工作在放大区；其二是向放大电路提供能源，即在输入信号的控制下，通过三极管将直流电源 $+V_{CC}$ 的能量转化成负载所需要的信号能量。

（3）基极电阻 R_b：为三极管基极提供合适的静态电流 I_{BQ}。

（4）集电极电阻 R_c：将电流的变化转换为集电极电压的变化，并影响放大器的电压放大倍数。

(5) 电容 C_1 和 C_2：电容 C_1、C_2 称为隔直电容或耦合电容，为电解电容，有极性，大小一般为 10~50 μF。其作用是隔直流通交流，即在保证信号正常流通的情况下，使直流相互隔离，互不影响。

2) 放大电路中电压、电流的方向及符号规定

(1) 电压、电流正方向的规定。

为了便于分析，规定电压的正方向都以输入、输出回路的公共端为负，其他各点均为正；电流方向以三极管各电极电流的实际方向为正方向，如图 2-2（b）和图 2-2（c）中的标注。

(2) 电压、电流符号的规定。

为了便于对概念及公式的讨论，对于放大电路中电压电流的符号有如下规定：

①直流分量：用大写字母和大写下角标表示，如 I_B 表示基极的直流电流。

②交流分量：用小写字母和小写下角标表示，如 i_b 表示基极的交流电流。

③总变化量：是直流分量和交流分量之和，即交流叠加在直流上，用小写字母和大写下角标表示。例如 i_B 表示基极电流总的瞬时值，其数值为 $i_B=I_B+i_b$。

④交流有效值：用大写字母和小写下角标表示，如 I_b 表示基极的正弦交流电流的有效值。

3. 放大电路组成的原则

放大电路的工作原理及组成原则

(1) 三极管必须工作在放大区。对于 NPN 管，电路所接的直流电压必须保证 $U_C>U_B>U_E$，对于 PNP 管则须保证 $U_C<U_B<U_E$。

(2) 需要放大的动态信号 u_i 能够作用于晶体管输入回路，从而引起基极电流的变化。

(3) 能在负载上获得放大后的动态信号 u_o。

(4) 输出波形基本不失真。

讨论题 1：放大电路放大的是交流信号，为什么还要在电路中加直流电源？

4. 放大电路的主要性能指标

一个放大电路的性能可以用许多性能指标来衡量。为了说明各指标的含义，用图 2-3 所示的方框图来表示放大电路。将放大电路看成一个二端网络，左边为输入端口，外接需要放大的号源 u_S，其内阻为 R_S。在外加信号的作用下，放大电路得到输入电压 u_i，并产生输入电流 i_i；右边为输出端口，外接负载 R_L，在输出端可以得到输出电压 u_o 和输出电流 i_o。

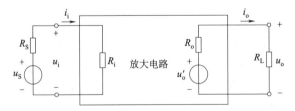

图 2-3 放大电路示意

放大电路的主要性能指标有放大倍数、输入电阻、输出电阻、通频带、最大输出功率

和效率、最大不失真电压、非线性失真系数、信噪比与噪声系数等。这里只介绍前四种性能指标。

1）放大倍数

放大倍数是衡量放大电路放大能力的重要指标。

（1）电压放大倍数 A_u。

电压放大倍数是输出电压 u_o 与输入电压 u_i 之比，即

$$A_u = \frac{u_o}{u_i} \tag{2-1}$$

（2）电流放大倍数 A_i。

电流放大倍数是输出电流 i_o 和输入电流 i_i 之比，即

$$A_i = \frac{i_o}{i_i} \tag{2-2}$$

（3）功率放大倍数 A_P。

功率放大倍数是输出功率 P_o 和输入功率 P_i 之比，即

$$A_P = \frac{P_o}{P_i} = \frac{u_o i_o}{u_i i_i} = A_u A_i \tag{2-3}$$

2）输入电阻 R_i

放大电路的输入端外接信号源，对于信号源而言，放大电路就是它的负载。这个负载的大小就是从放大电路输入端看过去的等效电阻，即放大电路的输入电阻 R_i。通常将输入电阻 R_i 定义为输入电压与输入电流的比值，即

$$R_i = \frac{u_i}{i_i} \tag{2-4}$$

R_i 越大，则放大电路输入端从信号源分得的电压越大，输入电压 u_i 越接近信号源电压 u_S，信号源电压损失小；R_i 越小，则放大电路输入端从信号源分得的电压越小，而信号源内阻消耗的能量大，信号源电压的损失越大，所以希望输入电阻越大越好。

3）输出电阻

从放大电路的输出端向放大器看进去可知，放大电路可等效为一个带有内阻的电压源，该内阻称为输出电阻 R_o，它是从放大电路输出端看过去的等效电阻。放大电路的输出端电压在带负载时和空载时是不同的，带负载时的输出电压 u_o 比空载时的输出电压 u_o' 有所降低，这是因为输出端接有负载时，内阻上的分压使输出电压降低。通常将输出电阻 R_o 定义为信号源短路（即 $u_S = 0$，R_S 保留），负载开路的条件下，放大电路的输出端外加电压 u 与相应产生的电流 i 的比值，即

$$R_o = \frac{u}{i} \bigg|_{\substack{u_S=0 \\ R_L=\infty}}$$

输出电阻是衡量放大电路带负载能力的一项指标，它的值越小，表明带负载能力越强。

输入电阻 R_i 与输出电阻 R_o 是为了描述放大电路与各电路相互连接时所产生的影响而引入的参数。它们均会直接或间接的影响放大电路的放大能力。

注意：放大倍数、输入电阻、输出电阻通常都是在正弦信号下的交流参数，而且只有

在放大电路处于放大状态且输出不失真的条件下才有意义。

4）通频带

通频带用于衡量放大电路对不同频率信号的放大能力。由于放大电路中存在电容、电感及半导体器件结电容等电抗元件，在输入信号频率较低或较高时，放大倍数的数值会下降并产生相移。在一般情况下，放大电路只适用于放大某一个特定频率范围内的信号。图2-4所示为典型的放大电路放大倍数的数值与信号频率的关系曲线，称为幅频特性曲线。

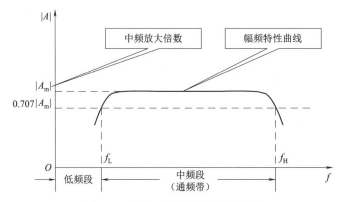

图2-4 放大电路的幅频特性曲线

当放大倍数从 A_m 下降到 $A_m/\sqrt{2}$（即 $0.707A_m$）时，在高频段和低频段对应的频率分别称为上限截止频率 f_H 和下限截止频率 f_L。而 f_H 和 f_L 之间形成的频带宽度称为通频带，记为 f_{BW}。

$$f_{BW} = f_H - f_L \tag{2-5}$$

通频带表明放大电路对不同频率信号的适应能力。通频带越宽，表明放大电路对不同频率信号的适应能力越强。但是，通频带宽度也不是越宽越好，若超出信号所需要的宽度，不仅增加成本，还会把信号以外的干扰和噪声信号一起放大，这显然是无益的，所以应根据信号的频带宽度来设计放大电路应有的通频带。

讨论题2：一个放大电路对任何频率的信号都有相同的放大能力吗？

知识点二　基本放大电路的分析

当既有直流电源，又有交流信号输入时，放大电路中的交流量与直流量共存，各极电流、极与极间的电压都是交流量与直流量的叠加。具体对一个放大电路进行定性、定量分析时，首先，要求出电路各处的直流电压和电流的数值，以便判断放大电路是否工作于放大区，这也是放大电路放大交流信号的前提和基础；其次，要分析放大电路对交流信号的放大性能，如放大电路的放大倍数、输入电阻、输出电阻及电路的失真问题。前者讨论的对象是直流成分，而后者讨论的对象则是交流成分。因此，在对放大电路进行具体分析时，必须分清直流通路和交流通路。

下面以共发射极放大电路为例说明放大电路的分析方法。

1. 放大电路的静态分析

放大电路的
静态分析

所谓静态，是指输入信号为零时放大电路中只有直流电量的工作状态。在直流电源的作用下，直流电流流经的通路，也就是静态电流流经的通路称为直流通路，分析静态先要画出放大电路的直流通路。在画直流通路时，电路中的电容开路，电感短路，电路中的其他元器件保留不变。图 2-2（b）、(c) 所对应的直流通路如图 2-5（a）所示。

在直流通路中，在直流电源 V_{CC} 的作用下，三极管的各电极都存在直流电流和直流电压，将基极电流、基极与发射极之间的电压分别用 I_{BQ}、U_{BEQ} 表示，集电极电流、集电极与发射极之间的电压分别用 I_{CQ}、U_{CEQ} 表示。其中（I_{BQ}，U_{BEQ}）和（I_{CQ}，U_{CEQ}）分别对应输入输出特性曲线上的一个点，该点称为静态工作点 Q，如图 2-5（b）所示。

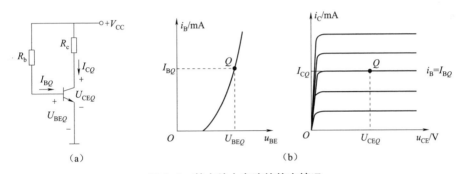

图 2-5 基本放大电路的静态情况

(a) 直流通路；(b) 静态工作点 Q

静态分析的任务是根据电路参数和三极管的特性确定静态值（直流值）I_{BQ}、U_{BEQ}、I_{CQ} 和 U_{CEQ}。放大电路建立合适的静态值，是为了使三极管在加入交流信号后也始终工作在放大区，以保证信号不失真。

1) 静态工作点求解

放大电路静态工作点的求解主要有两种方法，即图解法和估算法。图解法就是在三极管特性曲线上，用作图的方法来分析放大电路。在工程中，一般利用直流通路采用估算的方法来计算静态工作点，即根据直流通路估算三极管的 I_{BQ}、I_{CQ}、U_{CEQ} 值。这里主要介绍估算法。根据直流通路图 2-5（a）可得

$$I_{BQ} = \frac{V_{CC} - U_{BEQ}}{R_b} \tag{2-6}$$

其中，U_{BEQ} 为发射结正向电压，一般硅管取值为 0.7 V，锗管取值为 0.2 V，当 $V_{CC} \gg U_{BEQ}$ 时，$I_{BQ} \approx V_{CC}/R_b$。

根据三极管电流的放大特性，有：

$$I_{CQ} = \beta I_{BQ} \tag{2-7}$$

集（电极）-（发）射（极）之间的电压为

$$U_{CEQ} = V_{CC} - I_{CQ} R_C \tag{2-8}$$

注意：式（2-7）成立的条件是三极管必须工作在放大区。实际上，如果 U_{CEQ} 值小于

1 V，则认为三极管已处于饱和状态，此时，电流 I_{CQ} 不再受 I_{BQ} 的控制，称这时的 I_{CQ} 为饱和电流，用 I_{CS} 表示。此时的集-射电压为饱和压降 U_{CES}，则

$$I_{CS} = \frac{V_{CC} - U_{CES}}{R_c} \approx \frac{V_{CC}}{R_c} \qquad (2-9)$$

此式说明 I_{CS} 基本上只与 V_{CC} 及 R_c 有关，与 β 及 I_{BQ} 无关。

三极管在临界饱和状态时，其电流受控关系仍然成立，此时的基极电流称为基极临界饱和电流，用 I_{BS} 表示，即

$$I_{BS} = \frac{I_{CS}}{\beta} \approx \frac{V_{CC}}{\beta R_c} \qquad (2-10)$$

如果 $I_{BQ} < I_{BS}$，则表明三极管工作在放大状态，否则便工作在饱和状态。

例 2.1 在图 2-5（a）中，已知 $V_{CC} = 20$ V，$R_c = 6.8$ kΩ，$R_b = 510$ kΩ，三极管型号为 3DG100，$\beta = 45$，

（1）试求放大电路的静态工作点；

（2）如果偏置电阻 R_b 由 510 kΩ 减至 240 kΩ，三极管的工作状态有何变化？

放大电路
静态求解
（例题分析）

解：（1） $I_{BQ} \approx \frac{V_{CC}}{R_b} = \frac{20}{510} \approx 40 (\mu A) \qquad I_{BS} = \frac{I_{CS}}{\beta} \approx \frac{V_{CC}}{\beta R_c} \approx 65 (\mu A)$

$I_{CQ} = \beta I_{BQ} = 45 \times 0.04 = 1.8 (mA)$

$U_{CEQ} = U_{CC} - I_{CQ} R_c = 20 - 1.8 \times 6.8 = 7.8 (V)$

（2）当 R_b 由 510 kΩ 降至 240 kΩ 时，$I_{BQ} \approx \frac{V_{CC}}{R_b} = \frac{20}{240} \approx 80 (\mu A) > I_{BS}$

因为 $I_{BQ} > I_{BS}$，这表明三极管已进入饱和状态，此时的 $U_{CEQ} = U_{CES} = 0.3$ V

$$I_{CQ} = I_{CS} \approx \frac{V_{CC}}{R_c} = \frac{20}{6.8} = 2.9 (mA)$$

2）静态工作点对输出波形的影响

放大电路设置合适的静态工作点至关重要，它对放大电路的性能有如下影响：

（1）静态工作点不合适，将引起输出波形失真。波形失真就是波形变形，这种失真是因为电路加入需要放大的交流信号后，工作点（动态工作点）进入三极管的非线性区（饱和或截止区）而引起放大电路输出电压的波形与输入电压的波形不一致的失真，称为非线性失真。

以 NPN 管基本共射放大电路图 2-2（b）及其直流通路图 2-5 为例进行分析：

若静态工作点设置过高［如图 2-6（a）所示，设置在 Q_1 点］，靠近饱和区，输入信号处于正半周期间，i_B、i_C 在静态的基础上增加，放大电路的工作点会达到三极管的饱和区，i_C 的正半周和 u_{CE} 的负半周出现失真。由于晶体管饱和而产生的失真称为饱和失真。对于 NPN 管，饱和失真时输出电压表现为底部失真，如图 2-6（b）所示。放大电路出现饱和失真时可增大 R_b，降低 I_{BQ}、I_{CQ}，使静态工作点 Q 适当下降，解决饱和失真问题。

若放大电路 Q 点设置过低［如图 2-6（a）所示，设置在 Q_2 点］，靠近截止区，输入信号处于负半周期间，i_B、i_C 在静态的基础上减小，放大电路的工作点会进入三极管的截止

区，i_B 严重失真，使 i_C 的负半周和 u_{CE} 的正半周由于进入截止区而失真。这种因晶体管截止而产生的失真称为截止失真。对于 NPN 管，截止失真时输出电压表现为顶部失真，如图 2-6（b）所示。放大电路出现截止失真时可减小 R_B，增大 I_{BQ}、I_{CQ}，使静态工作点 Q 适当上升，从而解决了截止失真问题。

有了合适的静态工作点后，当 u_i 的幅值太大时，也容易出现如图 2-6（b）所示的双向失真。

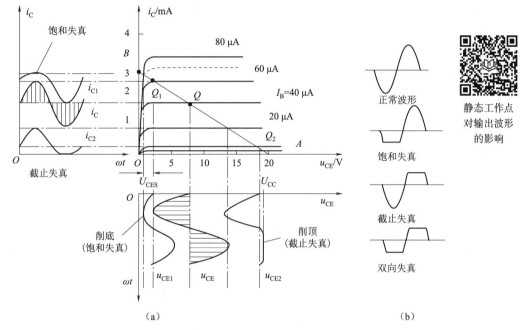

图 2-6 静态工作点对输出波形失真的影响
（a）非线性失真图形分析；（b）失真波形图

注意：对于 PNP 管，由于用负电源供电，失真的表现形式与 NPN 管正好相反。

（2）静态工作点还和放大电路的电压放大倍数、输入电阻有密切关系，在以后的微变等效电路分析中可以看到。

讨论题 3：试画出图 2-7 中两个电路的直流通路。

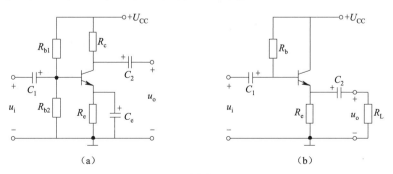

图 2-7 讨论题 3 图

2. 放大电路的动态分析

所谓动态，是指放大电路输入信号不为零时的工作状态。当接入交流信号（或变化信号）以后，电路中各处电流、电压随输入的交流信号变化，工作是动态的。在信号源（输入信号）的作用下，只有交流电流所流过的路径，称为交流通路。放大电路的动态分析就是要分析计算出放大电路在有信号输入时的放大倍数以及输入阻抗、输出阻抗等动态参数，必须先画出交流通路，在交流通路中求解分析。画交流通路时，耦合电容做短路处理，直流电压源视为短路，电路中的其他元器件保留不变。基本共射放大电路图2-8（a）所示的交流通路如图2-8（b）所示。

放大电路动态分析常用的分析方法也有两种：图解法和微变等效电路法。图解法适合用来分析大信号的输入情况，是在三极管特性曲线上，用作图的方法来分析放大电路的工作情况，它能直观地反映放大器的工作原理，但过程烦琐，不易进行定量分析。而微变等效电路法适合用来分析微小信号的输入情况。这里主要介绍微变等效电路法。

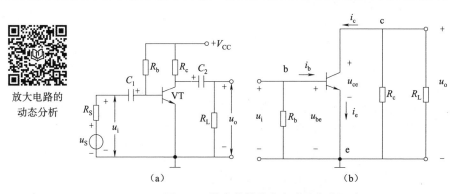

图 2-8 基本共射放大电路及交流通路
（a）共射放大电路；（b）交流通路

1）三极管的微变等效电路

三极管各极电压和电流的变化关系，在较大范围内是非线性的。如果三极管工作在小信号情况下，信号只是在静态工作点附近小范围变化，三极管特性可看成是近似线性的，可用一个线性电路来代替，这个线性电路就称为三极管的微变等效电路。

（1）三极管输入端等效（三极管基极-发射极间的等效）。

从三极管输入端b、e来看，其伏安特性就是管子的输入特性。当输入信号u_i在很小范围内变化时，输入回路的电压u_{BE}、电流i_B在u_{CE}为常数时，可认为其随u_i的变化做线性变化，即当u_{CE}为常数时，从b、e看进去，三极管可用一个线性电阻r_{be}来等效，如图2-9（b）左边所示。其中：

$$r_{be} = \frac{\Delta u_{BE}}{\Delta i_B}\bigg|_{u_{CE}=常数} = \frac{u_{be}}{i_b}$$

r_{be}的数值可以用下式计算：

$$r_{be} = r_{bb'} + (1+\beta)\frac{26(\text{mV})}{I_{EQ}(\text{mA})} \tag{2-11}$$

式中，I_{EQ}为射极静态电流；$r_{bb'}$为基区体电阻，通常取200~300 Ω计算。

(2) 三极管输出端等效（集电极-发射极间的等效）。

从三极管的输出端 c、e 看，其伏安特性就是管子的输出特性。当三极管工作在放大区时，i_c 的大小只受 i_b 控制，而与 u_{CE} 无关，即实现了三极管的受控恒流特性，$i_c=\beta i_b$。所以，当输入回路的 i_b 给定时，三极管输出回路的集电极与发射极之间，可用一个大小为 βi_b 的理想受控电流源来等效，如图 2-9（b）右边所示。

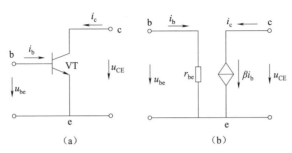

图 2-9　晶体三极管及微变等效

(a) 晶体三极管；(b) 晶体三极管的微变等效

2) 放大电路的微变等效电路

将放大电路的交流通路中的三极管用其微变等效电路代替，即得到放大电路的微变等效电路。如图 2-8（b）中的交流通路的微变等效电路为图 2-10。

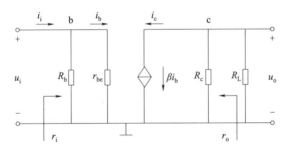

图 2-10　共射放大电路的微变等效电路

3) 用微变等效电路求动态指标

根据图 2-10 中的等效电路，可以求电路的输入电阻 r_i、输出电阻 r_o 和电压放大倍数 A_u。

(1) 电压放大倍数 A_u：$A_u=\dfrac{u_o}{u_i}=\dfrac{-\beta i_b(R_C//R_L)}{i_b r_{be}}=-\beta\dfrac{R'_L}{r_{be}}$

式中，"-"表示输入信号与输出信号相位反相，有 $R'_L=R_C//R_L$。

若无负载（空载），则：$A_u=\dfrac{u_o}{u_i}=\dfrac{-\beta i_b R_C}{i_b r_{be}}=-\beta\dfrac{R_C}{r_{be}}$

(2) 输入电阻 r_i：从图 2-10 中可以看出：$r_i=\dfrac{u_i}{i_i}=R_b//r_{be}$

当 $R_b\gg r_{be}$ 时，$r_i=R_b//r_{be}\approx r_{be}$。低频小功率三极管的 r_{be} 较小（只有 1～2 kΩ）。显然，共射极基本放大电路的输入电阻并不太大。

(3) 输出电阻 r_o：r_o 是由输出端向放大电路内部看到的动态电阻，即
$$r_o \approx R_C$$

放大电路的分析（例题讲解）

例 2.2 在图 2-8（a）所示的电路中，$R_b = 280 \text{ k}\Omega$，$R_c = 3 \text{ k}\Omega$，$R_L = 3 \text{ k}\Omega$，$V_{CC} = 12 \text{ V}$，$\beta = 50$，$U_{BE} = 0.7 \text{ V}$，试求：

(1) 静态工作点参数 I_{BQ}、I_{CQ}、U_{CEQ} 值；

(2) 计算动态指标 A_u、r_i、r_o 的值。

解：(1) 求静态工作点参数。

画出电路的直流通路（详见如图 2-5（a）），有

$$I_{BQ} = \frac{V_{CC} - 0.7}{R_b} = \frac{12 - 0.7}{280 \times 10^3} \approx 0.04 (\text{mA}) = 40 (\mu\text{A})$$

$$I_{CQ} = \beta I_{BQ} = 50 \times 0.04 \times 10^{-3} = 2 (\text{mA})$$

$$U_{CEQ} = V_{CC} - I_{CQ} R_c = 12 - 2 \times 10^{-3} \times 3 \times 10^3 = 6 (\text{V})$$

画出的微变等效电路如图 2-10 所示，有

$$r_{be} = 300 + \frac{(\beta+1) 26(\text{mV})}{\dot{I}_E} = 300 + \frac{51 \times 26(\text{mV})}{2(\text{mA})}$$

$$= 963 (\Omega) \approx 0.96 (\text{k}\Omega)$$

(2) 计算动态指标。

$$\dot{A}_u = \frac{-\beta R'_L}{r_{be}} = \frac{-50 \times (3//3)(\text{k}\Omega)}{0.96(\text{k}\Omega)} = -78.1$$

$$r_i = R_b // r_{be} \approx r_{be} = 0.96 \text{ k}\Omega$$

$$r_o \approx R_c = 3 \text{ k}\Omega$$

从以上分析过程和典型例题的数据可以得出这样的结论：共发射极基本放大电路的电压放大倍数较大，输出电压和输入电压反相，由于电压放大能力很强，因此，其应用十分广泛。作为一个电压放大器，共发射极电路的输入电阻不够大，仅约为 r_{be}，使放大器得到的输入电压比信号源电压衰减很多，导致源电压放大倍数下降。同样，这个电路的输出电阻相对较大，带负载的能力不强。

讨论题 4：总结放大电路的微变等效电路分析法的步骤。

讨论题 5：哪些因素会影响放大电路的放大倍数？它们是如何影响的？

知识点三　放大电路静态工作点的稳定

合理的静态工作点，是三极管放大电路能够正常工作的基础。在设计电路时，通过调整电路参数，总可以确定一个合适的静态工作点，使放大电路正常工作，不产生失真。但我们在实际工作中会发现，随着三极管工作时间的延长或者其他因素的影响，输出信号出现了失真，使电路不能稳定工作。

1. 影响静态工作点的因素

放大电路的各项动态参数如放大倍数、输入电阻等与静态工作点密切相关，静态工作

点的不稳定，将导致动态参数不稳定，甚至使放大电路出现严重失真、无法正常工作，所以放大电路的静态工作点要求合理并且稳定。

影响静态工作点的因素有：温度、电路参数变化、电源电压波动等，但主要因素是温度，这是因为三极管是半导体器件，具有温度敏感特性。

对于图 2-5（a）所示电路，当 V_{CC} 和 R_b 一定时，U_B 基本固定不变，故称为固定偏置电路。在这种电路中，由于晶体管参数 β、I_{CBO} 等随温度而变，而 I_{CQ} 又与这些参数有关，当温度发生变化时，导致 I_{CQ} 发生变化，使静态工作点不稳定。

2. 分压式偏置放大电路

固定偏置电路虽然简单，但受温度的影响较大，静态工作点不能保持稳定，因此需要对偏置电路进行改进。日常的电子产品中多采用分压式偏置放大电路，如图 2-11（a）所示。其直流通路如图 2-11（b）所示。在设计电路参数时，要求：

放大电路静态工作点的稳定

$$I_1 \geq (5 \sim 10) I_B, \quad U_B \geq (3 \sim 5) U_{BE}$$

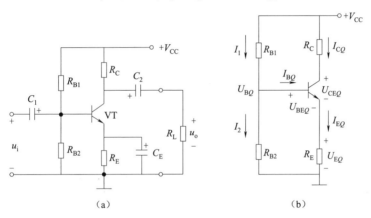

图 2-11　分压式偏置放大电路

(a) 分压式偏置放大电路；(b) 直流通路

该电路的直流电源 V_{CC} 通过电阻 R_{B1} 和 R_{B2} 分压后接到三极管的基极，故称为分压式偏置放大电路，主要用在交流耦合的分立元件放大电路中。在交流耦合放大电路中，不论采用哪种组态电路，分压式偏置电路都具有相同的形式。

（1）静态分析，求"Q"点。

由 2-11（b）可得

$$U_{BQ} \approx \frac{R_{B2}}{R_{B1}+R_{B2}} V_{CC} \qquad I_{CQ} \approx I_{EQ}$$

$$I_{EQ} = \frac{U_{BQ}-U_{BE}}{R_E} \qquad I_{BQ} = \frac{I_{CQ}}{\beta}$$

$$U_{CEQ} \approx V_{CC} - I_{CQ}(R_C+R_E)$$

由上面式子可看出基极电压 U_{BQ} 与晶体管参数无关，可以看成恒定。当电路环境温度升高时，集电极电流 I_C 将增加，因此发射极电流 I_E 也增加，导致射极偏置电阻上的压降 U_{RE} 增加。因为 U_{BQ} 恒定，所以 U_{BE} 减小，I_B 减小，I_C 也随之减小，这是电路内部的调节过程。从宏观上看，集电极电流是基本维持不变的。反之，当外界因素引起集电极电流减小时,也可以通过类似的过程使静态工作点保持稳定。

(2) 进行动态分析,求 A_u、R_i 和 R_o。

画出图2-11(a)中的交流通路和微变等效电路,如图2-12(a)和图2-12(b)所示。

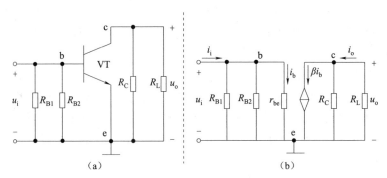

图2-12 分压偏置放大电路的交流通路和微变等效电路

(a) 交流通路;(b) 微变等效电路

由图2-12(b)可得电压放大倍数 $A_u = \dfrac{u_o}{u_i} = \dfrac{-\beta i_b(R_C//R_L)}{i_b r_{be}} = -\dfrac{\beta(R_C//R_L)}{r_{be}}$

输入电阻 $R_i = \dfrac{u_i}{i_i} = R_{B1}//R_{B2}//r_{be}$ 输出电阻 $R_o = \dfrac{u_o}{i_o}\bigg|_{\substack{U_S=0\\R_L=\infty}} = R_C$

讨论题6:如果将图2-11中的电容 C_E 去掉,请分析"Q"、A_u、R_i、R_o 的变化情况。

知识点四 共集与共基电路

在由三极管构成的放大电路的三种组态中,共发射极放大电路的应用最为广泛,前文已进行了详细介绍,下面介绍共集电极放大电路和共基极放大电路。

1. 共集放大电路

共集电极放大电路如图2-13所示。输入电压加在基极和地(集电极)之间,输出电压从发射极和集电极两端取出,所以集电极是输入、输出电路的共同端点。由于电路从发射极与"地"之间输出信号,将其称为射极输出器。

(1) 静态分析,求"Q"点。

根据图2-13(a)画出其直流通路如图2-13(b)所示,写出输入回路的电路方程:

$$V_{CC} = R_b I_{BQ} + U_{BEQ} + R_e I_{EQ}$$
$$= R_b I_{BQ} + U_{BEQ} + (1+\beta)R_e I_{BQ}$$

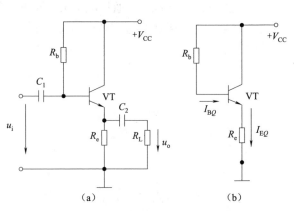

图2-13 共集电极放大电路

(a) 电路结构;(b) 直流通路

有 $I_{BQ} = \dfrac{V_{CC}-U_{BEQ}}{R_b+(1+\beta)R_e} \approx \dfrac{V_{CC}}{R_b+(1+\beta)R_e}$ $I_{CQ}=\beta I_{BQ}$

$U_{CEQ}=V_{CC}-R_e I_{EQ} \approx V_{CC}-R_e I_{CQ}$

（2）进行动态分析，求 A_u、R_i 和 R_o。

画出共集放大电路的交流通路与微变等效电路（图2-14），由微变等效电路求解动态参数。

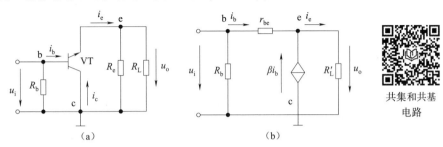

共集和共基电路

图2-14　共集放大电路的交流通路与微变等效电路
(a) 交流通路；(b) 微变等效电路

电压放大倍数：$A_u = \dfrac{u_o}{u_i} = \dfrac{(1+\beta)i_b(R_e//R_L)}{i_b r_{be}+(1+\beta)i_b(R_e//R_L)} = \dfrac{(1+\beta)(R_e//R_L)}{r_{be}+(1+\beta)(R_e//R_L)} \approx 1$

故 $u_o \approx u_i$，共集电极电路也称为射随器。

输入电阻：$R_i = R_b // \dfrac{u_i}{i_b} = R_b // [r_{be}+(1+\beta)R'_L]$

式中，$R'_L = R_e // R_L$。

由于一般 $(1+\beta)(R_e//R_L) \gg r_{be}$，因此当 $\beta \gg 1$ 时，$R_i \approx R_b //(1+\beta)(R_e//R_L)$。输入电阻比较大，与负载电阻大小相关，可达数百千欧。

输出电阻：由于 $u_o \approx u_i$，当 u_i 一定时，输出电压 u_o 基本上保持不变，说明射极输出器具有恒压特性，故其输出电阻很低，一般最多几百欧。

由以上分析可知射极输出器有三个显著特点：$A_u < 1$ 而接近于1，且 u_o 与 u_i 同相；输入电阻高，对电压信号源衰减小；输出电阻低，带负载能力强。因此，射极跟随器通常用作隔离级以及多级放大器的输入级和输出级。

2. 共基放大电路

共基极放大电路如图2-15所示。输入电压加在基极和发射极之间，输出电压从集电极和基极两端取出，基极是输入和输出电路的共同端子。

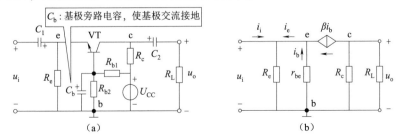

图2-15　共基极放大电路
(a) 基本放大电路；(b) 微变等效电路

图 2-15（a）中所示的共基放大电路其偏置电路是分压式的偏置电路，其静态工作点的分析同前知识点三中所述。其微变等效电路如图 2-15（b）所示。

根据微变等效电路，同样可分析得共基极放大电路的动态参数：

$$A_u = \frac{\beta R'_L}{r_{be}} \quad (R'_L = R_c /\!/ R_L)$$

$$r_i = R_e /\!/ \frac{r_{be}}{1+\beta} \qquad r_o \approx R_c$$

由以上分析可知：共基放大电路电压放大倍数与共射极放大电路相同，u_o 与 u_i 同相，没有电流放大能力；其输入电阻小，输出电阻大；共基放大电路在低频放大电路中的应用很少；但共基电路高频特性好，适合用于高频或宽频带场合。

3. 三种基本放大电路的比较

分析以上三种电路可知，晶体管单管放大电路的三种组态的特点如下：

（1）共射电路同时具有较大的电流放大倍数和电压放大倍数，输入电阻在三种电路中居中，输出电阻较大，频带较窄；广泛用于低频电压放大电路的输入级、中间级和输出级。

（2）共集电路只能放大电流不能放大电压，是三种接法中输入电阻最大、输出电阻最小的电路，并具有电压跟随的特点；常作为多级放大电路的输入级和输出级，或作为隔离用的中间级与输出级。

（3）共基电路只能放大电压不能放大电流，输入电阻小，电压放大倍数和输出电阻与共射电路相当，频率特性是 3 种接法中最好的电路；常用于宽频带放大电路。另外，由于输出电阻高，共基电路还可以作为恒流源使用。

 任务实施

制作单管电压放大电路（可参考图 2-1），并对放大电路进行调试、测量。任务实施时，将班级学生分为 2~3 人一组，轮流当组长，使每个人都有锻炼培养组织协调管理能力的机会。

1. 所需仪器设备及材料

其所需仪器设备包括 +12 V 直流电源、函数信号发生器、双踪示波器、交流毫伏表、万用表各一台，电烙铁、组装工具一套。其所需材料包括电路板、焊料、焊剂、导线。单管电压放大电路所需元器件（材）明细如表 2-1 所示。

表 2-1 单管电压放大电路所需元器件（材）明细

序号	元件标号	名称	型号规格	序号	元件标号	名称	型号规格
1	R_{b1}、R_{b2}	金属膜电阻	20 kΩ，1/4 W	7	VT	三极管	9013
2	R_c、R_{L1}	金属膜电阻	2.4 kΩ，1/4 W	8	LED1	发光二极管	发红光
3	R_e、R_L、R_{L2}	金属膜电阻	1 kΩ，1/4 W	9	P1	接线端子	—
4	R_P	微调电位器	3382/10 kΩ，0.05 W	10	S1、S2	拨动开关	—
5	C_1、C_2	电解电容	10 μF，25 V	11	J1、J2	排针	2 针
6	C_e	电解电容	47 μF，25 V	12	—	PCB 板	配套 7 cm×4.6 cm

2. 电路的分析、计算

（1）电路原理如图 2-1 所示。该电路是一个分压式的共发射极放大电路，其稳定静态工作点的过程是什么？

（2）如果需要调节静态工作点，该电路最方便的是调哪个元件？

（3）分析该电路并写出静态参数 I_{BQ}、I_{CQ}、U_{CEQ} 及电路放大倍数 A_u 的表达式。

3. 放大电路的装配

1）对电路中的元器件进行识别、检测

（1）根据色环电阻的色环颜色读出电阻的值，再用万用表进行检测。请列表并写出各电阻标称值、测量值、误差、说明是否满足要求。

（2）用万用表判别三极管极性及好坏，三极管 VT 为_____型。

（3）用万用表测量电位器 R_P 两固定端阻值，与标称值进行比较。电位器的测量值为_____，标称值为_____；然后移动滑动端，测量滑动端与固定端的阻值是否从最小

值到最大值之间连续变化；最小值越小、最大值越接近标称值，说明电位器质量较好。如果阻值间断或不连续，说明电位器滑动端接触不良，则不能选用。

（4）根据标注读出电容的电容值和耐压值，用万用表的 $R\times 1\ k\Omega$（或 $R\times 10\ k\Omega$）挡检测电容器的质量。

2）放大电路的装配

按照装配图和装配工艺，在 PCB 板或万能板上安装分压式的共射放大电路，如图 2-16 所示。

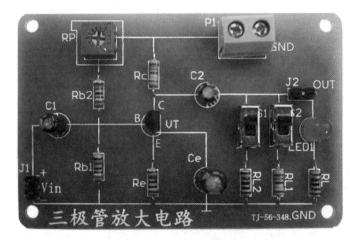

图 2-16　静态工作点稳定的单管电压放大电路实物

4. 共发射极放大电路的调试与测量

装配完成后进行自检，正确无误后方可进行调试检测。

1）电路的静态工作点的调整和测量

将 12 V 供电电源接到供电端 P1，放大电路输入端（J1）接入输入信号发生器，输入信号设定为 1 kHz，幅度初步调整为 10 mV，示波器接入放大电路输出端（J2 左针与地间），断开 S1 与 S2，观测输出波形。按照使输出电压具有最大动态范围的原则来设定静态工作点。

（1）缓慢增大输入信号，如果输出波形出现饱和失真，则调整 R_P，使其阻值增大来消除失真；如果出现截止失真，则减小 R_P 阻值消除失真。

（2）重复（1）中的过程，直到输出波形的顶部和底部出现轻微失真。这样设置静态工作点，可使输出电压信号具有最大的动态范围。

（3）断开输入信号，用万用表测量静态工作点并记入表 2-2。

表 2-2　静态工作点测试表

测量值								计算值		
$R_P/k\Omega$	U_B/V	U_E/V	U_C/V	$I_E=U_E/R_e$/mA	$I_C=(V_{CC}-U_C)/R_c$/mA	$I_B=I_E-I_C$	$\beta=I_C/I_B$	U_B/V	I_B/mA	I_E/mA

2）电压放大倍数的测量

将输入信号 V_i 设定为 1 kHz 正弦波，将幅度调整为 10 mV；将示波器接入放大电路的输出端（J2 左针与地间），分别闭合 S2、S1 及同时闭合 S2、S1，观察输出波形并用毫伏表测量输入信号 V_i 与输出信号 V_o 的幅值并描绘它们的波形，记录相关数据并计算电压放大倍数，填入表 2-3 中。

表 2-3　分压式偏置共射放大电路电压放大倍数的测量

负载/kΩ	V_i/mV	V_o/V	实测计算 A_v	理论估算 A_v	输入与输出波形
空载（∞）					
R_{L1}					
R_{L2}					
R_L					

3）观测非线性失真

适当增大输入信号。只闭合 S2，逐渐增大 R_P 至最大，观察输出波形的变化，记录 R_P 达到最大时的波形，然后测量并记录静态工作点，填入表 2-4 中。然后减小 R_P，同样观察输出波形的变化，记录 R_P 达到最小时的波形，测量并记录静态工作点，填入表 2-4 中。

表 2-4　静态工作点对输出波形的影响

R_p/kΩ	U_{CE}/V	U_o 波形	失真情况	管子工作状态
最大				
最小				

5. 任务实施总结

（1）分析并讨论测量结果，简述电压放大倍数测量过程中观察到的现象，然后回答出现这些现象的原因。

（2）总结任务实施过程中的问题，找到解决方法并谈一谈收获。

6. 任务评价

共发射极放大电路的制作、调试与检测评分标准如表 2-5 所示。

表 2-5　共发射极放大电路的制作、调试与检测评分标准

项目及配分	工艺标准或要求	扣分标准	自评分	互评分	教师评分	终评分
电路的分析计算（10 分）	1. 能正确写出静态工作点、电压放大倍数表达式，并计算放大电路的静态工作点、电压放大倍数； 2. 能分析稳定静态工作点的过程	1. 不能正确写出静态工作点、电压放大倍数表达式，并计算放大电路的静态工作点、电压放大倍数，每个扣 3 分，最多扣 10 分； 2. 不知道通过哪些元件调静态、不能分析稳定静态工作点的过程，每问扣 3 分				

续表

项目及配分	工艺标准或要求	扣分标准	自评分	互评分	教师评分	终评分
元器件检测 (15分)	1. 能读出、测出色环电阻的阻值； 2. 能用万用表判别三极管的极性和质量好坏； 3. 能用万用表对电位器进行检测； 4. 能根据电容器的标注读出参数，并能用万用表判别质量好坏	1. 不能读、测出色环电阻的阻值，每个扣2分； 2. 不能用万用表判别三极管的极性和质量好坏，扣2分； 3. 不能用万用表对电位器进行检测，扣2分； 4. 不能根据电容器的标注读参数，或不能用万用表判别质量性能，每个扣2分				
元器件成形 (5分)	能按要求进行成形	成形过程中损坏了元件扣3分，操作不规范每处扣1分				
插件 (10分)	1. 电阻器、电容器紧贴电路板； 2. 按电路图装配，元件的位置极性正确	1. 元件安装不对称、高度不合格、装歪，每处扣1分； 2. 错装、漏装，每处扣3分				
焊接 (10分)	1. 焊点光亮、清洁、焊料适当； 2. 无漏焊、虚焊、桥连等现象； 3. 焊接后，元件管脚留头长度小于1 mm	1. 焊点不光亮、焊料过多或过少，每处扣1分； 2. 漏焊、虚焊、桥连等每处扣2分； 3. 管脚剪脚留头长度大于1 mm，每处扣1分				
调试检测 (30分)	1. 按调试检测要求和步骤进行； 2. 正确使用万用表、毫伏表、示波器、信号发生器	1. 调试检测方法或步骤错误，每处扣5分； 2. 不会测量或测量结果错误，每处扣1分				
分析结论 (10分)	能利用测量的结果正确总结分压式放大电路的工作特点	不能正确总结任务实施5的问题，每次扣5分				
安全、文明生产 (10分)	1. 不人为损坏元件、仪表设备等； 2. 保持实训环境整洁、有秩序、操作习惯良好	1. 测量任务完成，不关掉仪器仪表测试设备电源，扣5分； 2. 人为损坏元器件、设备，一次性扣10分； 3. 任务完成不能保持环境整洁，扣5分				
总分						

任务达标知识点总结

（1）放大电路的作用是将微弱信号放大，使信号达到足够幅度，故又称为放大器。放大的过程实质是用输入的小信号控制放大电路的放大器件，将直流电源的能量转换为输出信号的能量的过程。

（2）放大电路的主要性能指标有放大倍数、输入电阻、输出电阻、通频带等。

(3) 放大电路的分析分为静态分析和动态分析。

①静态分析就是在静态时，分析放大电路的静态工作点 Q（I_{BQ}、I_{CQ}、U_{CEQ}）的值，要画出电路的直流通路。在工程上一般采用估算法求解静态工作点。

②动态分析是在动态时，分析放大电路的主要性能参数（电压放大倍数 A_u、输入电阻 R_i 和输出电阻 R_o）的值，需要画出电路的交流通路并进行分析，使用的分析方法有图解法和微变等效电路法。在工程上，往往采用微变等效电路的方法进行分析。微变等效电路法是在交流通路的基础上将三极管进行线性等效，先画出电路的微变等效电路，再利用电路知识分析。

对放大电路的分析应遵循"先静态、后动态"的原则。

(4) 静态工作点。

放大电路的静态工作点 Q 要合理并且稳定，若静态工作点 Q 过高，容易造成饱和失真；若过低，容易造成截止失真，静态工作点的稳定直接影响放大电路的性能。

(5) 分压偏置放大电路。

三极管是一种温度敏感器件，当温度发生变化时，三极管的各种参数将随之发生变化，使放大电路的静态工作点不稳定，甚至不能正常工作。其常采用分压偏置电路，实际上采用的是负反馈原理来稳定静态工作点。

(6) 放大电路的三种组态。

放大电路有三种组态：共射、共集、共基。其中，共射电路具有较大的电流放大倍数和电压放大倍数，应用较广泛；共集电路只能放大电流不能放大电压，输入电阻最大、输出电阻小，并具有电压跟随的特点，常用于多级放大电路的输入级、输出级或作为隔离用的中间级与输出级。共基电路只能放大电压，不能放大电流，输入电阻小，电压放大倍数和输出电阻与共射电路相当，频率特性好，常用于宽频带放大电路。

思考与练习 2.1

一、填空题

1. 根据三极管的放大电路的输入回路与输出回路公共端的不同，可将三极管放大电路分为共_____、共_____和共_____三种组态电路。

2. 共射放大电路输入端是指_____极和_____极之间。

3. 在放大电路中，静态工作点用_____、_____、_____三个参数来表示。

4. 共集电极电路又称射极输出器，它的电压放大倍数接近_____，输出信号与输入信号相位_____，输入电阻较_____，输出电阻较_____。

5. 画放大器的直流通路时，应将电容视为_____，将电感视为_____；画交流通路时，应将直流电源视为_____，将电容视为_____。

6. 常用的静态工作点稳定的偏置电路为_____。

7. 在基本放大电路中，输入耦合电容 C_1 的作用是_____。

8. 若静态工作点选得过高，容易产生_____失真；若静态工作点选得过低，容易产生_____失真。

二、选择题

1. 共射基本放大电路以三极管为核心元件，它必须工作于（   ）。

A. 放大区   B. 饱和   C. 截止   D. 以上情况都可以

2. 在共射基本放大电路中，i_B 通常表示（   ）。
   A. 直流电流   B. 交流电流
   C. 交直流电流的叠加   D. 交流电流的有效值

3. 在共射基本放大电路中，如果静态工作点 Q 设置过高，I_B 过大，则会导致输出波形出现（   ）。
   A. 饱和失真   B. 截止失真   C. 交越失真   D. 以上情况都可能

4. 在一个由 NPN 晶体管组成的基本共射放大电路中，当输入信号为 1 kHz、5 mV 的正弦波时，输出电压波形出现了顶部削平的失真，这种失真属于（   ）失真。
   A. 饱和失真   B. 截止失真   C. 交越失真   D. 频率失真

5. 在一个由 NPN 晶体管组成的基本共射放大电路中，当输入信号为 1 kHz、5 mV 的正弦波时，输出电压波形出现了顶部削平的失真，为了消除失真，应（   ）。
   A. 减小基极偏置电阻   B. 增大基极偏置电阻
   C. 增大基极偏置电阻 R_b D. 减小集电极偏置电阻 R_c

6. 对放大作用而言，射极输出器是一种（   ）的电路。
   A. 有电流放大无电压放大   B. 有电压放大无电流放大
   C. 电压电流放大作用均没有   D. 电压电流放大作用均有

7. 三种组态放大电路中，既有电流放大作用，又有电压放大作用的是（   ）放大电路。
   A. 共基极   B. 共集电极   C. 共射极   D. 以上都是

8. 射极输出器的公共端是（   ）。
   A. 基极   B. 集电极   C. 发射极   D. 电源正极

9. 采用（   ）放大电路具有反相作用。
   A. 共基极   B. 共集电极   C. 共射极   D. 能上都是

10. 放大电路设置静态工作点的目的是（   ）。
    A. 提高放大能力   B. 避免非线性失真
    C. 获得合适的输入电阻和输出电阻   D. 使放大器工作稳定

三、判断题

1. 放大电路的主要目的是放大直流信号。（   ）
2. 放大器的输入与输出电阻都应越大越好。（   ）
3. 求静态工作点可以在交流通路中求解。（   ）
4. 共射基本放大电路中，被放大了的输出信号与输入信号在相位上是同相的。（   ）
5. 对于交流通路来说，通常将电容视为断路，将电源视为短路。（   ）
6. 利用微变等效电路可以很方便地计算小信号输入时的静态工作点。（   ）
7. 放大电路必须加上合适的直流电源才能正常工作。（   ）
8. 求静态工作点可以在交流通路中求解。（   ）
9. 共基放大电路的电压增益为正表明输出电压和输入电压的相位相同。（   ）

四、计算题

1. 根据图 2-17 中放大电路的直流通路计算其静态工作点，并判断三极管的工作情况。

(所需参数如图 2-17 中标注,其中 NPN 型为硅管,PNP 型为锗管。)

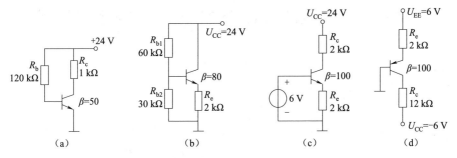

图 2-17 计算题题 1 图

2. 测得某放大电路的输入正弦电压和电流的峰值分别为 10 mV 和 10 μA,在负载电阻为 2 kΩ 时,测得输出正弦电压信号的峰值为 2 V。试计算该放大电路的电压放大倍数、电流放大倍数和功率放大倍数。

3. 如图 2-18 所示,当 $R_b = 400$ kΩ,$R_c = 5$ kΩ,$\beta = 60$,$V_{CC} = 12$ V 时,确定该电路的静态工作点。当调节 R_b 时,可改变其静态工作点。

（1）如果要求 $I_{CQ} = 2$ mA,则 R_b 值应为多少?
（2）如果要求 $U_{CEQ} = 6$ V,则 R_b 值应为多少?

4. 如图 2-18 所示电路中,$R_b = 280$ kΩ,$R_c = 3$ kΩ,$V_{CC} = 12$ V,三极管的 $\beta = 50$,$U_{BEQ} = 0.8$ V。

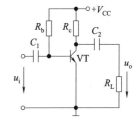

图 2-18 计算题题 3 和题 4 图

求：（1）静态工作点 I_{BQ}、I_{CQ} 和 U_{CEQ}。
（2）为使 $U_{CEQ} = 9$ V,R_b 应取多大?
（3）若三极管的 β 增大一倍,其他条件不变,求此时的 I_{BQ}、I_{CQ} 和 U_{CEQ},并说明能否正常放大? 为实现正常放大应如何调整 R_b?
（4）在放大区范围内,β 发生变化对 A_u 有何影响?

5. 电路如图 2-19 所示。$R_{b1} = 60$ kΩ,$R_{b2} = 30$ kΩ,$R_c = R_e = R_L = 2$ kΩ,$V_{CC} = 12$ V,晶体三极管的 $\beta = 50$,U_{BEQ} 忽略不计。

求：（1）I_{CQ}、U_{CEQ} 及交流指标：输入电阻 r_i、输出电阻 r_o、电压放大倍数 A_u。
（2）若 C_e 开路,再求 I_{CQ}、U_{CEQ} 及交流指标：输入电阻 r_i、输出电阻 r_o、电压放大倍数 A_u。

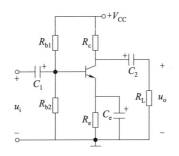

图 2-19 计算题题 5 图

任务二　多级放大助听器电路的制作与调试

学习目标

对国家的忠就是对父母最大的孝

[知识目标]
1. 了解多级放大电路的耦合方式及集成运算放大器的组成部分；
2. 理解理想集成运算放大器的指标特性和传输特性；
3. 掌握集成运放线性和非线性工作的条件和特点；
4. 熟悉负反馈的各种类型及对放大电路性能的影响。

[技能目标]
1. 能识读助听器电路；
2. 能判断反馈类型；
3. 能对多级放大助听器电路进行装配，并能通过调试检测达到预期目标。

[素养目标]
1. 养成勤于思考、做事认真的良好作风和良好的职业道德；
2. 培养实事求是的科学态度和严肃认真的工作作风；
3. 培养团结协作、互帮互助的品质及良好的安全生产意识、质量意识和效益意识。

任务概述

在很多场合，需要将声音放大，多级放大助听器电路可将话筒产生的微弱信号进行多级电压放大，通过耳机能听到响亮的声音，可以当助听器使用。其电路原理如图 2-20 所示。要求根据原理图进行电路的装配，分析电路工作原理并测试电路的静态工作点及放大倍数。

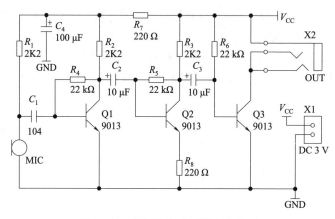

图 2-20　多级放大助听器电路原理

 **任务引导**

问题1：在分析多级放大电路时，为什么要考虑各级之间的相互影响？

问题2：理想集成运放有何特点？

问题3：什么是反馈？如何判断一个电路是否具有反馈？

知识链接

知识点一　多级放大电路

在实际应用中，微弱信号经过一级放大电路放大只能放大几十倍，远远不能满足负载的要求，这时就可以将多个单管放大电路合理连接，进行多级放大，以满足负载要求，如此，就构成了多级放大电路。

多级放大电路

1. 多级放大电路的耦合方式

多级放大电路是由两级或两级以上的单级放大电路连接而成的。在多级放大电路中，我们把级与级之间的连接方式称为耦合方式。而级与级之间耦合时，必须满足：

（1）耦合后，各级电路仍具有合适的静态工作点；
（2）保证信号在级与级之间能够顺利地传输过去；
（3）耦合后，多级放大电路的性能指标必须满足实际需求。
常用的耦合方式有阻容耦合、直接耦合、光电耦合、变压器耦合。

1）阻容耦合

前级输出端通过电容连接后一级的输入端，这样的连接方式称为阻容耦合方式。典型的两级阻容耦合放大电路如图2-21所示。

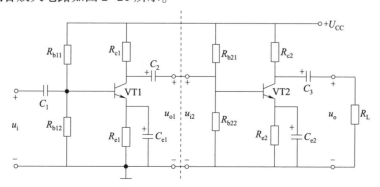

图2-21　典型的两级阻容耦合放大电路

由图 2-21 可知阻容耦合放大电路的特点。

(1) 优点：由于电容具有"隔直"作用，各级电路的静态工作点相互独立，互不影响。这给放大电路的分析、设计和调试带来了很大的方便。此外，其还具有体积小、质量轻等优点。

(2) 缺点：由于电容对交流信号具有一定的容抗，在信号传输过程中会受到一定的衰减。尤其对于变化缓慢的信号容抗很大，不便于传输。此外，在集成电路中，制造大容量的电容很困难，所以这种耦合方式下的多级放大电路不便于集成。

2) 直接耦合

为了避免电容对缓慢变化的信号在传输过程中带来的不良影响，将前级输出端直接用导线与后一级的输入端连接起来，这种连接方式称为直接耦合，其电路如图 2-22 所示。

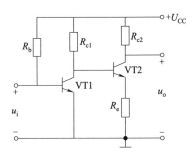

图 2-22　直接耦合放大电路

直接耦合的特点：

(1) 优点：既可以放大交流信号，也可以放大直流和变化非常缓慢的信号；电路简单，便于集成，所以集成电路中多采用这种耦合方式。

(2) 缺点：各级静态工作点相互牵制，电路的分析设计和调试都较复杂。另外存在零点漂移现象，即由于各种原因导致放大电路的静态工作点不稳定，在输入信号为零时，各种不稳定的干扰经逐级放大，致使输出电压不为零。

3) 光电耦合

前后两级间通过发光器件和光敏器件耦合的称为光电耦合，如图 2-23 所示。

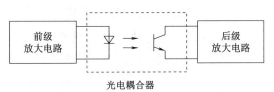

图 2-23　光电耦合放大电路

光电耦合的特点：

(1) 优点：发光元件为输入回路，将电能转换为光能；光敏元件为输出回路，将光能转换为电能，实现了两部分电路间的电气隔离，从而有效地抑制了电气干扰。

(2) 缺点：光电耦合器受温度影响较大，电路热稳定性较差。

4) 变压器耦合

前后两级间通过变压器连接的方式称为变压器耦合，其放大电路如图 2-24 所示。

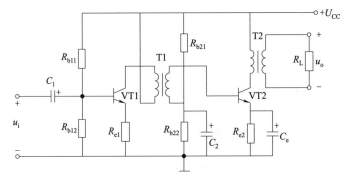

图 2-24　变压器耦合放大电路

变压器耦合的最大优点是能够进行阻抗变换、电压和电流变换，常用在功率放大电路中。由于变压器有隔直流作用，所以各级电路的静态工作点相互独立，互不影响。但是变压器体积大而重，不适于电子电路小型化的要求。同时频率特性差，也不能传送直流和变化非常缓慢的信号。

2. 多级放大电路的性能指标估算

1）电压放大倍数

根据电压放大倍数的定义式 $A_u = \dfrac{u_o}{u_i}$

在图 2-21 中，由于 $u_o = A_{u2}u_{i2}$，$u_{i2} = u_{o1}$，$u_{o1} = A_{u1}u_i$

所以有 $A_u = \dfrac{u_o}{u_i} = A_{u1}A_{u2}$

因此，可推广到 n 级放大电路的电压放大倍数为

$$A_u = A_{u1}A_{u2}\cdots A_{un} \tag{2-12}$$

即一个 n 级放大器的总电压放大倍数 A_u 等于各级电压放大倍数的乘积。

在多级大电路中，前级输出的信号是后级的输入信号，后级电路相当于前级的负载，而该负载即是后级的输入电阻，所以计算前级输出时，要将后级的输入电阻作为其负载。

电子设备中的放大电路由于级数多，电压放大倍数非常大，为表示和计算方便，常用增益来表示放大能力。电压增益 G_u 的定义式为

$$G_u = 20\lg\dfrac{U_o}{U_i} = 20\lg A_u \tag{2-13}$$

其单位为分贝（dB）。

这样，多级放大电路总增益就等于各级电压增益之和，即

$$G_u = 20\lg A_u = 20\lg(A_{u1}\times A_{u2}\times A_{u3}\times\cdots\times A_{un}) = G_1 + G_2 + G_3 + \cdots + G_n \tag{2-14}$$

2）输入电阻

多级放大电路的输入电阻等于第一级的输入电阻。

3）输出电阻

多级放大电路的输出电阻等于末级的输出电阻。

讨论题 1：若一个三级放大电路其电压放大倍数为：$A_{u1} = 70$，$A_{u2} = 60$，$A_{u3} = 40$，则此放大电路的电压总增益为多少？

知识点二　集成运算放大器

1. 集成运算放大器的组成

线性集成电路中应用最广泛的就是集成运算放大器（简称集成运放或运放），其在发展初期，主要在模拟计算上完成信号的求和、比例、积分、微分等数学运算而得名，目前在工业自动控制和精密检测系统中得到广泛应

集成运算放大器

用。集成运放内部实际上是一个高增益的直接耦合放大器，它的开环增益为 $10^4 \sim 10^7$，由输入级、中间级、输出级和偏置电路等四部分组成。其内部组成原理框图如图 2-25 表示。

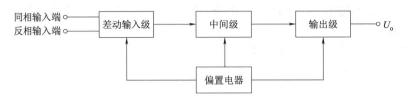

图 2-25　集成运算放大器内部组成原理框图

输入级对集成运放的性能起着决定性的作用，是提高集成运放质量的关键。要求输入级的输入电阻高，零点漂移小，一般采用双端输入差动放大器。

中间级主要进行电压放大，提供足够大的电压放大倍数和一定的电流放大能力以推动输出级；同时，也要有较高的输入电阻，以减少对前级的影响。

输出级主要功能是输出足够的电压和电流幅度，同时，要求有较低的输出电阻和较高的输入电阻，以减少对前级的影响和较强的带负载能力。此外，输出级一般还有过流保护电路，用以防止电流过大烧坏输出电路。

偏置电路的作用是为上述各电路提供稳定和合适的偏置电流，同时，对稳定集成运放性能起到很重要的作用。

2. 集成运算放大器的外形、符号

常见的集成运算放大器（图 2-26）有圆形、扁平型、双列直插式等，它们的管脚有 8 管脚、14 管脚等。

集成运算放大器的电路符号如图 2-27 所示，图中"▷"表示信号的传输方向，"∞"表示放大倍数为极大。两个输入端中，"-"号表示反相输入端，电压用"u_-"表示，符号"+"表示同相输入端，电压用"u_+"表示。输出端的"+"号表示输出电压与从同相端输入的信号的极性相同，与从反相输入端输入的信号的极性相反。其中的输出电压用"u_o"表示。集成运算放大器除了输入端、输出端外，还有电源等、接地端、调零端等，但在电路符号中均不标出。

图 2-26　常见的集成运算放外形

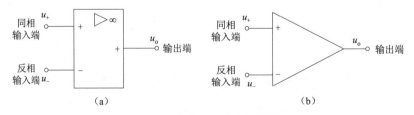

图 2-27　集成运算放大器的符号
（a）国内符号；（b）国际符号

3. 理想集成运算放大器

一般情况下，可将集成运算放大器视为一个理想的运算放大器。

所谓理想运放，就是指将集成运放的各项技术指标都理想化，这里介绍其主要性能指标：

(1) 开环差模电压放大倍数 A_{udo}：指无反馈时，集成运算放大器本身的差模电压放大倍数，它体现运算放大器的电压放大能力，一般为 $10^4 \sim 10^7$，$A_{udo} = u_o/(u_+ - u_-)$，对于理想运算放大器，$A_{udo} = \infty$。

(2) 差模输入电阻 R_{id}：指差模输入时，运算放大器无反馈时的输入电阻，一般在几十 kΩ 到几十 MΩ 范围，对于理想的运放 $R_{id} = \infty$。

(3) 输出电阻 R_o：指运算放大器无反馈时的输出电阻，一般为 $20 \sim 200$ Ω，对于理想运算放大器 $R_o = 0$。

(4) 共模抑制比 K_{CMR}：用来综合衡量运算放大器的放大和抗零漂、抗共模干扰能力，其值越大，运算放大性能越好。理想运算放大器的 $K_{CMR} = \infty$。

(5) 频带宽度 BW：理想运算放大器的频带宽度 BW $= \infty$。

(6) 失调电压：指在输入信号为零时，为使输出电压为零，在输入端所加的补偿电压。理想运算放大器的输入失调电压为零。

4. 集成运算放大电路的工作方式

1) 集成运算放大器的传输特性

集成运算放大器的传输特性指其输出电压与输入电压（即同相输入端与反相输入端之间的差值电压）之间的传输特性，如图 2-28 所示。

由运算放大器的传输特性曲线，可以看出其工作范围有两种可能，即线性工作区或非线性工作区。运算放大器工作在线性和非线性区时，表现出不同的特点。

2) 线性区工作的条件和特点

当集成运算放大器处于线性工作（放大）方式时，其输出信号和输入信号满足以下关系：$u_o = (u_+ - u_-)A_{ud} = A_{ud}u_i$

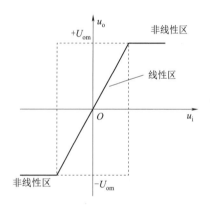

图 2-28 集成运算放大器的传输特性

由于一般集成运算放大器的开环增益非常大，需要接深度负反馈。理想运算放大器工作在线性区时有以下两个重要特点：

(1) 虚短。

由于 $u_o = (u_+ - u_-)A_{ud}$，则有 $u_+ - u_- = u_o/A_{ud}$，而理想运算放大器 $A_{ud} = \infty$，故有

$$u_+ = u_- \qquad (2-15)$$

由此可知，理想集成运算放大器工作在线性区时，其两输入端电位相等，这一特点称为"虚短"。

虚短不能理解为两输入端短接，只是 $(u_- - u_+)$ 的值小到了可以忽略不计的程度。实际上，运算放大器正是利用这个极其微小的差值进行电压放大的。

(2) 虚断。

由于理想集成运算放大器的开环差模输入电阻 $R_{id} = \infty$，而且 $u_+ - u_- = 0$，可以认为流入或流出两输入端的电流为零，即

$$i_- = i_+ = 0 \qquad (2\text{-}16)$$

这时可以把两输入端视为等效开路,这一特性称为虚开路,简称"虚断",显然不能将两输入端真正断路,即虚断不能理解为输入端开路,只是输入电流小到可以忽略不计的程度。

3) 非线性区工作的条件和特点

当运算放大器的工作信号超出了线性放大的范围,集成运算放大器就进入非线性区工作,其输出电压达到饱和值,此时式(2-15)不再成立。集成运算放大器在开环状态或外接正反馈时,运放工作在非线性区,有如下两个特点:

(1) 只要输入电压 u_+ 与 u_- 不相等,输出电压就等于饱和值 U_{om},有

$u_+ > u_-$ 时:$u_o = +U_{om}$

$u_+ < u_-$ 时:$u_o = -U_{om}$

$u_+ = u_-$ 是两种状态的转换点,此时的"虚短"现象不成立。

(2) 虚断仍然成立,即有 $i_- = i_+ = 0$。

综上所述,理想运算放大器工作在线性和非线性区,各有特点,因此,在分析集成运算放大器具体应用电路时,应先判断它工作在哪个区域,然后利用上述特点来分析电路。

讨论题 2:集成运算放大器符号框内各符号的含义是什么?

讨论题 3:如何判断集成运算放大器工作在线性区还是非线性区?

知识点三　负反馈放大器

负反馈放大器

1. 反馈的基本概念

将放大器输出量(电压或电流)的一部分或全部通过某些元件或网络(称反馈网络)回馈送到输入回路,与输入信号叠加,从而影响净输入信号(作用到基本放大电路的信号),这种信号的反送过程称为反馈。输出回路中返送到输入回路的信号称为反馈信号。

有反馈的放大电路称为反馈放大电路,其组成框图如图 2-29(a)所示,其中 A 代表没有反馈的放大电路,F 代表反馈网络,x_i 表示外加的输入信号(电压 u_i 或电流 i_i),x_f 表示反馈信号,x_{id} 表示净输入信号,x_o 表示电路输出信号(可以是电压,也可以是电流)。符号 ⊗ 代表信号叠加,外加输入信号 x_i 与反馈信号 x_f 进行相加或相减后,可以得到净输入信号 x_{id}。

由图 2-29(a)可以看出,反馈放大电路由基本放大电路和反馈网络构成一个闭合环路,因此反馈放大电路又称为闭环放大电路。如果放大电路不存在反馈,信号的传输只能正向从输入端到输出端,则不会形成闭合环路,这种情况称为开环。而没有反馈的放大电路称为开环放大电路。图 2-29(b)就是由运算放大器 A 外加反馈网络 F 构成的闭环放大电路。

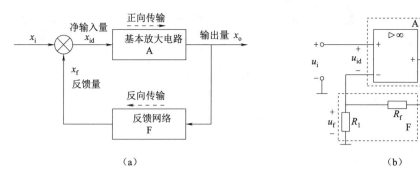

图 2-29 反馈放大电路组成

(a) 反馈放大电路组成框图；(b) 反馈放大电路

2. 反馈的分类

由于在放大电路中引入的反馈类型不同，电路所呈现的性质也就不同，在分析、设计和调试反馈放大电路时，应明确电路的反馈类型。

1) 正反馈与负反馈

若反馈信号削弱原来的输入信号，使净输入信号减小，则为负反馈；反之，则为正反馈。负反馈主要用于放大电路，正反馈主要用于振荡电路。人们通常采用"瞬时极性法"来区别是正反馈还是负反馈，具体方法如下：

(1) 假设输入信号某一瞬时的极性。一般假设输入信号某一瞬时的极性为"+"（表示信号增大，如果为"-"则表示信号减小）。

(2) 根据输入与输出信号的相位关系，确定输出信号和反馈信号的瞬时极性。

(3) 再根据反馈信号与输入信号的连接情况，分析净输入量的变化，如果反馈信号使净输入量增强，即为正反馈；反之，则为负反馈。

例如，在图 2-30（a）中，R_f 与 R_2 组成反馈网络，设输入信号 u_i 的瞬时极性为正，用⊕表示，加在运放的反相输入端，经运放放大后，输出端的极性为⊖，该信号经反馈网络引回至同相输入端的反馈信号 u_f 的极性为⊖，则进入运放的净输入信号 $u_{id}=u_i-u_f$ 增大，故为正反馈。

在图 2-30（b）中，R_f 与 R 为反馈元件。设输入电压 u_i 的瞬时极性为⊕，则运算放大器输出端电压为极性为⊖，电阻 R 上的电压极性为⊖，反馈到反相输入端的电压极性为⊖，使净输入电流 i_{id} 减小，所以为负反馈。

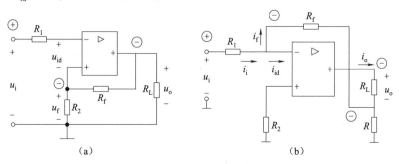

图 2-30 反馈极性的判断

(a) 正反馈；(b) 负反馈

在图 2-29（a）中，设基本放大电路的放大倍数为 A，反馈网络的反馈系数为 F，闭环放大倍数为 A_f，其中：

开环放大倍数 $A = \dfrac{x_o}{x_{id}}$，反馈系数 $F = \dfrac{x_f}{x_o}$，闭环放大倍数 $A_f = \dfrac{x_o}{x_i}$

对于负反馈而言，有：净输入信号 $x_{id} = x_i - x_f$

则，闭环放大倍数 $A_f = \dfrac{x_o}{x_i} = \dfrac{x_o}{x_{id} + x_f} = \dfrac{A}{1+AF}$

上式表明闭环增益 A_f 是开环增益 A 的 $\dfrac{1}{1+AF}$，小于 A。其中，（$1+AF$）称为反馈深度，它的大小反映了反馈的强弱；乘积 AF 称为环路增益。

若 $|1+AF| \gg 1$，则称这种负反馈为深度负反馈。当负反馈为深度负反馈时，有

$$\dot{A}_f = \dfrac{x_o}{x_i} = \dfrac{A}{1+AF} \approx \dfrac{1}{F}$$

2）电压反馈与电流反馈

从电路的输出端来看，根据反馈信号的取样方式，可以将反馈分为电压反馈和电流反馈。电压反馈的反馈信号取自于输出电压，反馈网络并接在输出电压两端，如图 2-31（a）所示。电流反馈的反馈信号取自输出电流，反馈网络串接在输出电流流通的途径中，如图 2-31（b）所示。

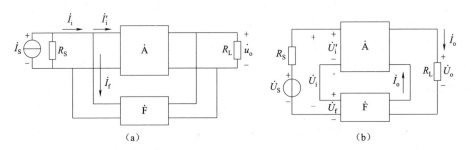

图 2-31 电压反馈和电流反馈框图
（a）并联电压反馈；（b）串联电流反馈

电压反馈的重要特性是稳定输出电压。无论反馈信号以何种方式引回到输入端，实际上都是利用输出电压本身通过反馈网络来对放大电路起自动调整作用的，这就是电压反馈的实质。

电流反馈的主要特点是能稳定输出电流。无论反馈信号是以何种方式引回到输入端，实际都是利用输出电流 i_o 本身通过反馈网络来对放大器起自动调整作用的，这就是电流反馈的实质。

3）串联反馈与并联反馈

从电路的输入端来看，根据输入信号和反馈信号进行叠加的方式，可以将反馈分为串联反馈和并联反馈。反馈信号与输入信号在输入回路中以电压的形式相叠加为串联反馈，其反馈网络与放大器输入端是串联，如图 2-31（b）所示。反馈信号与输入信号在输入回路中以电流的形式相叠加为并联反馈，其反馈网络与放大器输入端是并联，如图 2-31（a）

所示。

由于输入端和输出端的连接方式各有两种,反馈类型共有四种,即电压串联反馈、电压并联反馈、电流串联反馈和电流并联反馈。

4)交流反馈与直流反馈

根据反馈信号包含的信号成分不同,可将反馈分为交流反馈与直流反馈。若反馈信号只有交流分量,称为交流反馈,它影响电路的交流性能。若反馈信号只有直流分量,称为直流反馈,它影响电路的直流性能,如静态工作点。若反馈信号既有交流分量,又有直流分量,则电路中既存在交流反馈又存在直流反馈,反馈对电路的交流性能和直流性能都有影响。

例如,在图 2-32(a)所示的电路中,有两条反馈支路:一条是从输出端接到反相输入端的反馈支路,很容易分析出这是交、直流都有的负反馈;另一条由 C_2、R_1、R_2 形成的反馈网络是正反馈。由于 C_2 的隔直作用,这个反馈只引入交流反馈。从电路的交、直流通路中可以看得更清楚,如图 2-32(b)和图 2-32(c)所示。

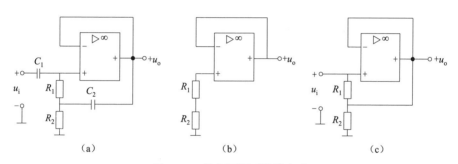

图 2-32 具有不同反馈的电路
(a)原电路;(b)直流通路;(c)交流通路

讨论题 4:什么是反馈信号?反馈信号与输出信号的类型是否一定相同?

3. 交流负反馈对放大器性能的影响

1)提高了放大倍数的稳定性

引入负反馈以后,放大器的放大倍数由 A 变为 $A_f = A/(1+AF)$。将 A_f 对 A 求导,得

$$\frac{\mathrm{d}A_f}{\mathrm{d}A} = \frac{1}{(1+AF)^2}, \quad 即 \quad \mathrm{d}A_f = \frac{1}{(1+AF)^2}\mathrm{d}A$$

上式说明,引入负反馈以后,由于某种原因造成放大器放大倍数变化时,负反馈放大器的放大倍数变化量只有基本放大器放大倍数变化量的 $1/(1+AF)^2$,从而使放大器放大倍数的稳定性大幅提高。

2)展宽通频带

放大电路对不同频率信号的放大倍数不同,只有在通频带范围内的信号,放大倍数才基本一致。负反馈可以扩展放大电路的通频带。对于频率范围较宽的信号,要求放大电路具有较宽的通频带,可以通过引入负反馈达到目的,使其具

反馈的分类及负反馈对放大电路的影响

有更好的通频特性。

3）减小非线性失真

由于放大电路中存在着三极管等非线性器件，输出波形与输入波形会不一致，产生波形失真。引入负反馈后，输出端的失真波形反馈到输入端，影响进入放大器的波形，从而改善使输出波形失真的情况，使非线性失真得到减小。

注意：负反馈只能减小放大器自身的非线性失真，而对于输入信号本身的失真，负反馈放大器无法解决。

4）改变放大器的输入、输出电阻

串联负反馈由于负反馈网络与基本放大器在输入端串联，故使放大器的输入电阻增大。并联负反馈由于负反馈网络与基本放大器在输入端并联，故使放大器的输入电阻减小。

电压负反馈由于负反馈网络与基本放大器在输出端并联，故使放大器的输出电阻减小。电流负反馈由于负反馈网络与基本放大器在输出端串联，所以会使放大器的输出电阻增大。

讨论题5：既然在深度负反馈的条件下，放大倍数只与反馈系数 F 有关，因此，放大器件的参数就没有什么实用意义了，随便取一个管子或组件，只要 F 不变，都能得到同样的放大倍数。请问这种说法对吗？

任务实施

对电路原理图（图 2-20）中的多级放大助听器进行电路制作，分析电路的构成并对电路进行调试、测量。任务实施时，将班级学生分为 2~3 人一组，轮流当组长，使每个人都有锻炼培养组织协调管理能力的机会，培养团队合作精神。

1. 所需仪器设备及材料

其所需仪器设备包括+3 V 直流电源（可以是两节 1.5 V 干电池）、函数信号发生器、双踪示波器、交流毫伏表、万用表各一台，电烙铁、组装工具一套。所需材料包括电路板、焊料、焊剂、导线。其所需元器件（材）明细如表 2-6 所示。

表 2-6 多级放大助听器电路所需元器件（材）明细

序号	元件标号	名称	型号规格
1	R_1、R_2、R_3	金属膜电阻	2K2，1/6 W
2	R_4、R_5、R_6	金属膜电阻	22 kΩ，1/6 W
3	R_7、R_8	金属膜电阻	220 Ω，1/6 W
4	C_2、C_3	电解电容	10 μF，16 V
5	C_1	瓷片电容	104
6	C_4	电解电容	100 μF，16 V
7	VT1、VT2、VT3	三极管	9013
8	MIC	驻极体话筒	9 mm×7 mm
9	X1	接线座	2P
10	X2	耳机插座	3.5 mm
11		PCB 板	配套 30 mm×50 mm

2. 电路图识读

（1）图 2-20 中的电路由 VT1、VT2、VT3 组成三级音频放大，级与级间采用什么耦合方式？R_4、R_5 引入什么反馈？其反馈起的是什么作用？

（2）第一级和第二级放大电路是什么组态的放大电路？利用估算法计算各自静态参数 I_{BQ}、I_{CQ}、U_{CEQ}。（三极管的 β 由万用表测出）

3. 元器件的检测与电路的装配

1）对电路中的元器件进行识别、检测

（1）根据色环电阻的色环颜色读出电阻的值，再用万用表进行检测。请列表列出各电阻标称值、测量值、误差，说明是否满足要求。

（2）用万用表判别三极管极性及好坏。三极管 VT1 为_____型三极管，万用表测量出 U_{BE1} =_____ V。

（3）根据标注读出电容的电容值和耐压值，用万用表的 $R \times 1$ kΩ（或 $R \times 1$ kΩ）挡检测电容器的质量。

2）放大电路的装配

在 PCB 板或万能板上，按照装配图和装配工艺安装多级放大助听器，如图 2-33 所示。在测量静态工作点及各级放大倍数前将驻极体话筒暂且不接，测试完毕后再将其接入电路板。

图 2-33 多级放大助听器实物

4. 多级放大助听器电路的调试与测量

装配完成后进行自检，正确无误后方可进行调试检测。

1）静态测试

接通 3 V 电源，测量 VT1、VT2 的静态参考点，并与估算值进行比较，然后判断三极管的工作状态，将测量结果记入表 2-7 中。

表 2-7 多级放大助听器电路静态工作点测试表

	测量值（电压单位取 V，电流单位取 mA）							估算值			状态
	U_{BE}	U_{CE}	U_{R2}	U_{R4}	U_{R3}	U_{R5}	I_B	I_C	β	U_{CE}	I_B	I_C	
VT1							$U_{R4}/R_4=$（　）	$U_{R2}/R_2-U_{R4}/R_4=$（　）					
VT2							$U_{R5}/R_5=$（　）	$U_{R3}/R_3-U_{R5}/R_5=$（　）					

2）动态测试

在接驻极体话筒的两管脚接入输入信号发生器，输入信号设定为 1 kHz，幅度初步调整为 10 mV，双踪示波器一通道接输入信号，另一通道依次接 VT1、VT2、VT3 的输出端，观测输出波形。接下来，用毫伏表依次测输入信号、三级输出信号的电压，并记录于表 2-8 中。

表 2-8 多级放大助听器动态测试表

输入 u_i/mV	输出测量值/mV	计算值
10	第一级（VT1）输出 $u_{o1}=$（　）	$A_{u1}=u_{o1}/u_i=$（　）
	第二级（VT2）输出 $u_{o2}=$（　）	$A_{u2}=u_{o2}/u_{o1}=$（　）
	第三级（VT3）输出 $u_{o3}=$（　）	$A_{u3}=u_{o3}/u_{o2}=$（　）
	总电压放大倍数	$A_u=u_{o3}/u_i=$（　）

5. 试听

（1）输入信号改为 MP3 或 MP4 等信号源的输出信号，输出端接耳机试听，并观察语音信号和音乐信号的输出波形。

（2）将驻极体话筒接入电路，话筒对着其他音量小的音源，用耳机试听放大效果。

6. 任务实施总结

（1）分析讨论测量结果，对 VT1、VT2、VT3 的输出端波形比较，并得出结论。

（2）总结任务实施过程中遇到的问题及其解决方法，谈谈自己的收获。

7. 任务评价

多级放大助听器电路的制作、调试与检测评分标准如表 2-9 所示。

表 2-9 多级放大助听器电路的制作、调试与检测评分标准

项目及配分	工艺标准或要求	扣分标准	自评分	互评分	教师评分	终评分
电路图识读分析计算（10 分）	1. 能正确计算放大电路的静态工作点； 2. 能分析级间耦合方式及电路的组态及反馈类型	1. 不能正确计算放大电路的静态工作点参数，每个扣 1 分； 2. 不能分析放大电路组态、耦合方式、反馈类型及反馈作用，每个扣 2 分				
元器件检测（15 分）	1. 能读、测出色环电阻的阻值； 2. 能用万用表判别三极管的极性、类型和质量好坏； 3. 能根据电容器的标注读参数，并能用万用表判别质量、性能	1. 不能读、测出色环电阻的阻值，每个扣 1 分； 2. 不能用万用表判别三极管的极性、类型和质量好坏，扣 1 分； 3. 不能根据电容器的标注读参数，或不能用万用表判别质量、性能，每个扣 1 分				
元器件成形（5 分）	能按要求进行成形	成形损坏元件扣 3 分，不规范的每处扣 1 分				
插件（10 分）	1. 电阻器立式安装； 2. 能按电路图装配，元件的位置、极性正确	1. 元件安装不对称、高度不合格、装歪，每处扣 1 分； 2. 错装、漏装，每处扣 3 分				
焊接（10 分）	1. 焊点光亮、清洁、焊料适当； 2. 无漏焊、虚焊、桥连等现象； 3. 焊接后，元件管脚留头长度小于 1 mm	1. 焊点不光亮、焊料过多或过少，每处扣 1 分； 2. 漏焊、虚焊、桥连等每处扣 2 分； 3. 管脚剪脚留头长度大于 1 mm，每处扣 1 分				
调试检测（30 分）	1. 按调试检测要求和步骤进行； 2. 正确使用万用表、毫伏表、示波器、信号发生器	1. 调试检测方法或步骤错误，每处扣 5 分； 2. 不会测量或测量结果错误，每处扣 3 分				

续表

项目及配分	工艺标准或要求	扣分标准	自评分	互评分	教师评分	终评分
分析结论（10分）	能利用测量的结果正确总结多级助听器的特点	不能正确总结任务实施5的问题，每次扣5分				
安全、文明生产（10分）	1. 不人为损坏元件、仪表设备等； 2. 实训环境整洁、秩序井然、操作习惯良好	1. 测量任务完成，不关掉仪器仪表测试设备电源，扣5分； 2. 人为损坏元器件、设备，一次性扣10分； 3. 任务完成不能保持环境整洁，扣5分				
总分						

任务达标知识点总结

（1）多级放大电路常见的耦合方式有：阻容耦合、直接耦合、光电耦合、变压器耦合。多级放大电路的电压放大倍数 A_u 等于各级放大倍数的乘积，输入电阻 r_i 为第一级的输入电阻，输出电阻 r_o 为末级的输出电阻。另外，估算时应注意耦合后级与级之间的相互影响。

（2）集成运算放大器的实质是高增益的直接耦合放大电路。实际使用的集成运放接近理想运算放大器。理想运放开环增益∞，差模输入电阻∞，输出电阻为0，共模抑制比∞，频带宽度BW∞，失调电压为0。理想运放有工作有线性和非线性工作区。当引入深度负反馈时工作在线性区，其具备"虚短"和"虚断"特点。在开环或引入正反馈时工作于非线性区；当同相端电位高于反相端电位，输出正饱和电压；当同相端电位低于反相端电位，输出负饱和电压，仍具备"虚断"特点。

（3）将放大电路的输出信号通过反馈网络或反馈元件送回到输入端与输入信号进行叠加，使进入放大器的净输入信号增强或减弱，从而影响放大电路的输出，这种现象称为反馈。使净输入信号增强的为正反馈，减弱的为负反馈，可以通瞬时极性法来判断正负反馈。正反馈用在振荡电路中，而负反馈用在放大电路中用以改善放大电路的性能。

按反馈信号的取样方式反馈分电压和电流反馈。当反馈信号取自于输出电压为电压反馈，电压反馈的反馈网络与放大器输出端并联，能稳定输出电压，减小输出电阻。当反馈信号取自输出电流为电流反馈时，电流反馈的反馈网络与放大器输出端串联，能稳定输出电流，增加输出电阻。

按反馈信号与输入信号的叠加方式的不同分为串联反馈和并联反馈。当反馈信号与输入信号以电压形式叠加，为串联反馈，以电流形式叠加则为并联反馈。串联反馈的反馈网络在输入端与放大器串联，会增加放大器输入电阻。并联反馈的反馈网络与放大器输入端并联，会减小放大器输入电阻。

根据反馈信号所包含的成分分为直流反馈、交流反馈、交直流并存的反馈。若反馈信号只含直流量则为直流反馈；若只含交流量则为交流反馈；既含直流又含交流成分则为交直流并存的反馈。直流反馈能稳定静态工作点，交流负反馈改善交流性能，如稳定放大电路的放大倍数、展宽通频带、减小非线性失真、改变输入输出电阻等。

负反馈会使放大电路放大倍数下降，闭环放大倍数 A_f 与开环放大倍数 A 的关系为：$A_f = A/(1+AF)$；当负反馈为深度负反馈时，$A_f \approx 1/F$。

思考与练习 2.2

一、填空题

1. 在多级放大电路中，后级的输入电阻是前级的_____。
2. 多级放大电路的耦合方式主要有_____、_____、_____和光电耦合四种。
3. 集成运算放大器内部是由_____级、_____级、_____级和_____电路组成的。集成运放中间级负责提供高_____放大倍数。
4. 通常认为理想运算放大器的输入电阻为_____，输出电阻为_____。
5. 集成运算放大器的工作状态分为_____区和_____区。集成运算放大器开环时，电路工作在_____状态。
6. 集成运算放大器工作在线性区的条件是电路引入_____反馈，即有电路从输出端引入_____端。
7. 为稳定静态工作点，放大电路应引入_____负反馈。为提高放大电路的交流性能，可以引入_____负反馈。
8. 为稳定放大电路的输出电压，应在电路中引入_____负反馈；为稳定放大器的输出电流，可以在电路中引入_____负反馈。
9. 为降低放大器的输出电阻，可以在电路中引入_____负反馈。为增大放大器的输入电阻，可以在电路中引入_____负反馈。
10. 要求输入电阻高、输出电阻低的阻抗变换电路可选用放大器的反馈类型为_____。

二、选择题

1. 两级放大电路的电压放大倍数与构成它的各单级放大电路的电压放大倍数之间的关系为（　　）。
   A. $A_{u1}+A_{u2}$　　B. $A_{u1} \times A_{u2}$　　C. $A_{u1}-A_{u2}$　　D. $A_{u1} \div A_{u2}$
2. 阻容耦合多级放大电路的输入电阻为（　　）。
   A. 第一级的输入电阻　　　　　B. 各级的输入电阻之和
   C. 各级的输入电阻之积　　　　D. 末级输入电阻
3. 两级放大电路，第一级增益是 20 dB，第二级增益是 40 dB，则该电路的增益是（　　）。
   A. 60 dB　　B. 20 dB　　C. 80 dB　　D. 800 dB
4. 一般集成运放什么情况下可能工作在线性区？（　　）
   A. 引入深度负反馈　　　　　　B. 引入正反馈
   C. 开环　　　　　　　　　　　D. 任何情况
5. 集成运算放大器的开环差模放大倍数一般为？（　　）
   A. 几十倍以上　　B. 几百倍以上　　C. 几千倍以上　　D. 几万倍以上
6. 集成运放线性放大是指对（　　）信号放大。
   A. U_+　　B. U_-　　C. $U_+ - U_-$　　D. $U_- - U_+$

7. 理想集成运放在放大状态下的输入端电流 $I_+ = I_- = 0$，称为（　　）。
A. 虚断　　　　　B. 虚短　　　　　C. 虚地　　　　　D. 虚线

三、判断题

1. 两级放大电路的输入电阻 R_i 与构成它的各单级放大电路的输入电阻之间的关系为 $R_i = R_{i1} + R_{i2}$。　　　　　　　　　　　　　　　　　　　　　　　　　　（　）
2. 阻容耦合的多级放大电路，其各级的静态工作点相互独立，互不影响。（　）
3. 直接耦合多级放大电路不能放大交流信号。（　）
4. 阻容耦合多级放大电路便于集成。（　）
5. 集成运算放大器是一种采用多级直接耦合的高放大倍数的放大电路。它既能放大缓慢变化的直流信号，又能放大交流信号。（　）
6. 集成运算放大器通常由四部分组成：输入级、中间级、输出级和偏置电路。（　）
7. 常认为理想运放的输入电阻为 0，输出电阻为 ∞。（　）
8. 如果接入负反馈，则反馈放大电路的电压放大倍数 A_{uf} 就一定是负值，接入正反馈后电压放大倍数 A_{uf} 一定是正值。（　）
9. 在深度负反馈放大电路中，只有尽量增大开环放大倍数，才能有效提高闭环放大倍数。（　）
10. 在深度负反馈的条件下，闭环放大倍数 $A_{uf} \approx 1/F$，它与反馈网络有关，而与放大器开环放大倍数 A 无关，故可以省去放大器，仅留下反馈网络，以获得稳定的放大倍数。（　）

四、分析判断题

分别判断图 2-34 所示各电路中的反馈类型及各反馈网络的正负极性。

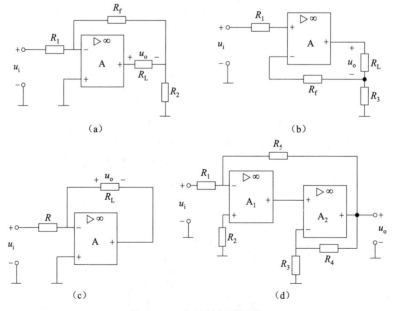

图 2-34　分析判断题题图

五、计算题

1. 两级放大电路如图 2-35 所示，$\beta_1 = \beta_2 = 50$，$U_{BE1} = U_{BE2} = 0.6$ V，其他参数详见图 2-35 中的标注。

（1）求各级电路的静态工作点。
（2）画出放大电路的微变等效电路。
（3）估算电路总的电压放大倍数 A_u。
（4）计算电路总的输入电阻 r_i 和总的输出电阻 r_o。

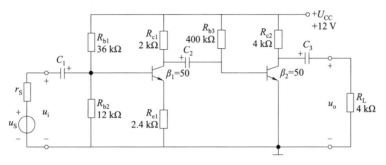

图 2-35　计算题题 1 图

2. 已知某运算放大器的开环增益 A_{ud} 为 80 dB，最大输出电压 $U_{omax} = \pm 10$ V，输入信号按图 2-36 所示的方式加入，设 $u_i = 0$ 时，$u_o = 0$，图中标注的 u_i 及 u_o 为交流信号的瞬时值。试问：

（1）输入电压的有效值 $U_i = 0.5$ mV 时，输出电压的有效值 $U_o = $（　　）。
（2）$U_i = -1$ mV 时，$U_o = $（　　）。
（3）$U_i = 1.5$ mV 时，$U_o = $（　　）。
（4）若输入失调电压 $U_{IO} = 2$ mV，该运算放大器能否正常放大，为什么？

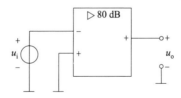

图 2-36　计算题题 2 图

3. 有一负反馈放大器，其开环增益 $A = 100$，反馈系数 $F = 1/10$。请问它的反馈深度和闭环增益各是多少？

4. 有一负反馈放大器，当输入电压为 0.1 V 时，输出电压为 2 V；而在开环时，对于 0.1 V 的输入电压，其输出电压为 4 V。请计算其反馈深度和反馈系数。

知识拓展

场效应管放大电路

由于场效应管具有输入电阻高、噪声低的特点,特别适用于多级放大电路的输入级,尤其对高内阻的信号源,采用场效应管放大电路才能有效地放大。例如驻极体送话器中就接有共源极放大器和共漏极场效应管放大器。因为驻极体送话器的输出阻抗高达几十兆欧,所以它产生出来的话音电压不能直接输出到下一级放大器中,通常是用一只效应管接成漏极输出或者源极输出电路以进行阻抗变换,并把这个场效应管一并封装在送话器中,然后再输出到下一级放大器进行信号放大。

在电路中,场效应管的源极、漏极和栅极分别相当于三极管的发射极、集电极和基极。场效应管放大电路也有三种组态:共源极放大电路(Common Source,CS)、共漏极放大电路(Common Drain,CD)和共栅极放大电路(Common Gate,CG),其特点分别和三极管放大电路中的共射极、共集电极、共基极放大电路类似。

场效应管放大电路的分析过程和三极管放大电路一样,分静态分析和动态分析两步。静态分析的方法有图解法和估算法。动态分析方法有图解法和微变等效电路法。分析时,同样先进行静态分析,确定合适的静态工作点(即确定 U_{GS}、I_D、U_{DS}),然后进行动态分析,得出放大电路的电压放大倍数、输入和输出电阻等性能指标。这里主要介绍静态估算法和动态的微变等效电路法。

1. 共源放大电路

1)电路组成及直流偏置

图 2-37 所示为场效应管共源放大电路,管子的栅极输入信号,漏极取出信号,以源极为输入和输出回路的公共端。各元件的名称与作用如图中标注所示。

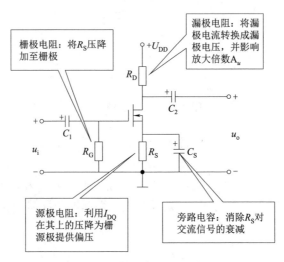

图 2-37 场效应管共源放大电路

场效应管是电压控制器件,它没有偏流,为了使场效应管能够正常工作,必须在栅、源极之间加上适当的偏压 U_{GS}。由于图 2-37 所示电路是利用管子自身漏极电流在源极电阻上产生的压降来获得偏置电压的,叫作自给偏压电路。由于栅极电阻上无直流电流,由图 2-37 可知:

$$U_{GS} = U_G - U_S = 0 - I_D R_S = -I_D R_S \tag{2-17}$$

适当选择 R_S 值,可获得合适的栅偏压 U_{GS}。R_S 为几十千欧姆,它决定静态工作点的位置。和三极管的射极电阻类似,源极电阻 R_S 的存在也使电路具有一定的稳定静态工作点的能力。

这种电路不宜用增强型 MOS 管,因为静态时该电路不能使管子开启(即 $I_D=0$),不能形成自偏压。对于增强型场效应管,则采用分压式偏置电路,如图 2-38 所示。同样,由于栅极电阻 R_G 上没有电流($I_G=0$),则该电路栅源间偏置电压为

$$U_{GS} = U_G - U_S = \frac{R_{G2}}{R_{G1}+R_{G2}} U_{DD} - I_D R_S \tag{2-18}$$

式中,U_G 为栅极电位,对于 N 沟道耗尽型管,$U_{GS}<0$,则 $I_D R_S > U_G$;对 N 沟道增强型管,则 $U_{GS}>0$,所以 $I_D R_S < U_G$。

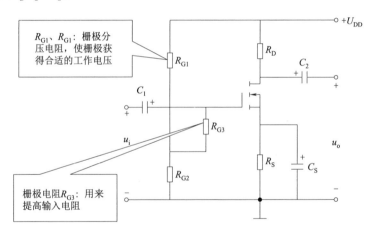

图 2-38 分压偏置式共源放大电路

场效应管放大电路的静态工作点可用转移特性关系式:

增强型管子:$i_D = I_{D0}\left(\dfrac{u_{GS}}{u_{GS(th)}}-1\right)^2$

耗尽型管子:$i_D = I_{DSS}\left(1-\dfrac{U_{GS}}{U_{GS(Off)}}\right)^2$

场效应管放大电路(共源静态分析)

分别与式(2-17)或式(2-18)联立求出 U_{GSQ} 和 I_{DQ},漏源电压 U_{DSQ} 根据电路可得:

$$U_{DS} = U_{DD} - I_D(R_D + R_S) \tag{2-19}$$

2)动态分析

场效应管放大电路的微变等效电路动态分析方法和步骤与晶体管放大电路相同,下面以图 2-38 为例进行分析,并求解动态参数。

（1）场效应管等效电路。

在小信号作用下，工作在恒流区的场效应管可用一个线性有源二端口网络来等效。从输入回路看，由于场效应管输入电阻 r_{GS} 很大，可看作开路；从输出回路看 $i_D = g_m u_{GS}$，可等效为受控电流源，这样在小信号情况下场效应管可等效成图 2-39 所示的电路。

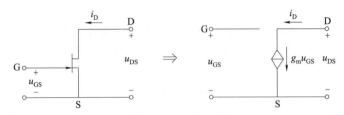

图 2-39　场效应管微变等效电路

共源放大电路的动态分析

（2）共源放大电路的微变等效电路。

将图 2-38 所示电路的交流通路中的场效应管用其微变等效电路代替，则分压偏置式共源放大电路的微变等效电路如图 2-40 所示。

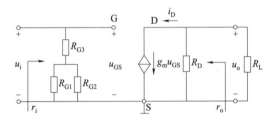

图 2-40　分压偏置式共源放大电路的微变等效电路

由图 2-40 微变等效电路可求得：

① 电压放大倍数：$A_u = \dfrac{u_o}{u_i} = -\dfrac{i_D(R_D /\!/ R_L)}{u_{GS}} = -\dfrac{g_m u_{GS} R'_L}{u_{GS}} = -g_m R'_L$　　　　　（2-20）

式中，$R'_L = R_D /\!/ R_L$。

② 输入电阻：由于栅源之间开路，故可知电路的输入电阻约为

$$r_i = R_{G3} + (R_{G1} /\!/ R_{G2}) \quad (2\text{-}21)$$

由式（2-21）可知，R_{G3} 的接入大幅提高了放大电路的输入电阻。R_{G3} 一般选的较大，约为几百千欧姆到 10 MΩ。

③ 输出电阻：根据输出电阻的定义，由戴维南定理将输入电压源短路，即 $u_i = 0$，则控制电压 $u_{GS} = 0$，$g_m u_{GS} = 0$，因此受控源支路相当于开路，所以有输出电阻为

$$r_o = R_D \quad (2\text{-}22)$$

通过分析可知，共源极电路和共射极电路类似，具有较大的电压放大倍数，输入和输出电压信号反相，输出电阻由漏极电阻（共射极电路为集电极电阻）决定，不同的是共源极电路的输入电阻很大。

2. 共漏放大电路

共漏放大电路（图 2-41）因从管子的源极输出信号，故又称源极输出器。

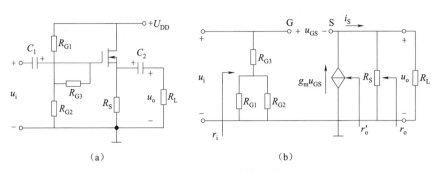

图 2-41 共漏放大电路
（a）基本电路；（b）微变等效电路

由图 2-41（b）分析可得

$$u_o = i_D(R_S // R_L) = g_m u_{GS} R_L'$$
$$u_i = u_{GS} + u_o = (1 + u_{GS} R_L') u_{GS}$$
$$A_u = \frac{u_o}{u_i} = \frac{g_m R_L'}{1 + g_m R_L'} \leqslant 1$$

共漏放大电路

有 $A_u \approx 1$，即 $u_o \approx u_i$，说明输出电压具有跟随输入电压的作用，所以其又称为源极跟随器。

输入电阻：$r_i = (R_{G1} // R_{G2}) + R_{G3}$

输出电阻：$r_o = R_S // \dfrac{1}{g_m}$

共漏极电路与共集电极电路具有类似的特点：电压放大倍数小于 1 且近似为 1，并具有电压跟随的特点，即输入电阻大，输出电阻小。

图 2-42 所示为共漏极电路在某测量电路中的应用，其信号源产生的被测信号需进行多级放大，输入级采用场效应管共漏极电路，利用共漏极电路输入电阻大消除电路对被测信号源的影响。

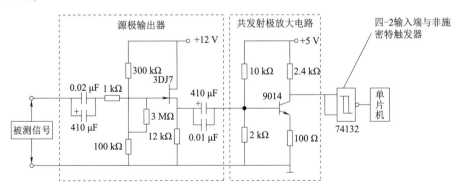

图 2-42 某测量仪器的输入级及波形变换电路

3. 共栅极放大电路

由于共栅极放大电路的输入电阻较小，不能发挥场效应管栅极和沟道之间的高阻特点，因此较少使用,这里不再介绍。

讨论题 1：增强型 MOS 管能否使用自给栅偏压偏置电路来设置静态工作点？

场效应管放大电器知识点总结

（1）利用场效应管栅源电压能够控制漏极电流的特点可以实现信号放大。场效应管主要有共源极放大电路和源极输出器两种电路。

（2）场效应管放大电路的分析过程和三极管放大电路一样，分为静态分析和动态分析两步。静态分析的方法有图解法和估算法。动态分析方法有图解法和微变等效电路法。微变等效电路法是将交流通路中的场效应管的栅源之间看成断路、漏源之间等效成一个大小为 $g_m u_{GS}$ 的受控电流源，从而得到微变等效电路，然后进行电路的分析计算。

（3）场效应管三种基本放大电路的性能比较如表 2-10 所示。

表 2-10 场效应管三种基本放大电路性能比较表

特点	共源极电路	共漏极电路	共栅极电路
电压放大倍数	较大	小于 1，但接近于 1	较大
输入电阻	较大	较大	较小
输出电阻	主要由漏极电阻决定	较小	较大
输出与输入电压相位	反相	同相	同相
应用	提供放大能力	输出电阻小，可用作阻抗变换	较少使用

项目三

集成运算放大器应用电路制作

项目说明

随着电子技术的发展,出现了将电子元件、导线等集成在一块半导体基片上具备一定功能的电子器件,也就是集成电路。集成运算放大器简称"集成运放",它是实现高增益放大功能的一种模拟集成电路,主要用于信号的运算与处理,包括信号的产生、放大、变换、滤波、电压比较等线性与非线性应用。其具备体积小、成本低、使用方便、可靠性高等优点,广泛应用于电子、通信、自动控制等领域。

本项目介绍了集成电路的基本运算电路与非线性应用,以及利用集成运算放大器制作温度控制器电路的方法。

任务　热敏电阻式温度控制器电路的制作与调试

学习目标

[知识目标]
1. 熟练集成运放线性与非线性应用的条件和特点;
2. 掌握集成运放的基本运算电路和非线性应用的分析与计算方法。

[技能目标]
1. 能够查阅集成运放的型号、参数、连接方式、使用注意事项;
2. 能够对集成运放构成的电路进行分析计算;
3. 能够制作并调试热敏电阻式温度控制器电路。

[素养目标]
1. 养成勤于思考、做事认真的良好作风和良好的职业道德;
2. 培养学生分析问题、解决问题的能力,并具备安全意识;
3. 培养学生的创新能力及团结协作精神。

鞠躬尽瘁

任务概述

在日常生活中,温度控制器的应用很普遍,如恒温箱、冰箱、空调中都少不了它,而笔记本电脑的散热系统也是典型的温度控制器的应用,即当温度升高到一定时,散热风扇启动；当温度降下来，风扇又会停止工作。本任务利用温度传感器、集成运放、电阻、二极管等元件制作一个温度控制器，当温度升高到一定程度，会自动报警（红灯亮）或执行装置（如启动散热风扇），而当温度降到正常值时，散热风扇便会停止转动（绿灯亮）。其原理图如图 3-1 所示。

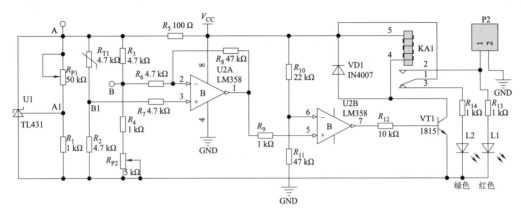

图 3-1 热敏电阻式温度控制器原理

任务引导

问题 1：集成运放有哪些典型应用电路？

问题 2：在温度控制器电路中，哪些功能会用到集成运放？它们分别工作在什么状态？

知识链接

知识点一　集成运算放大器的基本运算电路

集成运算放大器的线性应用包括基本运算电路和信号转换与处理电路。其基本运算电路包括反相比例运算电路、同相比例运算电路、反相求和电路、减法电路、积分电路、微分电路等；信号处理电路包括信号发生电路、滤波电路等。集成运放作线性应用时，必须引入深度负反馈，具有"虚短"（$u_+ \approx u_-$）和"虚断"（$i_+ = i_- \approx 0$）两个重要特点。

1. 反向比例运算电路

图 3-2 所示为反向比例运算电路，输入信号 u_i 经过电阻 R_1 接到集成运放的反相输入端，同相输入端经电阻 R_2 接地，输出端经反馈电阻 R_f 接反相输入端引入负反馈，使集成运放工作在线性区。电路中还要求 R_1 阻值较大，以保证输入电阻较大。

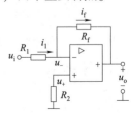

图 3-2 反相比例运算电路

在线性工作状态下，由于有 $i_+ = i_- \approx 0$、$u_+ \approx u_-$，根据电路得出：

$$i_1 = i_f, \quad u_- = u_+ = 0$$

$$i_1 = \frac{u_i - u_-}{R_1} = \frac{u_i}{R_1}$$

$$i_f = \frac{u_- - u_o}{R_f} = -\frac{u_o}{R_f}$$

反相比例运算电路

由此可得输出电压为

$$u_o = -\frac{R_f}{R_1} u_i \qquad (3-1)$$

或者放大倍数为

$$A_{uf} = \frac{u_o}{u_i} = -\frac{R_f}{R_1}$$

同相输入端的外接电阻 R_2 称为平衡电阻，其作用是使运算放大器的输入级差动放大器的两个输入端电阻平衡，其大小为 $R_2 = R_1 /\!/ R_f$。

由式（3-1）可见，输出电压与输入电压成比例且相位相反，所以称为反相比例运算电路。在需要放大器的系统中，经常采用反相比例运算作为反相放大器，放大倍数可由电阻 R_1 和 R_f 调节。在反相比例运算电路中，当 $R_1 = R_f = R$ 时，比例系数为 -1，有 $u_o = -u_i$，输出电压与输入电压的大小相等，相位相反，这时的电路称为反相器。

2. 同相比例运算电路

图 3-3 所示为同相比例运算电路，输入信号 u_i 经过电阻 R_2 接到集成运放的同相输入端，反相输入端经电阻 R_1 接地，输出端经反馈电阻 R_f 接反相输入端，引入深度负反馈，使集成运放工作在线性区。

由线性虚断特点可知 R_2 中的电流为 0，所以 R_2 两端电位相等。根据线性区的重要特点从电路中可得

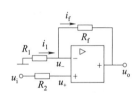

图 3-3 同相比例运算电路

$$i_1 = i_f, \quad u_- = u_+ = u_i$$

$$i_1 = \frac{0 - u_-}{R_1} = -\frac{u_i}{R_1}$$

$$i_f = \frac{u_- - u_o}{R_f} = \frac{u_i - u_o}{R_f}$$

同相比例运算电路

因此可得

$$u_o = \left(1 + \frac{R_f}{R_1}\right) u_i \qquad (3-2)$$

或者表示为

$$A_{uf} = \frac{u_o}{u_i} = 1 + \frac{R_f}{R_1}$$

电路中的 R_2 为平衡电阻，与反相比例运算电路相同，其大小为 $R_2 = R_1 /\!/ R_f$。由式（3-2）可见，输出电压与输入电压成比例且相位相同，所以称为同相比例运算电路。该电路输入

电阻大,输出电阻小,常用作放大系统的输入级或输出级电路。在同相比例电路中,当 $R_f=0$ 或 $R_1\rightarrow\infty$ 时,有 $u_o=u_i$,如图 3-4 所示,该电路称为电压跟随器,输出电压与输入电压大小相等、相位相同,其电压放大倍数为 1,是同相比例运算的特殊形式。

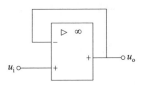

图 3-4 电压跟随器电路

讨论题 1:电压跟随器 $u_o=u_i$,并没有电压放大作用,是否是无用的电路?

3. 反相加法运算电路(反相求和电路)

反相求和电路有多个输入信号,都是从集成运放的反相输入端输入,可以实现不同比例的信号放大之和。图 3-5 所示为两输入反相求和电路,输入信号 u_{i1} 经 R_1、输入信号 u_{i2} 经 R_2 均接入反相输入端,同相输入端经电阻 R_3 接地,输出端经反馈电阻 R_f 接反相输入端引入深度负反馈。平衡电阻 $R_3=R_1//R_2//R_f$。要求 $R_1//R_2//R_f$ 的阻值较大,以保证输入电阻较大。

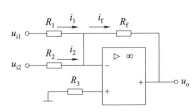

图 3-5 反相求和电路

根据集成运放的两个重要特点可推出:

$$u_o=-\left(\frac{R_f}{R_1}u_{i1}+\frac{R_f}{R_2}u_{i2}\right) \tag{3-3}$$

推广到 n 个输入信号通过相应的电阻并联到集成运放的反相输入端,则有

$$u_o=-\left(\frac{R_f}{R_1}u_{i1}+\frac{R_f}{R_2}u_{i2}+\cdots+\frac{R_f}{R_n}u_{in}\right) \tag{3-4}$$

反相求和电路

由于反相加法电路实现了各信号按比例相加的运算,此电路称为反相加法运算电路。在电路中,若 $R_1=R_2=\cdots=R_n=R_f$,则有 $u_o=-(u_{i1}+u_{i2}+\cdots+u_{in})$,可实现各输入信号的反相相加。

讨论题 2:若反相求和电路有 3 路输入信号,则同相输入端的平衡电阻大小应该如何计算?

4. 减法运算电路

减法运算电路可以实现两路信号按不同比例放大后相减。图 3-6 所示为减法运算电路。输入信号 u_{i1} 经 R_1 接集成运放反相输入端,u_{i2} 经 R_2 接集成运放同相输入端,输出端经反馈电阻 R_f 接反相输入端,同相输入端经 R_3 接地。为使两个输入端电阻平衡,要求 $R_f//R_1=R_3//R_2$,且 R_1、R_2 应较大。

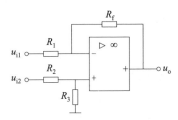

图 3-6 减法运算电路

可根据运算放大器的线性特点推算,也可根据叠加定理和同相比例运算及反相比例运算的公式进行推算可得图 3-6 输出与输入信号的关系式为

$$u_o = \left(1+\frac{R_f}{R_1}\right)\frac{R_3}{R_2+R_3}u_{i2} - \frac{R_f}{R_1}u_{i1} \qquad (3\text{-}5)$$

由式（3-5）可知，两输入信号是按比例相减的运算关系。

当 $R_1=R_2$，$R_f=R_3$ 时，有 $u_o = \dfrac{R_f}{R_1}(u_{i2}-u_{i1})$，实现两输入信号同比例相减。

当 $R_1=R_2=R_f=R_3=R$ 时，有 $u_o=u_{i2}-u_{i1}$，实现两输入信号直接相减。

例 3.1 如图 3-7 所示，运放 $U_{\text{opp}}=12$ V，$R_1=9.1$ kΩ，$R_2=100$ kΩ，$R_3=10$ kΩ，$R_4=R_6=25$ kΩ，$R_5=R_7=200$ kΩ。

（1）若 $u_{i1}=0.5$ V，$u_{i2}=0.1$ V，求 u_o。
（2）若 $u_{i1}=0.5$ V，$u_{i2}=0.3$ V，求 u_o。
（3）若 $u_{i1}=0.5$ V，$u_{i2}=-0.3$ V，求 u_o。

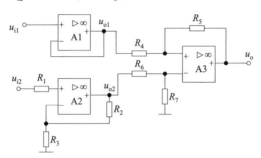

减法电路

图 3-7 例 3.1 电路

解：从图 3-7 中可知：A1 为电压跟随器，A2 为同相比例运算电路，A3 为减法电路。电路信号之间的关系如下：

$$u_{o1}=u_{i1}$$

$$u_{o2}=\left(1+\frac{R_2}{R_3}\right)u_{i2}=\left(1+\frac{100}{10}\right)u_{i2}=11u_{i2}$$

$$u_o=-\frac{R_5}{R_4}u_{o1}+\left(1+\frac{R_5}{R_4}\right)\frac{R_7}{R_6+R_7}u_{o2}$$

$$u_o=-\frac{200}{25}u_{i1}+\left(1+\frac{200}{25}\right)\frac{200}{25+200}\times 11u_{i2}=88u_{i2}-8u_{i1}$$

代入参数后，有：

（1）$u_o=88\times 0.1-8\times 0.5=4.8$ (V)。
（2）$u_o=88\times 0.3-8\times 0.5=22.4$ (V) $>U_{\text{OPP}}=12$ V，所以应取 $u_o=U_{\text{opp}}=12$ V。
（3）$u_o=88\times(-0.3)-8\times 0.5=-30.4$ (V) $<-U_{\text{OPP}}=-12$ V，所以应取 $u_o=-U_{\text{opp}}=-12$ V。

5. 积分电路

将反相比例运算电路的反馈电阻 R_f 用电容 C 来代替，就成了积分运算电路，如图 3-8 所示，也称为积分器。

设电容初始电压为 0，根据基尔霍夫电流定律及线性应用虚断和虚短的特点，可得 $i_1 \approx i_C$，$u_+=u_-=0$，则

$$u_o = -\frac{1}{R_1C}\int u_i \mathrm{d}t \tag{3-6}$$

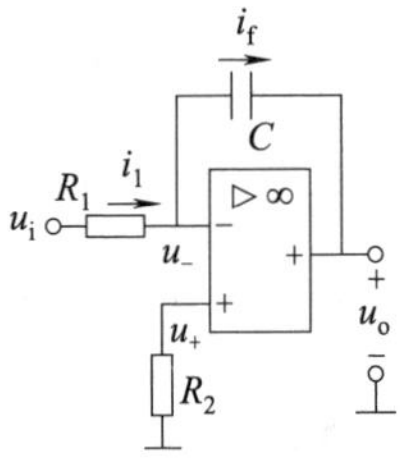

式（3-6）表明，输出电压与输入电压对时间的积分成正比，且相位相反。R_1C 为积分时间常数，其值越小，积分作用越强。当输入电压为常数（$u_i = U_i$）时，式（3-6）则变为

$$u_o = -\frac{U_i}{R_1C}t \tag{3-7}$$

图 3-8 积分运算电路

由式（3-7）可以看出，当输入电压固定时，由集成运放构成的积分电路，在电容充电过程（即积分过程）中，输出电压（即电容两端的电压）随时间做线性增长，增长速度均匀。

积分电路可将方波转换为三角波，如图 3-9 所示。积分电路在自动控制系统中用以延缓过渡过程的冲击，比如使被控制的电动机外加电压缓慢上升，避免其机械转矩猛增，使传动机械发生损坏。另外，积分电路还常用来作显示器的扫描电路，用在模/数转换器中等。

积分电路

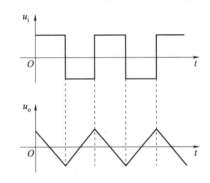

图 3-9 积分电路波形变换

讨论题 3：积分电路在自动控制领域有广泛应用，试分析为什么积分电路可以缓冲电压突变对设备的冲击？

6. 微分电路

将积分电路的 R_1 和电容 C 互换便构成了微分电路，也称为微分器，如图 3-10 所示。

由集成运放线性应用的特点结合电路可得：

$$i_R = i_C$$

$$i_R = \frac{u_- - u_o}{R} = -\frac{u_o}{R}$$

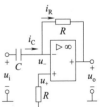

图 3-10 微分电路

$$i_C = C\frac{\mathrm{d}(u_i - u_-)}{\mathrm{d}t} = C\frac{\mathrm{d}u_i}{\mathrm{d}t} \tag{3-8}$$

$$u_o = -RC\frac{\mathrm{d}u_i}{\mathrm{d}t}$$

微分电路

式（3-8）表明输出电压与输入电压对时间的微分成正比，且相位相反。RC 为微分时间常数，其值越大，微分作用越强。

微分电路可将方波脉冲变成尖脉冲信号输出，如图 3-11 所示，输入电压的每次跳变都产生一个尖脉冲。微分电路在自动控制系统中可用作加速环节，如电动机出现短路故障时，起加速保护作用，迅速降低其供电电压。

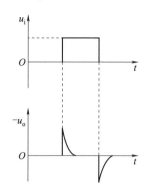

图 3-11 微分电路波形变换

讨论题 4：在自动控制系统中，微分电路可以在设备出现短路故障时起到什么作用？

知识点二　集成运算放大器的非线性应用

当运放工作于开环或正反馈的工作状态时，运放工作在非线性区。运放的非线性特性在自动控制系统和数字技术中有广泛应用。电压比较器是集成电路的典型非线性应用，主要有简单电压比较器和迟滞电压比较器。它将一个模拟输入电压与一个参考电压比较后输出高电平或低电平，常用于越限报警、模/数转换及各种波形的产生和变换。

1. 简单电压比较器

图 3-12 所示为简单电压比较器电路及输入输出特性曲线。图 3-12（a）中，运放的同相输入端接基准电压 U_R（或称参考电压），被比较信号由反相输入端输入，集成运放处于开环工作状态，当 $u_i > U_R$ 时，输出电压为负的饱和值 $-U_{OM}$；当 $u_i < U_R$ 时，输出电压为正的饱和值 $+U_{OM}$。其传输特性如图 3-12（b）所示。由此可见，只要输入电

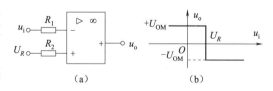

图 3-12 简单电压比较器电路及输入输出
特性曲线
（a）电路；（b）电压传输特性

压在基准电压 U_R 处稍有正负变化，输出电压 U_O 就在负最大值到正最大值之间跃变。比较器输出电压由一种状态跳变为另一种状态时，所对应的输入电压通常称为阈值电压或门限电压，用 U_{TH} 表示。图 3-12 所示电路的阈值电压 $U_{TH} = U_R$。

简单电压比较器也叫单门限比较器，它只有一个门限电压，当输入电压达到此门限值

时，输出状态立即发生跳变。

简单电压比较器

利用电压比较器可以进行波形变换，在图 3-12（a）所示的电路中，输入信号 u_i 为正弦波时，当 U_R 取不同的值时，可以得到以下不同的波形，如图 3-13 所示。若 $U_R=0$ V 时，即集成运放同相端接地，其基准电压为 0 V，这时的比较器为过零比较器，它可以将正弦波变成正负宽度相等的矩形波，如图 3-13（c）所示。

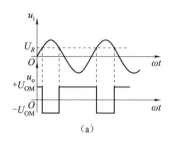 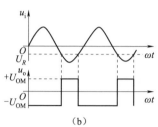 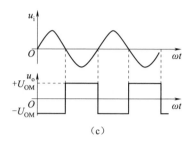

图 3-13　简单电压比较器波形变换

(a) $U_R>0$；(b) $U_R<0$；(c) $U_R=0$

讨论题 5：若图 3-12 中电压比较器的 u_i 从同相输入端输入，门限电压 U_R 接反相输入端，电路的电压传输特性图是否不同？

2. 迟滞电压比较器

简单电压比较器结构简单，而且灵敏度高，但抗干扰能力差，如果输入信号因受干扰在阈值附近变化，可能使输出状态产生误动作。迟滞电压比较器又称为施密特比较器，能克服简单比较器抗干扰能力差的缺点，它是在过零比较器的基础上，从输出端引一个电阻分压支路到同相输入端，形成正反馈。如图 3-14（a）所示，作为参考电压的同相端电压 u_+ 就不再是固定的，而是随着输出电压 u_o 而改变，有两个阈值 U_{TH1} 和 U_{TH2}，且不相等，其传输特性具有"滞回"曲线的形状，如图 3-14（b）所示。在图 3-14 中，VZ

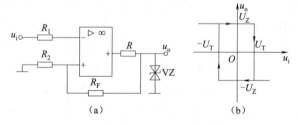

图 3-14　迟滞电压比较器电路

(a) 电路；(b) 电压传输特性

是一对双向稳压管，作用是限幅，把输出电压的幅度钳位于 $\pm U_Z$ 值。

在图 3-14（a）中，当输出电压为正最大值 $+U_Z$ 时，设同相输入端的电压为 U_{TH1}，则有

$$U_{TH1} = +\frac{R_2}{R_2+R_F}U_Z = U_T \tag{3-9}$$

此时，若保持 $u_i<U_{TH1}$，输出则保持 $+U_Z$ 不变。一旦 u_i 从小逐渐加大到刚大于 U_{TH1}，则输出电压迅速从 $+U_Z$ 跃变为 $-U_Z$。

当输出电压为负最大值$-U_Z$时,设同相输入端的电压为U_{TH2},则有

$$U_{TH2} = -\frac{R_2}{R_2+R_F}U_Z = -U_T \qquad (3\text{-}10)$$

此时,若保持$u_i > U_{TH2}$,输出则保持$-U_Z$不变。一旦u_i从小逐渐减小到刚刚小于U_{TH2},则输出电压迅速从$-U_Z$跃变为$+U_Z$。

由此可以看出,由于正反馈支路的存在,同相端电位受到输出电压的制约,使基准电压变为两个值,U_{TH1}和U_{TH2}。其中U_{TH1}是输出电压从正最大到负最大跃变时,同相输入端所加的基准电压,常称其为上门限电压,而U_{TH2}是输出电压从负最大到正最大跃变时的基准电压常称为下门限电压。上限门限与下限门限电压之差称为回差,用ΔU_{TH}表示:

滞回电压
比较器

$$\Delta U_{TH} = U_{TH1} - U_{TH2} = 2U_Z \frac{R_2}{R_2+R_F} \qquad (3\text{-}11)$$

改变R_2的值可以改变回差的大小。回差电压的存在,大幅提高了电路的抗干扰能力。只要干扰信号的峰值小于半个回差电压,比较器就不会因为干扰而产生错误动作。

讨论题6:试分析集成运放构成电压比较器的电路结构与一般线性运算电路的结构有什么区别?如何判断之?

任务实施

制作如图 3-1 所示的热敏电阻式温度控制器电路，并对电路进行分析测量与调试。任务实施时，将班级学生分为 2~3 人一组，轮流当组长，使每个人都有锻炼组织协调管理能力的机会，培养团队合作精神。

1. 所需仪器设备及材料

其所需仪器设备包括直流电源、万用表各一只，电烙铁、组装工具一套。其所需材料包括电路板、焊料、焊剂、导线。其所需元器件（材）明细如表 3-1 所示。

表 3-1 热敏电阻式温度控制器所需元器件（材）明细

序号	元件标号	名称	规格	序号	元件标号	名称	规格
1	R_1、R_4、R_9、R_{13}、R_{14}	色环电阻	1 kΩ	11	R_{P1}	精密多圈电位器	50 kΩ
2	R_2、R_3、R_6、R_7	色环电阻	4.7 kΩ	12	R_{P2}	精密多圈电位器	5 kΩ
3	R_5	色环电阻	100 Ω	13	L1	发光二极管	3 mm 红
4	R_8、R_{11}	色环电阻	47 kΩ	14	L2	发光二极管	3 mm 绿
5	R_{10}	色环电阻	22 kΩ	15	U1	可调稳压电源芯片	TL431
6	R_{12}	色环电阻	10 kΩ	16	U2	集成运放芯片	LM358
7	P1、P2	排针	4P	17	VD1	二极管	1N4007
8	VT1	三极管	1815	18	—	风扇	4 mm×4 mm×1 mm
9	RT1	热敏电阻	472	19	U2	芯片座	DIP8
10	KA1	继电器	JQC-3f	20	—	PCB 板	配套 45 mm×69 mm

2. 电路图识读

图 3-1 热敏电阻式温度控制器工作原理如下。

该电路由稳压电路、测温电桥电路、差分放大电路、比较电路、报警执行电路组成。电路采用温度传感器作为控制元件，感受到温度升高到一定程度，会自动启动报警（红灯亮）或执行装置（如启动散热风扇），温度降到正常温度，散热风扇会停止转动（绿灯亮）。

（1）稳压电路：R_{P1}、R_1、R_5 和 U1（TL431）组成了高精度并联稳压电路，$U_A = U_{A1}(1+R_{P1}/R_1)$，其中 U_{A1} 为 TL431 的标称电压 2.5 V，调节_____元件可以改变 A 点电压，R_5 为限流电阻。TL431 是可控精密稳压电源，其符号和封装如图 3-15 所示，其中管脚由左向右分别为参考极 R、阳极 A、阴极 K。

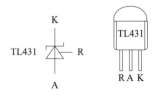

图 3-15 TL431 符号和封装

（2）测温电桥电路：R_{T1}、R_2、R_3、R_4、R_{P2} 构成测温电桥，R_{T1} 是具有负温度系数的热敏电阻，调节_____元件可以调节测温电桥的平衡。

（3）R_6、R_7、R_8 和 U2A 组成的差分放大电路的作用是比较电路图中 B 和 B1 点的电压，当 $U_{B1}>U_B$ 时，则 U2A 输出_____电平，并且 $U_{B1}-U_B$ 的值越大，U2A 的输出电压会_____。在这个电路中 U_B 是作为基准电压，来决定温控报警。调节 R_{P2} 就可以预设报警执行临界温度，逆时针旋转 R_{P2} 设定温度升高，报警执行敏感度降低，顺时针旋转 R_{P2}，设定温度降低，报警执行敏感度升高，当旋转到一定程度时，红灯亮，说明此时的温度设定值恰好是目前环境温度。

（4）U2B 构成_____电路，其作用是将 LM324 的第 5 和第 6 管脚电压进行比较，而第 5 管脚恰好是前级差分放大电路的输出值，其达到一定数值，比较器输出_____电平，启动后面的报警执行电路。

（5）报警执行电路：由三极管 VT1、继电器 KA1、限流电阻 R_{13}、报警指示灯 L1 以及输出端口 P2 构成。其作用是由前级传送过来的信号通过比较器、三极管驱动继电器动作，继电器常开触点_____，报警指示灯 L1 点亮；同时，输出端口 P2 得电，若这个端口接上散热风扇，则开始散热，当温度降到设定温度以下，继电器会复位，常开触点_____，报警指示灯熄灭，常闭触点重新_____，绿色指示灯。

3. 热敏电阻式温度控制器电路的装配

1）对电路中的元器件进行识别、检测

（1）R_{T1} 属于负温度系数热敏电阻（NTC），上面的数值采用数标法标出，前两位表示读数前两个有效数字，第三位表示后面 0 的个数，R_{T1} 上标有 472，则其标称电阻为_____Ω，即为环境温度 25 ℃时热敏电阻的阻值。

（2）将万用表拨在欧姆挡 20 kΩ 位置，表笔搭接在热敏电阻两端，观察其阻值是不是接近于标称阻值（由于这是热敏元件受温度影响比较大，会有偏差），然后用通电的电烙铁靠近热敏电阻，观察万用表示数会不会减小，然后拿开电烙铁，观察其数值会不会恢复原来的数值。若不具备上述现象，则热敏元件是_____（填好或坏）的。

（3）LM358 的_____脚和_____脚分别是集成运放的两个反相输入端，_____脚和_____脚分别是集成运放的两个同相输入端。

2）电路的装配

在 PCB 上，按照装配图和装配工艺安装热敏电阻式温度控制器电路。安装时，应先装低位元件再装高位元件，焊点质量应无虚焊、漏焊、搭焊等。热敏电阻式温度控制器实物如图 3-16 所示。

热敏电阻式
温度控制器

 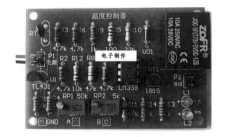

图 3-16　热敏电阻式温度控制器实物

4. 热敏电阻式温度控制器电路的测试

装配完成后进行自检，正确无误后方可接入 5~6 V 直流电压通电调试。

（1）先将 R_{P2} 逆时针旋转 7、8 圈（主要是避免调整 R_{P1} 时，红绿乱跳，引发电压波动），将万用表拨在直流电压挡位 20 V，黑表笔搭接在 GND，红表笔接 A 点，调节 R_{P1}，使电压维持在 3 V 左右，推测 B1 点电位应该为 1.5~2 V，温度不同，会略有偏差。

（2）将万用表拨在直流电压挡位 20 V，黑表笔搭接在 GND，红表笔接 B 点，此时电压一般也是 1.5~2 V，因为差分放大器是放大 $U_{B1}-U_B$ 的差值；若此时绿灯亮，说明这个差值还不够大，顺时针旋转 R_{P2}，B 点电位逐渐减低，直到红色报警指示灯刚好点亮，然后再将 R_{P2} 回调一圈，绿灯亮，温度设定完成。

（3）P2 端口是用来外接风扇或者其他外接器件的。注意，这里输出的是直流电压，接风扇的话，红线接正极，黑线接负极。

（4）测试：通电以后，绿灯亮，用通电的电烙铁靠近热敏电阻，红灯点亮，散热风扇启动（风扇对着热敏电阻吹风），移开电烙铁，过一会儿，红灯熄灭，散热风扇停止转动，绿灯点亮（意味着此时温度恢复正常温度），说明电路已经调试成功。若感觉太过敏感，可以逆时针旋转 R_{P2}，调高设定温度；反之，若感觉不够敏感，顺时针旋转 R_{P2}，调低设定温度。

5. 任务实施总结

（1）热敏电阻式温度控制器电路主要包括几个部分？如何测试热敏电阻质量的好坏？

（2）总结任务实施过程中遇到的问题，找到的解决方法和收获。

6. 任务评价

热敏电阻式温度控制器电路的制作、调试与检测评分标准如表 3-2 所示。

表 3-2 热敏电阻式温度控制器电路的制作、调试与检测评分标准

项目及配分	工艺标准或要求	扣分标准	自评分	互评分	教师评分	终评分
电路的识图分析（10分）	能正确分析各元件的作用以及判断电路状态	不能正确分析各元件作用及电路状态，每个扣 1 分				
元器件检测（10分）	1. 能识别热敏电阻标称值及测试其好坏； 2. 能识别 LM358 引脚	1. 不能识别热敏电阻标称值扣 2 分，不测试其质量好坏，扣 3 分； 2. 不能识别 LM358 引脚，每错一处扣 1 分				
元器件成形（10分）	能按要求进行成形	成形损坏元件扣 3 分，不规范每个扣 1 分				
插件（10分）	1. 电阻器、二极管紧贴电路板； 2. 按电路图装配，元件的位置、极性正确	1. 元件安装不对称、高度不合格、装歪，每处扣 1 分； 2. 错装、漏装，每处扣 3 分				

续表

项目及配分	工艺标准或要求	扣分标准	自评分	互评分	教师评分	终评分
焊接 （10分）	1. 焊点光亮、清洁、焊料适当； 2. 无漏焊、虚焊、桥连等现象； 3. 焊接后，元件管脚留头长度小于1 mm	1. 焊点不光亮、焊料过多或过少，每处扣1分； 2. 漏焊、虚焊、桥连等每处扣2分； 3. 管脚剪脚留头长度大于1 mm，每处扣1分				
调试检测 （30分）	1. 按调试检测要求和步骤进行； 2. 正确使用仪表	1. 调试检测方法或步骤错误，每处扣5分； 2. 不会使用仪表，每处扣2分				
分析结论 （10分）	能利用测量的结果正确总结电路的特点	不能正确总结任务实施5的问题，每次扣5分				
安全、文明生产 （10分）	1. 不人为损坏元件、仪表设备等； 2. 实训环境整洁、秩序井然、操作习惯良好	1. 测量任务完成，不能正确关掉仪器仪表测试设备，扣5分； 2. 人为损坏元器件、设备，一次性扣10分； 3. 任务完成不能保持环境整洁，扣5分				
总分						

任务达标知识点总结

（1）集成运放构成的运算电路，工作在线性状态，从电路结构看，都引入了深度负反馈，在分析电路的输入、输出关系时，总是从理想运放工作在线性区时的两个特点（"虚短"和"虚断"）出发。

（2）集成运放构成的比例运算电路有三种输入方式：反相输入、同相输入和差分输入。当输入方式不同时，电路的性能和特点各有不同。积分和微分互为逆运算，积分电路应用比较广泛，例如控制和测量系统、延时和定时以及各种波形的产生和变换电路等。微分电路应用不如积分电路广泛。

（3）集成运放处于开环状态或引入正反馈时，工作于非线性状态，输出电压只是$+U_{OPP}$或$-U_{OPP}$，即只有高电平或低电平两种状态。电压比较器是集成电路的典型非线性应用，主要有简单电压比较器和迟滞电压比较器。简单电压比较器只有一个门限电平，迟滞电压比较器有两个不同的门限电平，其大幅提高了电路的抗干扰能力。

思考与练习3

一、填空题

1. 集成运放工作在线性区时，有两个重要概念：_____和_____，此时的集成运放常处于_____状态。

2. 集成运放开环时，电路工作在_____状态。

3. 集成运放有两个信号输入端，分别为_____和_____。

4. 在图 3-17 所示的电路中，当可变电阻 R_P 的电阻值由小增大时，输出电压变化情况为_____。

5. 比例运算电路如图 3-18 所示，同相端平衡电阻 R_2 应等于_____。

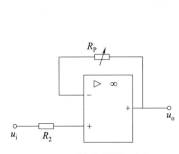
图 3-17 填空题题 4 图

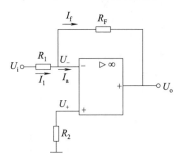
图 3-18 填空题题 5 图

6. _____比例运算电路中，集成运放反相输入端为虚地。

7. _____运算电路可将方波电压转换成三角波电压。欲将方波电压转换成尖顶波电压，可选用_____运算电路。

8. 电压比较器是集成运放的典型应用，此时集成运放工作在_____应用状态，其输出只有_____和_____两种电平。

9. 简单比较器和迟滞比较器相比较而言，_____比较器抗干扰能力强。

二、选择题

1. 集成运放工作在线性放大区，由理想工作条件得出两个重要特点是（   ）。
   A. $U_+ = U_- = 0$，$i_+ = i_-$
   B. $U_+ = U_- = 0$，$i_+ = i_- = 0$
   C. $U_+ = U_-$，$i_+ = i_- = 0$
   D. $U_+ = U_- = 0$，$i_+ \neq i_-$

2. 图 3-19 所示为电压跟随器，则该电路的特点是（   ）。
   A. $U_O = -U_i$
   B. $U_O = U_i$
   C. $U_O = U_i \times R_f / R_2$
   D. $U_O = -U_i \times R_f / R_2$

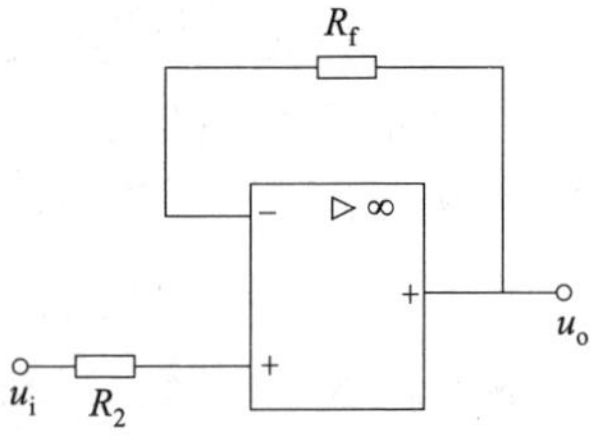

图 3-19 选择题题 2 图

3. 集成运放线性放大是指放大（   ）的信号。
   A. U_+ B. U_- C. $U_+ - U_-$ D. $U_- U_+$

4. 理想集成运放在放大状态下的输入端电流 $I_+ = I_- = 0$，称为（   ）。
   A. 虚断   B. 虚短   C. 虚地   D. 电路实际断路

5. 运算放大器组成运算电路必须构成（   ）电路。
   A. 开环
   B. 负反馈
   C. 正反馈
   D. 同时具有正反馈和负反馈

6. 欲用运放实现电压放大倍数 $A_u = -100$，最简单应该选用（   ）电路。
   A. 反相比例运算   B. 减法
   C. 同相比例运算   D. 加法

7. 欲用运放实现电压放大倍数 $A_u = +100$，选用（   ）电路最简单。
   A. 反相比例运算   B. 减法   C. 同相比例运算   D. 加法

8. 如图 3-20 所示电路输出电压为（　　）。

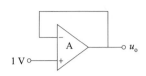

图 3-20　选择题题 8 图

A. 1 V　　　　　B. -1 V　　　　　C. 0 V　　　　　D. ∞

9. 同相输入比例运算放大电路中的反馈极性和类型属于（　　）。
A. 正反馈　　　　　　　　　　B. 串联电流负反馈
C. 并联电压负反馈　　　　　　D. 串联电压负反馈

10. 集成运放组成的（　　）输入放大器的输入电流基本上等于流过反馈电阻的电流。
A. 同相　　　　B. 反相　　　　C. 差动　　　　D. 以上三种都行

11. 输出量与若干个输入量之和成比例关系的电路称为（　　）。
A. 加法电路　　B. 减法电路　　C. 积分电路　　D. 微分电路

12. 如果要将正弦波电压移相+90°，应选用（　　）运算电路。
A. 同相比例　　B. 反相比例　　C. 积分　　　　D. 微分

三、判断题

1. "虚地"是指该点与接地点等电位。（　　）
2. "虚短"就是两点并不真正短接，但具有相等的电位。（　　）
3. 集成运算放大器处于开环状态时，一定工作在非线性状态。（　　）
4. 集成运放输出信号与同相输入端信号相位相同。（　　）
5. 集成运放输出信号与反相输入端信号相位相同。（　　）
6. 运算电路中集成运放一般工作在线性区。（　　）
7. 同相比例运算放大电路的闭环电压放大倍数数值一定大于或等于 1。（　　）
8. 凡是运算电路都可以用"虚短"和"虚断"的概念求解运算关系。（　　）
9. 集成运放构成放大电路不仅能放大交流信号，还能放大直流信号。（　　）
10. 在一般情况下，在电压比较器中，集成运放不是工作在开环状态，就是引入了正反馈。（　　）

四、分析计算题

1. 电路如图 3-21 所示：已知 $U_i = 5$ V，$R_f = 20$ kΩ、$R_1 = 2$ kΩ，求 U_o。

2. 图 3-22 所示为应用集成运放组成的测量电阻的原理电路，试写出被测电阻 R_x 与电压表电压 U_o 的关系。

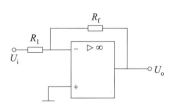

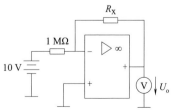

图 3-21　分析计算题题 1 图　　　　图 3-22　分析计算题题 2 图

3. 求图 3-23 所示电路的 u_o 与 u_i 的运算关系式。

4. 在图 3-24 所示的电路中，已知 $R_f = 2R_1$，$u_i = -2$ V，试求输出电压 u_o。

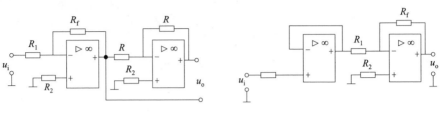

图 3-23　分析计算题题 3 图　　　　图 3-24　分析计算题题 4 图

5. 在图 3-25 所示的积分电路中，$R_1 = 10$ kΩ，$C = 1$ μF，$u_i = -1$ V，求从 0 V 上升到 10 V（10 V 为电路输出最大电压）所需的时间；超过这段时间后，输出电压呈现何种规律？

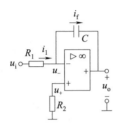

图 3-25　分析计算题题 5 图

6. 求图 3-26 所示电路中的输入-输出关系。

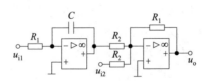

图 3-26　分析计算题题 6 图

7. 如图 3-27 所示，电路中集成运放输出电压的最大幅值为 ±14 V，请将表 3-3 中的内容填写完整。

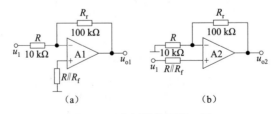

(a)　　　　　　　　(b)

图 3-27　分析计算题题 7 图

表 3-3　分析计算题题 7 表

u_i/V	0.1	0.5	1.0	1.5
u_{o1}/V				
u_{o2}/V				

8. 图 3-28 所示为一报警装置，可对某一参数（如温度、压力等）进行实时监控，u_i 为传感器送来的信号，U_R 为参考电压，当 u_i 超过正常值时，报警指示灯亮。试说明其工作原理。请问，图 3-28 中的二极管 VZ 和电阻 R_3、R_4 各有什么作用？

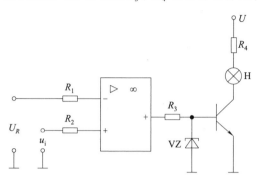

图 3-28　分析计算题题 8 图

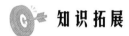

功率放大器

1. 功率放大器的特点和分类

1）功率放大器的特点与要求

（1）具有足够大的输出功率。电压放大电路是对微弱的电压信号进行放大，属于小信号放大电路；而功率放大电路是大信号放大电路，为了获得足够大的输出功率，要求输出的电压和电流足够大。功率放大器的输出功率 $P_o = U_o I_o$，其中 U_o 与 I_o 分别为负载上的电压有效值和电流有效值。

功率放大器

（2）转换效率高。

功率放大实际上是指通过晶体管的控制作用，把电源提供给放大器的直流功率转换成负载上的交流功率。理想情况下功率放大器将直流电源功率完全转换成交流输出功率，实际上并不能实现，因为电路中的元件（如晶体管、电阻）要消耗一定的功率。能量转换效率 η 是指负载所获得的功率 P_o 与电源供给的功率 P_{DC} 之比，即

$$\eta = \frac{P_o}{P_{DC}} \times 100\%$$

效率通常用百分数表示，效率越高，相应的损耗也就越小，这表明功率放大器的性能越好。因此，要求放大电路有足够高的效率。

（3）非线性失真小。

在功率放大器中，功放管往往工作于极限状态，所以不可避免地会产生非线性失真，功率放大器必须把非线性失真限制在允许的范围内。

（4）散热性能好。

当功率放大电路工作时，功放管的集电结要消耗较大的功率，功放管的功耗转化为热量使结温和管壳温度升高，使用功放管时应当加上散热器，以降低结温，有时还要在电路

中增加电压、电流保护环节,以保护功率放大器安全。

2)功率放大器的分类

(1)按照功放管静态工作点的位置,功率放大器可分为甲类、乙类、甲乙类,如图3-29(a)所示。

甲类静态工作点在放大区,输出信号的非线性失真小,其输出波形如图3-29(b)所示。无论有没有输入信号,三极管在整个周期内都导通,导通角为360°,功放管的管耗大,电路的能量转换效率低。在理想情况下,甲类放大电路的效率最高只能达到50%。

乙类功率放大电路的静态工作点设置在截止区,电路的能量转换效率高,但只能对半个周期的输入信号进行放大,导通角为180°,输出信号非线性失真严重,输出波形如图3-29(c)所示。因此,当需要放大一个周期信号时,必须采用两个晶体管分别对信号的正负半周放大。

甲乙类功率放大电路的静态工作点设置在放大区,但要接近截止区,三极管静态时处于微导通状态,工作状态介于甲类和乙类之间,其输出波形如图3-29(d)所示。甲乙类功率放大器输入信号的一个周期内,有半个多周期信号被晶体管放大,晶体管导通角为180°~360°,甲乙类功率放大器也需要两个互补型的晶体管交替工作,这样才能完成整个信号周期的放大过程。

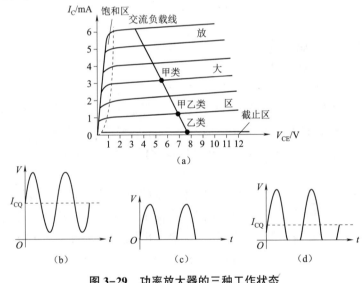

图3-29 功率放大器的三种工作状态

(a)三种工作状态下对应的工作点位置;(b)甲类功放的输出波形;
(c)乙类功放的输出波形;(d)甲乙类功放的输出波形

(2)按照功率放大器输出端特点,分为:有输出变压器功率放大器、无输出变压器功率放大器(又称OTL功率放大器)、无输出电容器功率放大器(又称为OCL功率放大器)、桥接式功率放大器(又称BTL功率放大器)。

2. 互补对称功率放大电路

1)双电源互补对称功率放大电路(OCL功率放大器)

(1)OCL功率放大电路及工作原理。

图3-30所示为乙类双电源互补对称功率放大电路,又称无输出电容的功率放大电路,

简称 OCL（Output Capacitor Less）电路。$+U_{CC}$ 和 $-U_{CC}$ 是大小相等极性相反的对称正、负电源，VT1、VT2 而分别为参数相同的 NPN 型管、PNP 型管，称为互补对称管。两管构成的电路形式都为射极输出器。

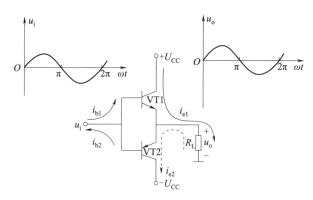

图 3-30　OCL 功率放大电路

①静态分析。

当无输入信号时（$u_i=0$），VT1、VT2 均截止，电路工作在乙类状态。两管集电极电流为 0，负载电流、输出电压皆为 0，电路无功耗。

②动态分析。

当 $u_i>0$ 时，三极管 VT1 导通，VT2 截止，VT1 的射极电流 i_{e1} 经 $+U_{CC}$ 自上而下流过负载，在 R_L 上形成正半周输出电压，$u_o>0$；

当 $u_i<0$ 时，三极管 VT2 导通，VT1 截止，VT2 的射极电流 i_{e2} 经 $-U_{CC}$ 自下而上流过负载，在 R_L 上形成负半周输出电压，$u_o<0$。

由此可见，VT1、VT2 在输入信号的作用下交替导通，VT1 管对输入信号的正半周进行放大，VT2 对输入信号的负半周进行放大，它们彼此互补，使负载上得到随输入信号变化的完整的信号波形。

(2) 交越失真及消除方式。

在 OCL 功率放大电路中由于二极管存在死区电压，当输入信号绝对值小于死区电压时，三极管 VT1、VT2 都不导通，输出电压 u_o 为零。因此在输入信号正、负半周交接的附近，无输出信号，输出波形出现一段失真，如图 3-31 所示。

消除交越失真，通常给功率放大管加适当的静态偏置，使其静态时处于微导通状态，即采用甲乙类功率放大电路，如图 3-32 所示，在信号作用的任何时刻，总有一条管子导通。

(3) OCL 功率放大电路参数计算。

①输出功率 P_o。

$$P_o = U_o I_o = \frac{1}{2} U_{om} I_{om} = \frac{1}{2} \frac{U_{om}^2}{R_L}$$

U_{om}、I_{om} 分别是负载上电压和电流的峰值，若忽略三极管的饱和压降 U_{CES}，则输出电压最大等于电源电压，因此电路最大输出功率为

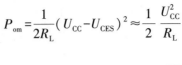

$$P_{om} = \frac{1}{2R_L}(U_{CC}-U_{CES})^2 \approx \frac{1}{2}\frac{U_{CC}^2}{R_L}$$

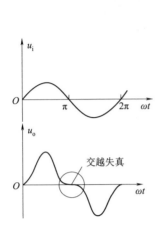

图 3-31 交越失真波形图

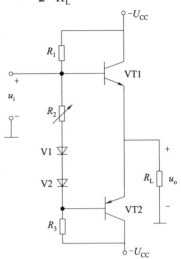

图 3-32 甲乙类互补对称功率放大电路

② 直流电源提供的功率 P_{DC}。

$$I_{DC} = \frac{1}{2\pi}\int_0^\pi I_{om}\sin(\omega t)\,\mathrm{d}(\omega t) = \frac{I_{om}}{\pi} = \frac{I_{om}}{\pi R_L}$$

$$P_{DC} = 2I_{om}U_{CC} = \frac{2}{\pi R_L}U_{om}U_{CC}$$

当 $U_{om}=U_{CC}$ 时，输出功率最大，电源提供的功率也最大，即

$$P_{DCax} = \frac{2}{\pi}\frac{U_{CC}^2}{R_L}$$

③ 效率 η。

输出功率与电源提供的功率之比称为功率放大器的效率，OCL 功率放大电路的效率为

$$\eta = \frac{P_o}{P_{DC}}\times 100\% = \frac{\pi}{4}\cdot\frac{U_{OM}}{U_{CC}}$$

最大输出功率时，效率最高，为

$$\eta_{max} = \frac{P_{om}}{P_{DC}}\times 100\% = \frac{\pi}{4}\times 100\% \approx 78.5\%$$

这是 OCL 电路在理想情况下（$U_{om}\approx U_{CC}$，$U_{CES}=0$）的最高效率，而实际的最大效率要低于这个数值。

2）单电源互补对称功率放大电路（OTL 功率放大器）

双电源互补对称功率放大电路由于静态时输出端电位为零，负载可以直接连接，不需要耦合电容，因而它具有低频响应好、输出功率大、便于集成等优点，但需要双电源供电，使用起来有时会感到不便。如果采用单电源供电，只需要在两管发射极与负载之间接入一个大容量电容 C_2。这种电路通常又称无输出变压器的电路，简称 OTL 功放电路，如图 3-33 所示。

在图 3-33 中，R_1、R_2 为偏置电阻。适当选择 R_1、R_2 阻值，可使两管静态时发射极电压为 $U_{CC}/2$，电容 C_2 两端电压也稳定在 $U_{CC}/2$，这样，两管的集、射极之间，如同分别加上了 $U_{CC}/2$ 和 $-U_{CC}/2$ 的电源电压。

在输入信号正半周，VT1 导通，VT2 截止，VT1 以射极输出器形式将正向信号传送给负载，同时对电容 C_2 充电；在输入信号负半周时，VT1 截止，VT2 导通，电容 C_2 放电，充当 VT2 管直流工作电源，使 VT2 也以射极输出器形式将负向信号传送给负载。这样，负载 R_L 上得到一个完整的信号波形。

电容 C_2 的容量应选得足够大，使电容 C_2 的充放电时间常数远大于信号周期，由于该电路中的每个三极管的工作电源已变为 $U_{CC}/2$，已不再是 OCL 电路中的 U_{CC} 了，请同学们自行推出该电路的最大输出功率的表达式。

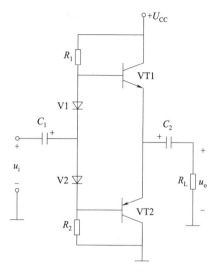

图 3-33　OTL 功放电路

与 OCL 电路相比，OTL 电路少用了一个电源，但由于输出端的耦合电容容量大，则电容器内铝箔卷绕圈数多，呈现的电感效应大，它对不同频率的信号会产生不同的相移，输出信号有附加失真，这是 OTL 电路的缺点。

3）复合管互补对称功率放大电路

功率放大电路需要输出足够大的功率，这就要求功放管必须是一对大电流、高耐压的大功率管，而且推动级必须要输出足够大的激励电流，而复合管的接法可以减少对推动级的这一要求。

图 3-34 所示为采用复合管的互补对称功率放大器，VT2 和 VT4 复合成一个 NPN 型三极管，VT3 和 VT5 复合成一个 PNP 型管，其中 R_6、R_7 分别为 VT2、VT3 的电流负反馈电阻；同时，也可以说为 VT4、VT5 提供了基极偏置，有人也把 R_6、R_7 称为复合管的泄放电阻。R_8、和 C_4 组成移相网络，改善输出的负载特性。其工作原理与图 3-33 中的电路相同。

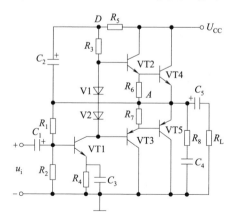

图 3-34　采用复合管的互补对称功率放大器

3. 集成功率放大器

集成功率放大器由于具有输出功率大，外围连接元件少、工作稳定、使用方便等优点，使用得越来越广泛。为了改善频率特性，减少非线性失真，很多集成电路内部引入了深度负反馈。另外，集成功放内部均有保护电路，以防止功放管过流、过压、过损耗等。目前，国内外的集成功率放大器已有多种型号的产品，一般来说，我们只需要了解其外部特性和外部接线，就能方便地使用它们，这里主要以 TDA2030A 音频功率放大器为例进行介绍。

1）TDA2030A 音频集成功率放大器简介

TDA2030A 是目前使用得较为广泛的一种集成功率放大器，也是一种适用于高保真立体声扩音机中的音频功率放大集成电路，其引脚和外部元件都较少，电气性能稳定，能适应长时间连续工作，内部集成了过载保护和过热保护电路。由于其金属外壳与负电源引脚相连，因此，在单电源使用时，金属外壳可直接固定在散热片上并与地线（金属机箱）相接，不需要绝缘，使用很方便。

TDA2030A 使用于收录机和有源音箱中，作音频功率放大器，也可作其他电子设备中的功率放大。由于其内部采用的是直接耦合，亦可以作直流放大。TDA2030A 外形与引脚排列如图 3-35 所示。TDA2030A 有两个信号输入端，当信号从 2 端输入时，构成反相放大器，从 1 端输入时，构成同相放大器。其 3 脚为负电源，5 脚为正电源，4 脚为输出端。

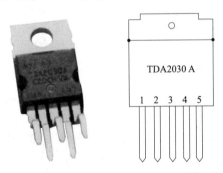

图 3-35　TDA2030A 的外形与引脚排列

TDA2030A 的主要性能参数如表 3-4 所示。

表 3-4　TDA2030A 的主要性能参数

型号	电源电压 V_{CC}	输出峰值电流	输入电阻	静态电流	电压增益	频响 BW	谐波失真 THD	输出功率
TDA2030A	±3~±18 V	3.5 A	大于 0.5 MΩ	<60 mA（测试条件：$U_{CC}=\pm 18$ V）	30 dB	0~140 kHz	<0.5%	14 W（$U_{CC}=\pm 15$ V、$R_L=4$ Ω 时）

2）TDA2030A 的典型应用

（1）双电源（OCL）应用电路。

双电源 TDA2030A 典型应用电路如图 3-36 所示。输入信号 u_i 由同相端输入，R_1、R_2、C_2 构成交流电压串联负反馈，因此，闭环电压放大倍数为 $A_{uf}=1+\dfrac{R_1}{R_2}=33$。

为了保持两输入端直流电阻平衡，使输入级偏置电流相等，选择 $R_3=R_1$。V1、V2 起保护作用，用来泄放 R_L 产生的感生电压，将输出端的最大电压钳位在（$U_{CC}+0.7$ V）和

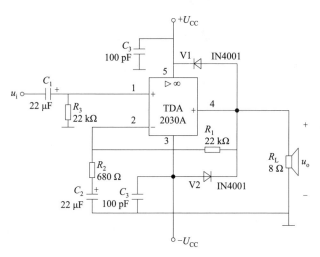

图 3-36 双电源 TDA2030A 典型应用电路

($-U_{CC}-0.7$ V)上。C_3、C_4 为去耦电容,用于减少电源内阻对交流信号的影响。C_1、C_2 为耦合电容。

（2）单电源（OTL）应用电路。

单电源 TDA2030A 的典型应用电路如图 3-37 所示。由于采用单电源供电,故同相输入端用阻值相同的 R_1、R_2 组成分压电路,使 K 点电位为 $U_{CC}/2$,经 R_3 加至同相输入端。在静态时,同相输入端、反向输入端和输出端皆为 $U_{CC}/2$。电容 C_7 一是耦合作用,二是在放大负半周信号时起到电源的作用。当静态时,其上的电压为 $U_{CC}/2$,其他元件作用与双电源电路相同。

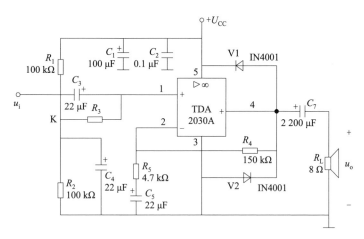

图 3-37 单电源 TDA2030A 的典型应用电路

对于仅有一组电源的音响系统,可采用单电源供电的 OTL 方式。

介绍完 TDA2030A 音频功率放大器后,希望读者能举一反三,灵活应用其他功率放大器件。

拓展内容知识点总结

（1）功率放大电路要输出足够大的功率，其输出电压和电流的幅度都较大，电路往往工作在极限状态，因此，功率放大电路在组成、分析方法上与小信号放大电路有一定的区别。功率放大电路要求输出功率大、效率高、非线性失真小、并保证功放管可以安全、可靠地工作。目前，常用的低频功放有OTL、OCL、BTL等电路。

（2）为提高效率并减小失真，功率放大电路常工作在甲乙类状态，利用互补对称结构使其不失真。理论上最大输出效率可达78.5%，实际约为60%。

（3）OCL功放采用双电源供电，不需要输出电容，频率特性佳，可以放大缓慢变化的信号。为削除交越失真，OCL功放常工作在甲乙类状态。OTL电路采用输出电容与负载连接的互补对称功率放大电路，只要输出电容的容量足够大，电路的频率特性就能保证；OTL电路采用单电源供电，轻便可靠，是目前常用的一种功率放大电路。

（4）为解决中大功率管的互补配对问题和提高驱动能力，常利用互补复合管获得大电流增益和较对称的输出特性，形成复合互补对称功率放大电路。

（5）集成功放由于使用和调试方便、体积小、质量轻、成本低、功耗低、电源利用率高、失真小，并有过流过热过压保护等功能，所以使用得非常广泛。

项目四

小功率直流稳压电源的制作与调试

项目说明

在电子电路中,通常都需要电压稳定的直流稳压电源供电。直流稳压电源是将交流电变换成稳定直流电的电路,一般由电源变压器、整流器、滤波器和稳压器等四部分组成。直流稳压电源的类型可分为并联型、串联型及开关型。

一般小功率直流稳压电源组成方框如图 4-1 所示。在电路中,电源变压器将常规的交流电压(220 V、380 V)变换成用电设备所需要的交流电压;整流器将交流电压变换成单方向脉动的直流电;滤波器再将单方向脉动的直流电中所含的大部分交流成分滤掉,得到一个较平滑的直流电;稳压器的作用是克服电网电压、负载及温度变化所引起的输出电压的变化,从而提高输出电压的稳定性。

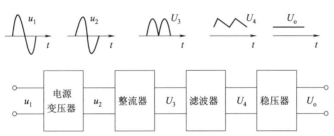

图 4-1 一般小功率直流稳压电源组成方框

本项目主要介绍直流稳压电源的电路结构、工作原理,以及可调直流稳压电源的制作与调试。

任务 可调直流稳压电源的制作与调试

学习目标

[知识目标]
1. 了解直流稳压电源电路的组成;
2. 熟悉直流稳压电源的电路结构、工作原理;
3. 能计算直流稳压电源的各项参数。

巨型计算机之父

[技能目标]
1. 能正确选用整流二极管、滤波电容、三端稳压器；
2. 能对整流、滤波电路、稳压电路进行装配、调试和检测。

[素养目标]
1. 树立学生勤于思考、做事认真的良好作风和良好的职业道德；
2. 培养实事求是的科学态度和严肃认真的工作作风；
3. 培养团结协作、互帮互助的精神以及良好的安全生产意识、质量意识和效益意识。

任务概述

利用 LM317、二极管、电容、电阻等元件制作一个输出可调的直流稳压电源。输出电压调节范围是 1.25~12 V 内任意调节。其电路原理如图 4-2 所示，分析电路中各元件的作用、电路输出直流电压的调节范围，完成该电路的装配，用万用表测试其电压的输出范围。

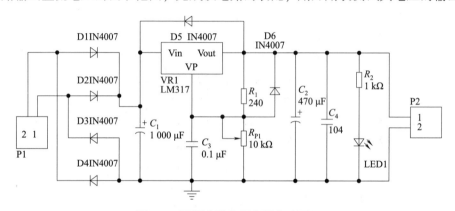

图 4-2 可调直流稳压电源电路原理

任务引导

问题 1：小功率直流稳压电源一般有哪些组成部分？各部分的功能是什么？

问题 2：桥式整流电路输出电压与变压器二次侧电压有什么关系？桥式整流电容滤波电路输出电压与变压器二次侧电压有什么关系？

知识链接

知识点一　整流与滤波电路

整流的目的是将交流电变为脉动的直流电。利用具有单向导电性的整流元件（如二极管、晶闸管）将交流电变为脉动直流电的电路称为整流电路。脉动直流电是大小变化，但方向不变包含交流成分的直流电。整流电路按使用的元件不同可分为不可控整流和可控整流。不可控整流电路由二极管组成，可控整流电路由晶闸管等可控元件组成。整流电路按使用的电源不同分为三相整流和单相整流。单相整流又分为半波整流、全波整流。目前，广泛使用的是桥式整流电路，此处介绍单相不可控桥式整流电路。

整流输出的电压含有较大的脉动成分，为减少脉动并保留直流成分输出，需要滤波。即利用储能元件电容两端的电压（或通过电感中的电流）不能突变的特性，滤掉整流电路输出电压中的交流成分，保留其直流成分，达到平滑输出电压波形的目的。

1. 单相桥式整流电路

1）电路组成

单相桥式整流电路（图4-3）是目前电子设备中最常用的整流电路。整流桥可以用4只相同的整流二极管接成电桥形式，故称为桥式整流电路。其电路如图4-3（a）所示。而图4-3（b）和图4-3（c）是桥式整流的另两种画法。

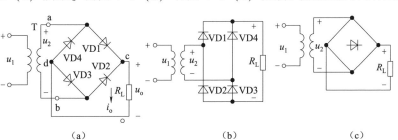

图4-3 单相桥式整流电路

2）工作过程

设 $u_2 = \sqrt{2}U_2\sin\omega t$，为了使分析简单，把二极管当作理想元件处理，即二极管的正向导通电阻为零，反向电阻为无穷大。

（1）u_2 正半周的工作情况。当 $u_2>0$ 时，二极管 VD1 和 VD3 因承受正向电压而导通，VD2 和 VD4 因承受反向电压而截止，有 $u_o=u_2$。电流通路为 a→VD1→R_L→VD3→b，这时，负载电阻 R_L 上得到一个正弦半波电压。通过负载的电流和负载两端电压波形如图4-4（b）中（0~π）段所示。

（2）u_2 负半周时工作情况。当 $u_2<0$ 时，二极管因承受正向电压 VD2 和 VD4 导通，VD1 和 VD3 因承受反向电压而截止，有 $u_o=-u_2$。电流通路为 b→VD2→R_L→VD4→a，这时，负载电阻 R_L 上得到一个正弦半波电压。通过负载的电流和负载两端电压波形如图4-4（b）中（π~2π）段所示。

可见，u_2 无论是正半周还是负半周，通过负载电阻 R_L 的电流方向不变，大小在变，所以在负载电阻 R_L 得到的是单相脉动直流电压和电流，达到了整流的目的。将图4-4（a）和图4-4（b）比较后可知，单相桥式整流比单相半波整流电路波形增加了1倍，即单相桥式整流电路的输出电压为半波整流输出电压的2倍。

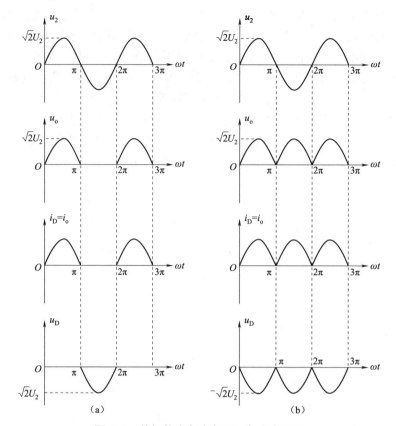

图 4-4 单相整流电路电压、电流波形图
(a) 单相半波整流电路波形；(b) 单相桥式整流电路波形

3) 参数计算
(1) 输出电压平均值 U_o。

$$U_o = \frac{1}{2\pi}\int_0^\pi \sqrt{2}\,U_2\sin\omega t = 0.9U_2 \tag{4-1}$$

单相半波整流电路输出电压平均值则为 $U_o = 0.45U_2$。

(2) 输出电流平均值 I_o。

$$I_o = \frac{U_o}{R_L} = 0.9\frac{U_2}{R_L} \tag{4-2}$$

单相半波整流电路输出电流平均值为 $I_o = 0.45U_2/R_L$。

(3) 二极管的平均电流 I_D。由于每两个二极管串联轮换导通半个周期，每个二极管中流过的平均电流只有负载电流的一半，与半波整流类似，即

$$I_D = \frac{1}{2}I_o = 0.45\frac{U_2}{R_L} \tag{4-3}$$

(4) 二极管承受的最高反向电压 U_{RM}。由图 4-3 (a) 可以看出，当 VD1 和 VD3 导通时，此时，VD2 和 VD4 的阴极接 a 点，阳极接 b 点，二极管由于承受反压而截止，其最高反压为 U_2 的峰值，即

$$U_{RM} = \sqrt{2}U_2 \qquad (4\text{-}4)$$

由以上分析可知,单相桥式整流电路,在变压器次级电压相同的情况下,输出电压平均值高,管子承受的反向电压和半波整流电路一样。虽然二极管用了四只,但小功率二极管体积小,价格低廉,因此全波桥式整流电路得到了广泛应用。

例4.1 已知一个桥式整流电路中变压器的二次侧电压有效值 $U_2 = 40$ V,负载电阻 $R_L = 300$ Ω,要求:

(1) 计算整流输出电压的平均值 U_o、流过负载的电流平均值 I_o;
(2) 选择合适的二极管。

解:(1) 计算输出电压和电流的平均值。

输出电压平均值:$U_o = 0.9U_2 = 0.9 \times 40 = 36(\text{V})$

流过负载的电流平均值:

$$I_o = \frac{U_o}{R_L} = \frac{36}{300} = 120(\text{mA})$$

(2) 选择二极管。

二极管的正向平均电流:

$$I_D = \frac{1}{2}I_o = \frac{120}{2} = 60(\text{mA})$$

二极管承受的最高反向电压:

$$U_{RM} = \sqrt{2}U_2 = \sqrt{2} \times 40 = 56.56(\text{V})$$

查阅半导体器件手册,可选用 4 只 1N4007,其最大整流电流 $I_F = 1$ A,最高反向工作电压 $U_{RM} = 1\,000$ V。

讨论题 1:列出单相半波、桥式整流电路中输出电压平均值、二极管正向平均电流及最大反向峰值电压 U_{RM} 的表达式,并将它们进行比较。

2. 滤波电路

实用滤波电路的形式很多,如电容滤波、电感滤波,复式滤波等。

1) 电容滤波电路

图 4-5 所示为单相桥式整流电容滤波电路,在整流电路的直流输出侧与负载电阻 R_L 并联一电容器 C,利用电容器的充放电作用,使输出电压趋于平滑,达到滤除谐波的目的。

图 4-5 所示的电路中,当输出端接负载 R_L 时,设电容两端初始电压为零,当 $t = 0$ 时接通电源。则 u_2 由零开始上升时,二极管 VD1、VD3 正偏导通,VD2、VD4 反向截止,电源通过 VD1、VD3 向电容 C 充电,由于充电回路电阻很小,充电速度很快,u_C 基本和 u_2 同步变化。当 $t = T/2$ 时,u_2 达到峰值,电容器 C 两端的电压也近似达到 u_2 的最大值。

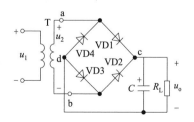

图 4-5 单相桥式整流电容滤波电路

当 u_2 由峰值开始下降至使 $|u_2|<u_C$ 时，VD1、VD3、VD2、VD4 均反向截止，此时电容器 C 向负载 R_L 放电，由于放电时间常数 R_LC 较大，电容两端的电压按指数规律慢慢下降，直到 $|u_2|=u_C$。当 u_2 的负半周 $|u_2|>u_C$ 时，VD2、VD4 导通，u_2 通过 VD2、VD4 向电容器 C 再次迅速充电，当 u_C 重新上升接近 $|u_2|$ 的最大值，四个二极管再次截止，电容两端电压再次经过 R_L 缓慢放电，如此不断重复，形成周期性的电容充放电过程，在输出端得到脉动程度大幅减小的直流电压；同时，其平均值增大。桥式整流电容滤波波形图如图 4-6 所示。

滤波电路

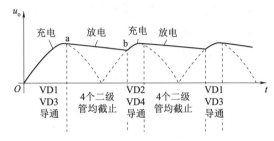

图 4-6　桥式整流电容滤波波形图

电容滤波电路的滤波效果和 C 放电速度直接相关，放电越慢，即放电时间常数 $\tau=R_LC$ 越大，输出波形越平滑，输出电压平均值越大。实际应用中一般按下式确定滤波电容：

$$\tau=R_LC\geqslant(3\sim5)\frac{T}{2} \tag{4-5}$$

式中，T 为交流电源电压的周期。

滤波电容一般采用电解电容，使用时要注意正确连接电容器的极性。还要注意电容的耐压应大于其实际工作时所承受的最大电压，即大于 $\sqrt{2}U_2$。而 R_L 不能太小，所以电容滤波适用于负载电流较小且负载变动不大的场合。

电容滤波电路负载平均电压值有所提高，满足式（4-5）的情况下，对于桥式整流电容滤波，一般工程估算时按下式取值：

$$U_o\approx1.2U_2 \tag{4-6}$$

当负载开路时（$R_L=\infty$）：

$$U_o=\sqrt{2}U_2 \tag{4-7}$$

对于单相半波整流电容滤波：

$$U_o\approx1.0U_2 \tag{4-8}$$

2）电感滤波

单相桥式整流电感滤波电路如图 4-7 所示，即在整流电路与负载电阻 R_L 之间串联一个电感线圈 L。利用线圈的自感现象抑制电流的变化进行滤波，使电流脉动趋于平缓。整流后的输出电压中的直流分量被电感 L 短路，交流分量主要降在 L 上，且电感越大，滤波效果越好。

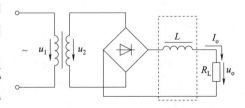

图 4-7　单相桥式整流电感滤波电路

电感滤波输出直流电压 $U_o\approx0.9U_2$。电感滤波电路输出电压较低，但是输出电压波动小，随负载变化也很小，因而电感滤波适用于负载电流较大且经常变化的电路中。由于电感滤波制作复杂、体积大、笨重且存在电磁干扰，在小型电子设备中很少采用电感滤波方式。

3）复式滤波电路

为了进一步减小输出电压的脉动程度，可以用电容器、电感器和电阻器组成各种形式的复式滤波电路，通常有 LC 型、LC-π 型、RC-π 型几种，如图 4-8 所示。其滤波效果比单一使用电容或电感滤波好得多，其应用较为广泛。

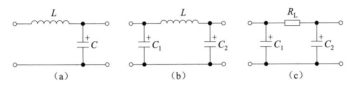

图 4-8　复式滤波电路

(a) LC 型；(b) LC-π 型；(c) RC-π 型

图 4-8（a）是电感型 LC 型滤波电路，它由电感滤波和电容滤波组成。脉动电压经过双重滤波，整流输出电压中的交流分量大部分被电感阻碍，剩下的再被电容 C 短路，所以输出电压中交流分量很小，达到滤除交流成分的目的。如果将 C 平移到 L 的前面，则叫电容型 LC 滤波。

图 4-8（b）是 LC-π 型滤波电路，它是电容滤波和 LC 型滤波电路的组合，因此，滤波效果更好，在负载上的电压更平滑。其缺点是铁芯电感体积大、笨重、成本高、使用不便。

图 4-8（C）是 RC-π 型滤波电路，在负载电流不大而要求输出脉动很小的情况下，为降低成本、缩小体积、减轻质量，选用电阻器 R 来代替电感器 L。一般 R 取几十欧到几百欧。RC-π 型滤波是电子设备中应用最广泛的一种形式。

讨论题 2：一单相桥式整流滤波电路如图 4-5 所示。试分析该电路出现故障时，电路会出现什么现象？①二极管 VD1 的正负极性接反；②VD1 击穿短路；③VD1 开路。

知识点二　稳压电路

通过整流滤波电路获得的直流电压还不够稳定，当电网电压波动或负载变化时，输出电压会随之发生改变。如果电源电压不稳定，将会引起直接耦合放大器零点漂移，放大电路中的噪声增大，测量仪表的测量精度降低等，因此，需要稳压电路使输出电压稳定。目前中小功率设备中广泛采用的稳压电路有并联型、串联型和开关型稳压电路。

1. 并联型稳压电路

并联型稳压电路也称为硅稳压管稳压电路，其电路如图 4-9 所示。经整流滤波后得到的直流电压作为稳压电路的输入电压 U_i，限流电阻 R 和稳压二极管 VZ 组成稳压电路。

稳压二极管工作在反向击穿状态，电流被限制在合适的范围内，电路输出电压等于硅稳压管稳压值，即 $U_o = U_Z$。

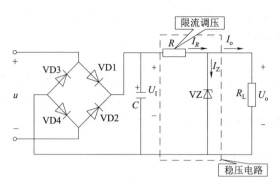

图 4-9 并联型稳压电路

此电路中限流电阻 R 必须连接且应适当选取,从而保证稳压管工作在反向击穿区的安全电流范围。硅稳压二极管稳压电路结构简单,但只适用于负载电流不大,且输出电压不需要调节的场合。

2. 串联型稳压电路

硅稳压管稳压电路虽然很简单,但受稳压管最大稳定电流的限制,负载电流不能太大,输出电压不可调且稳定性也不够理想。若要获得稳定性高且持续可调的输出直流电压,则可采用三极管或集成运算放大器组成的串联型直流稳压电路。

串联型直流稳压电路由取样、基准电压、比较放大和调整元件四个部分组成,而整个电路输出电压的变化经过取样电路反映出来,并与基准电压进行比较,将比较结果放大后,让调整管控制输出电压,这样可以使输出电压稳定。由于调整元件与负载是串联关系,故称为串联型稳压电路。采用集成运算放大器的串联型稳压电路如图 4-10 所示。

稳压电路

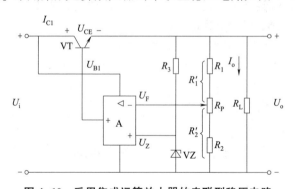

图 4-10 采用集成运算放大器的串联型稳压电路

在图 4-10 中,取样电路由 R_1、R_P、R_2 组成的分压电路构成,它将输出电压 U_o 分出一部分作为取样电 U_F,送到比较放大环节,电位器 R_P 是调节输出电压用的。稳压二极管 VZ 和电阻 R_3 构成基准电压电路,获得基准电压 U_Z,它是稳定性较高的直流电压,可作为调整、比较的标准。集成运算放大器 A 构成比较放大环节,将反映输出电压变化的取样电压 U_F 与基准电压 U_Z 之差放大后去控制调整管 VT。比较放大环节可以由集成运算放大器构成,也可以由单管放大电路或差动放大电路构成。调整管 VT 工作在放大状态,与负载串联,通过全部负载电流。它可以是单个功率管、复合管或用几个功率管并联。

电路的工作原理是：当输入电压 U_i 或输出电流变化引起输出电压 U_o 升高时，取样电压 U_F 相应增加，使基准电压 U_Z 与 U_F 之差下降，通过集成运放将差值放大再控制调整管 VT 的基极，基极电位 U_{B1} 下降，其集电极电流 I_{C1} 下降，VT 导通程度下降，其集电极与发射极间电压 U_{CE} 升高，U_o 便自动下降。这一自动调压过程可表示为：

$$U_o\uparrow \to U_F\uparrow \to (U_Z-U_F)\downarrow \to U_{B1}\downarrow \to I_{C1}\downarrow \to U_{CE}\uparrow \to U_o\downarrow$$

同理，当输入电压 U_i 或输出电流变化引起输出电压 U_o 下降时，调整过程相反。从上述调整过程可以看出，该电路是依靠电压负反馈来稳定输出电压的。

由图 4-10 可知：

$$U_F = \frac{R_2'}{R_1'+R_2'}U_o = U_Z$$

$$U_o = \frac{R_1'+R_2'}{R_2'}U_Z = \left(1+\frac{R_1'}{R_2'}\right)U_Z \tag{4-9}$$

调节电位器 R_P，则可得到不同的输出电压。但输出电压 U_o 必定大于或等于 U_Z。

串联稳压电源的稳定性高，纹波小，可靠性高，输出电压可调，容易实现多路输出，工作电流较大。同时它也存在体积大、效率低的缺点。另外，因为调整管与负载串联，过载或者负载短路时，调整电路可能因功耗急剧增大而损坏，所以实际稳压电路需要设计过压和过流等保护电路。目前，这种稳压电源已经制成单片集成电路，广泛应用在各种电子仪器和电子电路之中。

讨论题 3：串联型稳压电路由哪几部分构成？其调整管工作在什么状态？

知识点三　集成稳压器

集成稳压电路是将稳压电路的主要元件甚至全部元件在一块硅基片上制作而成的集成电路。它具有体积小、使用方便、灵活、价格低廉、工作可靠等特点，近年来发展很快。

目前，集成稳压器的类型很多，按构造方式分为串联型、并联型和开关型。按输出电压类型，其可分为固定式和可调式。按引出端不同，其可分为三端式和多端式稳压器。三端式集成稳压电源内部也是串联型晶体管稳压电路，电路内部附有短路和过热保护环节。它只有输入、输出和公共引出端，使用时所需外接元件较少，便于安装调试，因此实际运用最为普遍。

集成稳压器

1. 固定输出的三端稳压器

固定式三端稳压器有 78×× 系列、79×× 系列，其外形如图 4-11 所示，图 4-11（a）为金属壳封装，其金属外壳就是一个电极；图 4-11（b）为塑料封装。为使集成稳压器长期正常地工作，应保证其良好的散热条件。图 4-12 所示为它们的电路符号。

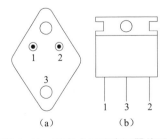

图 4-11　固定式三端稳压器外形
(a) 金属壳封装外形；(b) 塑料封装外形

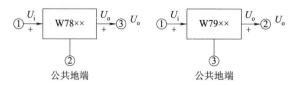

图 4-12　电路符号

（a）金属壳封装电路符号；（b）塑料封装电路符号

CW78××系列输出正电压有 5 V、6 V、8 V、9 V、10 V、12 V、15 V、18 V、24 V 等多种，若要获得负输出电压，可以选 79×× 系列。型号代表的意义为：

输出电压：78××—输出电压为（+××），79××—输出电压为（-××）。

输出电流：78L××/79L××—其中 L 表示最大输出电流 100 mA。

78M××/79M××—其中 M 表示最大输出电流 500 mA。

78××/79××—中间没有加字母，最大输出电流 1.5 A。

78H××/79H××—其中 H 表示最大输出电流 5 A。

78P××/79P××—其中 P 表示最大输出电流 10 A。

比如，在"CW78L15"中，C 表示中国制造，W 表示稳压器，78L15 表示输出电压为 +15 V，最大输出电流为 0.1 A。

2. 三端可调式集成稳压器

三端可调稳压器（图 4-13）克服了三端固定稳压器输出不可调的缺点，继承了三端固定式集成稳压器的诸多优点。CW117（CW217、CW317），CW137（CW237、CW337）系列为输出电压可调的稳压器。CW117、CW217、CW317 是可调式三端正电压输出稳压器，同一系列产品的内部和工作原理基本相同，只是工作温度不同。而 CW137、CW237、CW337 是可调式三端负电压输出稳压器。为了使电路正常工作，一般输出电流不小于 5 mA，输入电压范围是 2~40 V，输出电压为 1.25~37 V，输出电流与固定式的规定相同。

与三端固定式稳压器的外形和大功率三极管的外形一样，有输入端（IN）、输出端（OUT）和调节端（ADJ）三个端，当它们在电路中正常工作时，输出端和调节端之间的电压恒为 1.25 V。

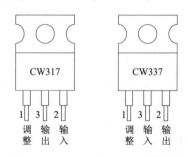

图 4-13　CW317 和 CW337 的外形

3. 三端集成稳压器的典型连接

1）输出固定电压的典型接法

输出固定正电压的应用电路如图 4-14 所示，U_i 后面的电路为稳压电路，输入电容 C_i 和输出电容 C_o 是用来减小输入/输出电压的脉动和改善负载的瞬态响应的。当输入线较长时，C_i 可抵消输入线的电感效应，以防止自激振荡。C_o 是在瞬时增减负载电流时不致引起输出电压 U_o 有较大的波动，其值均为 0.1~1 μF。只有最小输入电压与输出电压的差在 3 V 以上，才能保证输出电压的稳定。

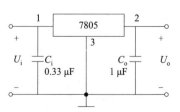

图 4-14　输出固定正电压的应用电路

输出正、负电压的应用电路如图 4-15 所示,电源变压器带有中心抽头并接地,输出端得到大小相等、极性相反的电压。

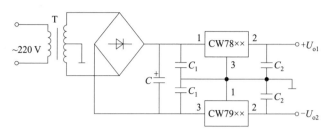

图 4-15 输出正、负电压的稳压电路

2) 可调式三端稳压器的典型连接

由可调三端稳压器 LM317 组成的典型应用电路如图 4-16 所示。R 一般取值 120~240 Ω(此值保证稳压器在空载时也能正常工作),调节 R_W 可改变输出电压的大小(R_W 取值视 R_L 和输出电压的大小而确定)。稳压器的输入电压 U_i 必须是经过整流滤波后的电压,其输入电压范围为 5~40 V。C_3 是为消除 R_W 上的纹波和防止在调压过程中输出电压抖动而设计;电容 C_1 用于高频滤波,电容器 C_2 用作消振和改善输出的瞬态特性。VD1 是防止输入端短路时,C_2 向 CW317 内部电路放电而损坏集成块。VD2 是防止输出端短路时,C_3 向 CW317 内部电路放电而损坏集成块。

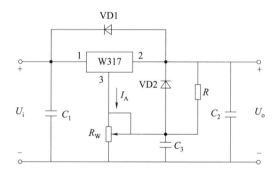

图 4-16 三端可调集成稳压器的典型应用电路

三端可调式稳压器调节端的电流很小(约为 50 μA),输出端与调节端之间的固定参考电压 $U_{REF} = 1.25$ V,因此,输出电压 U_o 为

$$U_o \approx \left(1 + \frac{R_W}{R}\right) \times 1.25 \text{ V} \tag{4-10}$$

由此可见,调节 R_W 就可以实现输出电压的调节。若 R_W 为零,则输出电压最低,为 1.25 V;随着 R_W 的增大,输出电压 U_o 增加,当 R_W 为最大时,U_o 也为最大。因此,R_W 的最大值应根据最大输出电压值来选择。

讨论题 4:在以下几种情况中,可选用什么型号的三端集成稳压器?①$U_o = +12$ V,R_L 最小值为 15 Ω;②$U_o = +6$ V,最大负载电流 $I_{Lmax} = 300$ mA;③$U_o = -15$ V,输出电流 I_o 为 10~80 mA。

任务实施

制作如图 4-2 所示的可调直流稳压电源,并对电路进行分析测量。任务实施时,将班级学生分组,2 人或 3 人一组,轮值安排生成组长,使每个人都有锻炼培养组织协调管理能力的机会,培养团队合作、互帮互助、相互学习共同克服困难完成任务的团队精神。

1. 所需仪器设备及材料

其所需仪器设备包括交流电源、示波器一台、万用表各一只,电烙铁、组装工具一套。其所需材料包括电路板、焊料、焊剂、导线。其所需的元器件(材)明细如表 4-1 所示。

表 4-1 可调直流稳压电源所需的元器件(材)明细

序号	元件标号	名称	型号规格	序号	元件标号	名称	型号规格
1	VD1~VD6	二极管	1N4007	8	C_3、C_4	瓷片电容	0.1 μF
2	P1、P2	接线端子	5.08MM 2P	9	LED1	发光二极管	发红光
3	R_2	色环电阻	1 kΩ,1/4 W	10	VR1	集成电路	LM317
4	R_1	色环电阻	240 Ω,1/4 W	11	—	散热片	—
5	R_{P1}	电位器	10 kΩ,0.05 W	12	—	螺丝	M3×6
6	C_1	电解电容	1 000 μF,50 V	13	—	PCB 板	配套 60 mm×32 mm
7	C_2	电解电容	470 μF,50 V	—			

2. 电路图识读

(1) 在图 4-2 中的可调直流稳压电源电路中,VD1~VD4 组成_____电路,电容 C_1 在电路中起_____作用。VD5、VD6 的作用是用来保护_____元件。LED1 作为电压指示,电压越高,LED1 越_____。

(2) C_3 是用来消除_____元件上的纹波和防止在调压过程中输出电压抖动而设置。

(3) 对于图 4-2 所示的可调直流稳压电源电路,按照电路中元件参数,其输出电压的可调范围为_____。

3. 可调直流稳压电源电路的装配

1) 对电路中的元器件进行识别、检测

LM317 可调稳压电源

(1) R_1 标称值为 240 Ω,测试其是否合格。R_{P1} 标称值为 10 kΩ,0~10 kΩ 连续变化,测试 R_{P1} 是否合格。

(2) 检查各电容容量、耐压值是否正确;识别二极管的阳极与阴极、识别 LM317 引脚。

2) 电路的装配

在 PCB 上,按照装配图和装配工艺安装可调直流稳压电源电路。安装时先装低位元件再装高位元件,焊点处应无虚焊、漏焊、搭焊等。可调直流稳压电源实物如图 4-17 所示。

图 4-17 可调直流稳压电源实物

4. 可调直流稳压电源电路的测试

装配完成后进行自检，正确无误后方可接通 17 V 交流电源进行测试。

（1）调节电位器 R_{P1}，用万用表测 P2 两端的电压，观察输出电压的变化范围，其电压变化范围为_____。

（2）在 P2 两端接一个阻值为 120 Ω/8 W 的负载（即电阻 R_L），调节电位器 R_{P1}，用万用表测 P2 两端的电压，观察输出电压的变化范围，其电压变化范围为_____。

（3）将 P1 两端输入的交流电压改为 19 V，再次测出 P2 两端输出电压的调节范围为_____。

（4）当输入交流电压 17 V，可调直流稳压电源输出为 9 V 时，测试整流、滤波后的电压值分别为_____ V 和_____ V，用示波器测试出整流和滤波后的波形。用毫伏表测试可调直流稳压电源输出纹波电压的值为_____ mV。

5. 任务实施总结

（1）分析讨论测量结果，得出结论。

（2）可调直流稳压电源电路包括哪几个部分？

（3）总结任务实施过程中出现的问题，找到解决方法并写出收获。

6. 任务评价

可调直流稳压电源电路的制作、调试与检测评分标准如表 4-2 所示。

表 4-2 可调直流稳压电源电路的制作、调试与检测评分标准

项目及配分	工艺标准或要求	扣分标准	自评分	互评分	教师评分	终评分
电路的识图分析（10 分）	能正确分析各元件的作用以及输出电压可调范围	不能正确分析各元件作用及输出电压可调范围，每处扣 2 分				
元器件检测（10 分）	1. 能判断电阻是否合格； 2. 能识别及用万用表判别二极管的极性、识读电容参数并能判断其质量； 3. 能识别 LM317 引脚	1. 不能判断电阻是否合格，每个扣 1 分； 2. 能识别及用万用表判别二极管的极性、识读电容参数并能判断其质量好坏，每错一次扣 1 分； 3. 不能识别 LM317 引脚扣 3 分				
元器件成形（10 分）	能按要求进行成形操作	成形损坏元件扣 3 分，不规范的每处扣 1 分				
插件（10 分）	1. 电阻器、电容器紧贴电路板； 2. 按电路图装配，元件的位置、极性正确	1. 元件安装不对称、高度不合格、装歪，每处扣 1 分； 2. 错装、漏装，每处扣 3 分				

续表

项目及配分	工艺标准或要求	扣分标准	自评分	互评分	教师评分	终评分
焊接 （10分）	1. 焊点光亮、清洁、焊料适当； 2. 无漏焊、虚焊、桥连等现象； 3. 焊接后，元件管脚留头长度小于1 mm	1. 焊点不光亮、焊料过多或过少，每处扣1分； 2. 漏焊、虚焊、桥连等每处扣2分； 3. 管脚剪脚留头长度大于1 mm，每处扣1分				
调试检测 （30分）	1. 按调试检测要求和步骤进行； 2. 正确使用万用表	1. 调试检测方法或步骤错误，每处扣5分； 2. 不会测量或测量结果错误，每处扣2分				
分析结论 （10分）	能利用测量的结果正确总结电路的特点	不能正确总结任务实施5的问题，每次扣3分				
安全、文明生产 （10分）	1. 不人为损坏元件、仪表设备等； 2. 实训环境整洁、秩序井然、操作习惯良好	1. 测量任务完成，不能正确关掉仪器仪表测试设备，扣5分； 2. 人为损坏元器件、设备，一次性扣10分； 3. 任务完成不能保持环境整洁，扣5分				
总分						

任务达标知识点总结

（1）直流稳压电源一般由电源变压器、整流电路、滤波电路和稳压电路四部分组成。

（2）整流电路是利用二极管的单向导电性，将交流电转换成单向脉动直流电。一般小功率整流用二极管整流电路完成，整流后的输出电压是直流分量和交流谐波分量叠加在一起的。单相半波整流输出直流电压值 $U_o = 0.45U_2$，单相桥式整流电路应用最多，输出直流电压 $U_o = 0.9U_2$，其中的 U_2 为变压器二次侧电压有效值。

（3）滤波电路的作用是利用储能原件将整流后的脉动直流中的交流成分滤除，使输出电压波形趋于平滑。常用的滤波电路有电容滤波、电感滤波、各种组合式滤波电路。

（4）电网电压的波动和电源负载的变化都会引起整流滤波后的直流电压不稳定。稳压电路的作用是当输入电压或负载在一定范围内变化时，保证输出电压稳定。当稳压要求高时，可采用集成稳压器。集成稳压器可分为固定输出式和可调输出式两种，比较常见的固定输出式有CW78系列和CW79系列。

思考与练习4

一、填空题

1. 直流稳压电源一般由_____、_____、_____和_____四部分组成。
2. 电容滤波电路主要适用于_____场合。
3. 带有放大环节的串联稳压电路主要由四部分组成：_____、_____、_____

和_____。

4. 三端集成稳压器 LM7809 输出电压的稳定值为_____ V；三端集成稳压器 LM7912 输出电压的稳定值为_____ V。

5. 在桥式整流电容滤波电路中，若变压器二次侧电压有效值 $U_2 = 20$ V，电路所接负载 $R_L = 40$ Ω，滤波电容 $C = 1\ 000$ μF，当电路正常工作时，输出电压 $U_o =$ _____ V；如果一个整流二极管开路，则 $U_o =$ _____ V；如果测得 $U_o = 18$ V，可能出现了_____故障；如果测得 $U_o = 28$ V，可能出现了_____故障；如果测得 $U_o = 9$ V，可能出现了_____故障。

6. 三端可调式集成稳压器在电路中正常工作时，输出端和调节端之间的电压是_____ V。

二、选择题

1. 小功率直流稳压电源是将交流电变成（　　）。
   A. 直流电压　　　B. 稳定直流电压　　C. 脉动直流电压　　D. 幅度减小的交流电压
2. 整流电路的作用是将交流电变成（　　）。
   A. 直流电压　　　B. 稳定直流电压　　C. 脉动直流电压　　D. 幅度减小的交流电压
3. 稳压管稳压电路中必须串联一个合适的（　　）元件。
   A. 电阻　　　　　B. 电感　　　　　　C. 电容　　　　　　D. 直流电源
4. 单相桥式整流电路中，输出直流电压 U_L 与变压器二次侧电压 U_2 的关系为（　　）。
   A. 0.9 倍　　　　B. 0.45 倍　　　　C. 1.0 倍　　　　　D. 1.414 倍
5. 单相半波整流电路中，输出直流电压 U_L 与变压器二次侧电压 U_2 的关系为（　　）。
   A. 0.9 倍　　　　B. 0.45 倍　　　　C. 1.0 倍　　　　　D. 1.414 倍
6. 单相桥式整流电容滤波电路中，输出直流电压 U_L 与变压器二次侧电压 U_2 的关系为（　　）。
   A. 0.9 倍　　　　B. 0.45 倍　　　　C. 1.0 倍　　　　　D. 1.2 倍
7. 用三端稳压器组成的稳压电路中，如果要求输出电压为 +12 V，最大输出电流为 1.5 A，则三端稳压器应选用（　　）型号。
   A. CW78L12　　　B. CW78M12　　　C. CW7812　　　　D. CW7912
8. 用三端稳压器组成的稳压电路中，如果要求输出电压为 -12 V，最大输出电流为 1.5 A，则三端稳压器选用（　　）型号。
   A. CW79L12　　　B. CW79M12　　　C. CW7912　　　　D. CW7812
9. 串联型直流稳压电路中的调整元件（三极管）工作在（　　）状态。
   A. 饱和　　　　　B. 截止　　　　　　C. 放大　　　　　　D. 开关
10. 整流滤波得到的电压在负载发生变化时，是（　　）的。
    A. 稳定　　　　　B. 不稳定　　　　　C. 变化　　　　　　D. 基本稳定

三、综合题

1. 如图 4-18 所示，电路中 u_2 的有效值 $U_2 = 20$ V：

（1）当图 4-18 电路中的 R_L 和 C 增大时，输出电压是增大还是减小？为什么？

（2）当 $R_L C = (3\sim5)\dfrac{T}{2}$ 时，输出电压 U_L 与 U_2 的近似关系如何？

(3) 若将二极管 VD1 和负载电阻 R_L 分别断开，各对 U_L 有什么影响？

(4) 若 C 断开时，$U_L = ?$

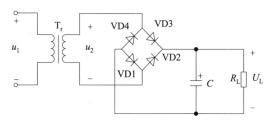

图 4-18　综合题题 1 图

2. 分别列举出输出电压固定和输出电压可调的三端稳压器应用电路，并说明电路中接入元器件的作用。

3. 电路如图 4-19 所示，稳压管 VZ 的稳定电压 $U_Z = 6$ V，$U_1 = 18$ V，$C = 1\,000$ μF，$R = 1$ kΩ，$R_L = 1$ kΩ。

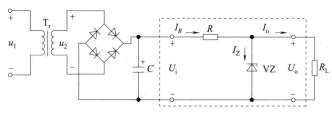

图 4-19　综合题题 3 图

(1) 当电路中稳压管接反或限流电阻 R 短路时，会出现什么现象？

(2) 求变压器次级电压有效值 U_2 和输出电压 U_o 的值。

(3) 将电容器 C 断开，试画出 u_i、u_o 及电阻 R 两端电压 u_R 的波形。

4. 三端稳压器 W7815 和 W7915 组成的直流稳压电路如图 4-20 所示，已知副边电压 $u_{21} = u_{22} = 20\sqrt{2}\sin\omega t$ V。

(1) 在图 4-20 中标明电容的极性。

(2) 确定 U_{o1}、U_{o2} 的值。

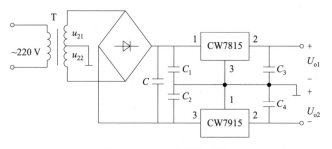

图 4-20　综合题题 4 图

5. 在图 4-21 所示的电路中，假设运放为理想状态，在正常情况下，VT 管工作在放大状态。已知 $U_{CES} = 2$ V，$U_2 = 30$ V，$R_1 = 330$ Ω，$R_2 = R_3 = 100$ Ω，$R_P = 300$ Ω，$R_L = 2$ kΩ，

$U_Z = 6$ V,电容足够大。(1)计算 $U_i = ?$ (2)计算 $U_o = ?$ (3)若 $U_2 = 20$ V,$U_o = ?$

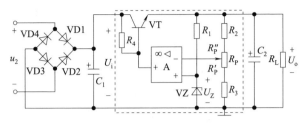

图 4-21 综合题题 5 图

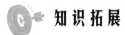

开关型稳压电源

晶体管串联型稳压电路中调整管工作在放大状态,为线性稳压电源,其结构简单、工作可靠、稳压精度高。但其调整管管压降较大,且负载电流全部通过调整管,所以管耗大,电源效率低。开关型稳压电源的调整管工作在开关状态,导通时饱和压降小,截止时管流接近于零,这两种状态管耗都很小,所以其效率较高。开关型稳压电源因体积小、质量轻、性能可靠,目前得到了越来越广泛的应用。

开关型稳压电源

开关稳压电源结构框图如图 4-22 所示。它由六部分组成,其中取样电路、比较电路、基准电路,在组成及功能上都与普通的串联型稳压电路相同,区别是增加了开关控制器、续流滤波等电路。

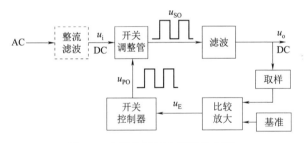

图 4-22 开关稳压电源结构框图

另外,开关调整管工作在开关状态,开关稳压电源部分电路功能如下:

(1)开关调整管:采用大功率管,在开关脉冲的作用下,使调整管工作在饱和或截止状态,输出断续的脉冲电压。串联型开关电路如图 4-23 所示,VT 为调整管,受开关控制器的控制,开关控制器输出高电平时,VT 饱和导通,A 点对地电压近似等于输入电压 U_i;开关控制器输出低电平时,VT 截止,A 点的对地电压为零。设调整管闭合时间为 T_{on},断开时间为 T_{off},

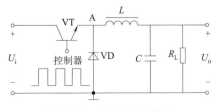

图 4-23 串联型开关电路

则工作周期为 $T=T_{on}+T_{off}$。输出平均电压为

$$U_{O(AV)} = \frac{T_{on}}{T} \times U_i$$

式中，T_{on}/T 称为占空比，用 D 表示，即在一个通断周期 T 内，脉冲持续导通时间 T_{on} 与周期 T 之比值。对于一定的 U_i 值，调节占空比的大小即可调节输出电压 $U_{o(AV)}$ 的大小。

$$U_{o(AV)} \approx DU_i$$

（2）滤波器：把矩形脉冲变成连续的平滑直流电压 U_o。

（3）开关时间控制器：控制开关管导通时间长短，从而改变了输出电压的大小。它是一个基准电压为锯齿波的电压比较器，输出脉冲电压 u_{Po}，u_{Po} 的脉宽由比较放大器的输出电压 u_E 控制，而频率与锯齿波相同。

开关稳压电源图 4-22 输出电压 u_o 的稳定过程如下：

$$u_o \uparrow \to u_E \downarrow \to u_{Po}（脉宽）\downarrow \to t_{on} \downarrow \to u_o \downarrow$$

开关型稳压电源有多种形式，有串联型开关电路、并联型开关电路等。

图 4-23 所示为串联型开关电路，储能电感 L 与负载串联，其中的 VD 为续流二极管。当 VT 饱和导通时，由于电感 L 的存在，流过 VT 的电流线性增加，而线性增加的电流给负载 R_L 供电的也同时给 L 储能（L 上产生左"正"右"负"的感应电动势），VD 截止。

当 VD 截止时，由于电感 L 中的电流不能突变（L 中产生左"负"右"正"的感应电动势），VD 导通，于是储存在电感上的能量逐渐释放并提供给负载，使负载继续有电流通过，因此 VD 为续流二极管。电容 C 在此起滤波作用，当电感 L 中电流增长或减少变化时，电容储存过剩电荷或补充负载中缺少的电荷，从而减少输出电压 U_o 的纹波。

图 4-24 所示为并联型开关电路。将串联型开关稳压电源的储能电感 L 与续流二极管位置互换，使储能电感 L 与负载并联，即成为并联型开关稳压电源。

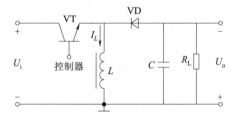

图 4-24 并联型开关电路

当调整管 VT 开启（饱和导通）时，输入直流电压 U_i 通过调整管 VT 被加到储能电感两端，在 L 中产生上正下负的自感电动势，使续流二极管 VD 反偏截止，此时 L 将 U_i 的能量转换成磁场能储存于线圈中。调整管 VT 导通时间越长，I_L 越大，L 储存的能量也就越多。

当调整管从饱和导通跳变到截止瞬间，切断外电源能量输入电路，L 的自感作用将产生上负下正的自感电动势，导致续流二极管 VD 正偏导通，这时 L 将通过 VD 释放能量并向储能电容 C 充电；同时，还要向负载供电。

当调整管再次饱和导通时，虽然续流二极管 VD 反向截止，但可由储能电容释放能量向负载供电。

通过上面分析可以归纳出开关稳压电源的工作原理：当调整管导通时，储能电感储能，并由储能电容向负载供电；调整管截止期间，储能电感释放能量对储能电容充电；同时，还要向负载供电。这两个元件还同时具备滤波作用，使输出波形平滑。

拓展内容知识点总结

开关稳压电源由取样电路、比较电路、基准电路、开关控制器、开关调整管和续流滤波六部分构成。取样电路、比较电路、基准电路在组成和功能上都与普通的串联型稳压电路相同。在开关稳压器中，调整管处于开关工作状态，当调整管导通时，储能电感储能，并由储能电容向负载供电；当调整管截止时，储能电感释放能量对储能电容充电，同时向负载供电。这两个元件还同时具备滤波作用，使输出波形平滑。控制开关管导通时间，可以调节输出电压高低。它的主要缺点是输出电压纹波较大，电路比较复杂。但由于其效率较高、质量和体积小且工作性能可靠，在国内外均得到广泛应用。

项目五

门电路和组合逻辑器件应用电路制作

项目说明

不断发展的电子信息技术推动社会向着更加信息化、便捷化的方向前进,"数字化"浪潮已经席卷了电子技术大部分的应用领域。如今,数字化已成为推动中国经济高质量发展的重要引擎,中国电子以数字技术赋能数字城市建设,不仅支撑国家治理体系和治理能力现代化,更是服务数字经济高质量发展、保障国家网络安全的最新实践成果。数字电子技术作为电子时代的支撑技术,在全球电子信息化的进程中起着巨大的推动作用。数字电路(又称为逻辑电路)研究的重点是电路输入与输出状态之间的相互关系,也就是电路的逻辑关系。逻辑代数是分析数字电路的数学工具,门电路是组成数字逻辑电路的基本单元。现在的大多数数字电路已集成化,常用的逻辑器件都有现成的集成产品,为数字电路的设计带来了很多便利条件。

本项目包含两个任务模块:摩托车防盗报警电路的制作与调试和医院病床简易呼叫系统制作与调试。完成两个任务模块后,同学们可以加强对逻辑代数、基本门电路、常用组合逻辑器件的实践应用能力。

任务一 摩托车防盗报警电路的制作与调试

学习目标

[知识目标]
1. 掌握二进制、八进制、十六进制、十进制的表示方法及其之间的相互转换;
2. 了解码制的概念,掌握几种常见码制表示方法;
3. 掌握三种基本逻辑关系及常见的复合逻辑关系,熟练逻辑函数表示方法之间的相互转换方法;
4. 掌握逻辑代数的基本公式和定理;
5. 掌握主要门电路逻辑符号。

[技能目标]
1. 能对逻辑函数进行化简;
2. 会通过查找集成电路手册,知道常用 TTL 集成逻辑门电路及 CMOS 集成逻辑门电路的使用方法；

3. 掌握数字电路逻辑关系的检测方法；

4. 能对基本门电路构成的数字电路进行装配、调试及检测。

[**素养目标**]

1. 树立学生勤于思考、做事认真的良好的职业习惯；

2. 培养实事求是的科学态度和严肃认真工作作风；

3. 培养团结协作、互帮互助的团队精神，以及良好的安全生产意识、质量意识和效益意识。

任务概述

在日常生活和工业生产中，很多种应用电路都通过逻辑门电路和其他一些器件配合构成，用来完成相应的功能。本任务利用二极管、三极管及门电路制作一个摩托车防盗报警电路。当有人移动车辆或不用钥匙启动摩托车时，它就会发出响亮的报警声，引起行人注意。其防盗报警电路原理如图 5-1 所示。本任务要求学生分析工作原理、完成电路的装配、调试检测达到电路预期功能。

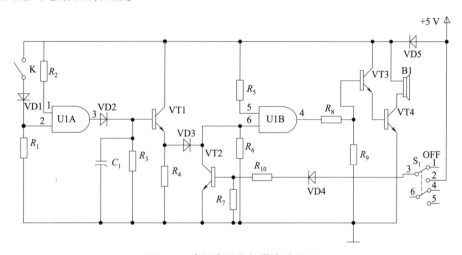

图 5-1　摩托车防盗报警电路原理

任务引导

问题 1：你知道哪些计数进制？它们的计数规律是什么？它们之间应如何转换？

问题 2：为什么要进行逻辑函数的化简？逻辑函数的表示方法有哪几种？

问题 3：什么是门电路？基本的门电路有哪几种？

知识链接

知识点一　数字电路基础

1. 数字信号与数字电路

电子电路所处理的电信号可以分为两大类：模拟信号和数字信号。

数字信号和
数字电路

模拟信号是在时间和数值上都是连续变化的信号，如图 5-2（a）所示的电压信号。自然界中绝大多数物理量的变化都是平滑、连续的，如声音、温度、压力、湿度等，这些物理量通过传感器变成电信号后，其电信号的数值相对于时间的变化过程也是平滑的、连续的，它们都是模拟信号。用来产生、传递、加工和处理这些模拟信号的电路，如放大器、滤波器等都是模拟电路。模拟信号的优点是能形象地表示信号，但很容易受到噪声的干扰。

数字信号是在时间和数值上都是离散的信号，又称脉冲信号，如图 5-2（b）所示的只有高、低电平跳变的矩形脉冲信号。常见的数字信号波形还有锯齿波、三角波、尖峰波、阶梯波等。但数字电路中常用到的脉冲波形通常为矩形波。能产生、传递、加工和处理数字信号的电路称为数字电路。例如，脉冲信号的产生、放大、整形、传送、控制、记忆、计数电路、计算中的存储器电路等都是数字电路。

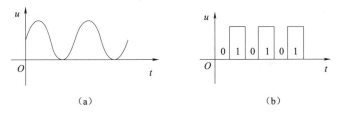

图 5-2　模拟信号和数字信号示例
（a）模拟信号；（b）数字信号

数字信号在时间和数值上均是离散的，反映在电路上具有高电位和低电位两种状态，高电位也称为高电平，低电位也称为低电平。在实际数字电路中，高电平通常为+3.5 V 左右，低电平通常为+0.3 V 左右。为了分析方便，在数字电路中分别用 1 和 0 来表示高电平和低电平。用 1 表示高电平，0 表示低电平，称为正逻辑；用 0 表示高电平，1 表示低电平，称为负逻辑。本书中采用的均是正逻辑。这里的 0 和 1 不是十进制中的数字，不代表大小，而是逻辑 0 和逻辑 1，因此称为"二值数字逻辑"。

在数字电路中，电路的状态和输入、输出信号的状态均只有两种，即 1 态和 0 态，而数字电路研究的主要问题就是输出信号的状态与输入信号之间的关系，由于这种关系是一种因果关系，也就是所谓的逻辑关系，数字电路又称为逻辑电路。

在数字电路中，常用二进制数来量化连续变化的模拟信号，这样便于存储、分析或传输。

讨论题 1：举例说明生活中常见的信号中哪些是模拟信号，以及哪些是数字信号。

2. 常用数制及转换

数制即是计数的方法,是计数进位制的简称。在日常生活中,我们习惯用十进制,而在计算机、微处理器、数字电路中广泛使用的,多采用二进制,但二进制有时所需位数太多,不太方便,所以也常采用十六进制和八进制。对于任何一个数,均可以用不同的进制来表示,下面介绍几种常用进制的表示方法和它们之间的相互转换。

数制

1) 常用数制

在学习各种数制特点前,我们先介绍两个基本概念,一个是"基数",就是在该进位制中可能用到的数码个数;另一个是"权",在某一进位制的数中,每一位的大小都对应着该位上的数码乘上一个固定的数,这个固定的数就是这一位的权,权是一个幂。基数和权是进位制的两个基本要素。

(1) 十进制。

十进制用 0,1,2,…,9 这 10 个不同的数码按照一定的规律排列起来表示数值的大小,是以 10 为基数的计数体制。计数规律是"逢十进一,借一当十"。十进制数当数码处于不同的位置时,它所表示的数值也不相同。例如,十进制数 893 可表示成

$$(893)_D = 8 \times 10^2 + 9 \times 10^1 + 3 \times 10^0$$

括号加下标"D"表示十进制数。等式右边中的 10^2、10^1、10^0,这些 10 的幂表示的是十进制数各相应位的"权",10 是基数。不难看出各位的数值就是该位数码(系数)乘以相应的权,每位的数值加起来就得到相应的数。按此规律,任意一个十进制数 $(N)_D$ 都可以写成按权展开式:

$$(N)_D = (N)_{10} = \sum_{i=-m}^{n-1} K_i 10^i$$
$$= K_{n-1} \times 10^{n-1} + K_{n-2} \times 10^{n-2} + \cdots + K_0 \times 10^0 + K_{-1} \times 10^{-1} + \cdots + K_{-m} \times 10^{-m}$$

式中,K_i 为十进制数第 i 位的数码;n 表示整数部分的位数;m 表示小数部分的位数,n、m 都是正整数;10^i 为第 i 位的位权值。

(2) 二进制。

二进制常用字母 B 代表,如二进制数 1100,常表示为 $(1100)_B$。二进制数只有两个数码,为 0、1,即以 2 为基数的计数体制。计数规律为"逢二进一,借一当二",位权是 2 的整数幂。任意一个二进制数 $(N)_B$ 都可以写成以 2 为底的幂之和的形式,也就是按权展开相加,即:

$$(N)_B = (N)_2 = \sum_{i=-m}^{n-1} K_i 2^i$$
$$= K_{n-1} \times 2^{n-1} + K_{n-2} \times 10^{n-2} + \cdots + K_0 \times 2^0 + K_{-1} \times 2^{-1} + \cdots K_{-m} \times 2^{-m}$$

式中,K_i 为二进制第 i 位的数码;2^i 为第 i 位的位权值;n 表示整数部分的位数;m 表示小数部分的位数,n、m 均为正整数。如一个带小数的二进制数 101.101 可按权展开表示为

$$(101.101)_2 = 1 \times 2^2 + 0 \times 2^1 + 1 \times 2^0 + 1 \times 2^{-1} + 0 \times 2^{-2} + 1 \times 2^{-3}$$
$$= 4 + 1 + 0.5 + 0.125$$
$$= (5.625)_{10}$$

二进制数比较简单,只有 0 和 1 两个数码,而且算术运算也很简单,因此,在数字电

路中获得广泛应用。但是二进制数也有缺点：当用二进制表示一个数时，位数多，读写不方便，也不容易记忆。

(3) 十六进制。

十六进制数使用 0~9、A、B、C、D、E、F 共十六个数码，其中 A、B、C、D、E、F 与分别与十进制数的 10、11、12、13、14、15 相当，采用"逢十六进一，借一当十六"的计数规律，基数为 16，各位的权为 16 的幂。

任意一个十六进制数 $(N)_H$ 均可以写成按权展开式，其表达式为

$$(N)_H = (N)_{16} = \sum_{i=-m}^{n-1} K_i 16^i$$
$$= K_{n-1} \times 16^{n-1} + K_{n-2} \times 16^{n-2} + \cdots + K_0 \times 16^0 + K_{-1} \times 16^{-1} + \cdots + K_{-m} \times 16^{-m}$$

式中，下标"H"表示十六进制数。K_i 为十六进制数第 i 位的数码，16^i 为第 i 位的位权值。n、m 的含义与前面相同。例如，一个十六进制数 A3F.C 可按权展开，表示为

$$(A3F.C)_{16} = A \times 16^2 + 3 \times 16^1 + F \times 16^0 + C \times 16^{-1}$$
$$= 2\,560 + 48 + 15 + 0.75$$
$$= (2\,623.75)_{10}$$

(4) 八进制。

八进制数是以 8 为基数的计数体制，它用 0，1，2，…，7 这 8 个数码表示，采用"逢八进一，借一当八"的计数规律，各位的权为 8 的幂。八进制通常用字母"O"表示。任意八进制数按位权展开的方法与二、十、十六进制数相同，此处不再赘述。

2) 常用数制间的转换

(1) 二进制、八进制、十六进制数转换为十进制数。

数制的转换

将一个二进制、八进制或十六进制数转换成十进制数，只要写出该进制数的按权展开式，再按十进制数的计数规律相加，就可得到所求的十进制数。

例 5.1 将二进制数 $(1110.011)_2$ 转换成十进制数。

解： $(1110.011)_2 = 1 \times 2^3 + 1 \times 2^2 + 1 \times 2^1 + 0 \times 2^0 + 0 \times 2^{-1} + 1 \times 2^{-2} + 1 \times 2^{-3}$
$= 8 + 4 + 2 + 0.25 + 0.125$
$= (14.375)_{10}$

例 5.2 将八进制数 $(156)_O$ 转换成十进制数。

解： $(156)_O = 1 \times 8^2 + 5 \times 8^1 + 6 \times 8^0 = (110)_D$

例 5.3 将十六进制数 $(6C.E)_{16}$ 转换成十进制数。

解： $(6C.E)_{16} = 6 \times 16^1 + 12 \times 16^0 + 14 \times 16^{-1} = (108.875)_{10}$

(2) 十进制转换为二进制、八进制、十六进制数。

在将十进制数转换成二进制、八进制、十六进制数时，可将整数部分和小数部分分开进行。

十进制的整数部分的转换采用"十进制整数除基数 R 逆向取余法"（二进制除 2、八进制除 8、十六进制除 16），直到商为 0，便可求得二、八、十六进制数的各位数码 K_{n-1}，K_{n-2}，…，K_1，K_0。注意，逆向取余即是最先得出的余数对应相应进制的最低位。

十进制的小数部分的转换可用"乘基数 R 取整"法转换成相应的 R 进制数，即将这个十进制数小数部分连续乘基数 R，直至为 0 或满足所要求的误差为止。每次乘基数 R 所得

整数的组合便是所求的二进制数。注意，最先得出的整数对应 R 进制的小数最高位。

例 5.4 将十进制数 $(35.375)_D$ 转换为二进制数。

解：整数部分采用"除 2 取余法"，小数部分采用"乘 2 取整"法。其计算如下：

整数部分的转换：

```
2 | 35
2 | 17    …余1…K₀=1      低位
2 |  8    …余1…K₁=1       ↑
2 |  4    …余0…K₂=0       |
2 |  2    …余0…K₃=0       |
2 |  1    …余0…K₄=0       |
     0    …余1…K₅=1      高位
```

最后的商为 0，有：$(35)_D = (K_5K_4K_3K_2K_1K_0)_B = (100011)_B$

小数部分的转换：

	整数部分	对应 K_i
0.375 × 2 = 0.750	0	$K_{-1}=0$
0.750 × 2 = 1.500	1	$K_{-2}=1$
0.500 × 2 = 1.000	1	$K_{-3}=1$

即 $(0.375)_{10} = (0.011)_2$，故 $(35.375)_D = (100011.011)_2$。

(3) 二进制、八进制、十六进制数间的相互转换。

由于八进制的基数为 8，而 $8 = 2^3$，因此，1 位八进制数刚好换成 3 位二进制数（一分为三）。同样，十六进制的基数为 16，而 $16 = 2^4$，因此，1 位十六进制数刚好换成 4 位二进制数（一分为四）。

二进制转换成八进制，可将二进制数以小数点为基点，分别向左和向右"每 3 位为一组，不够添 0"，直接将二进制转换成八进制（三合一）。如果不够 3 位，则整数部分在最高位补 0，小数部分在最低位补 0，不改变原数值的大小。

二进制转换成十六进制，可将二进制数以小数点为基点，分别向左和向右"每 4 位为一组，不够添 0"，直接将二进制转换成十六进制（四合一）。如果不够 4 位，则整数部分在最高位补 0，小数部分在最低位补 0，不改变原数值的大小。

例 5.5　$(625)_O = (110010101)_B$

　　　　　$(8E.B)_{16} = (1000\ 1110 . 1011)_2$

$$(11011100.0011)_2 = (\underline{1101}\ \underline{1100}\ .\ \underline{0011})_2$$
$$= (DC.3)_{16}$$

由以上分析可知，二进制数位数多时不便于书写和记忆，如采用八进制、十六进制，则位数要少得多，如32位二进制数只需8位十六进制数即可表示。二进制数与十六进制数、八进制数之间的相互转换是非常容易的，再从八进制数或十六进制数到十进制数的转换利用权的展开式转换，就方便多了。

讨论题2：总结各种数制转换的规律。

3. 码制

码制

码制是编码的规则，编码规则是人们根据需要为达到某种目的而制定的。例如身份证号，它是由所在城市代码、出生年月日以及性别等信息组成的。在二进制数字系统中，由0和1组成的二进制数不仅可以表示数值的大小，还可以用来表示特定的信息。如果用若干位二进制数码来表示数字、文字符号和其他事物，便将这种二进制码称为这些信息的代码。而这些代码的编制过程就称为编码。

1）二-十进制码

将十进制的10个数码分别用一个4位二进制代码来表示，这种编码称为二-十进制编码，也称为BCD码。4位二进制数码共有16种组合，而十进制数码仅有0~9这10个数，因此，可以从16种组合里选择其中任意10种以代表十进制中0~9的10个数码，其余6种组合是无效的。按选取的方法的不同，BCD码就有多种形式。BCD码分为有权码和无权码，有权码是指二进制数码的每一位都有固定的权值，所代表的十进制数为每位二进制数加权之和，而无权码无须加权。常用的有8421BCD码、余3码、格雷码、2421码、5421码等，在这些BCD码中，最常用的是8421BCD码，余3码、格雷码为无权码。表5-1所示为常用的二-十进制编码。

表5-1 常用的二-十进制码

十进制数	8421码	5421码	2421码	余3码	格雷码
0	0000	0000	0000	0011	0000
1	0001	0001	0001	0100	0001
2	0010	0010	0010	0101	0011
3	0011	0011	0011	0110	0010
4	0100	0100	0100	0111	0110
5	0101	1000	1011	1000	0111
6	0110	1001	1100	1001	0101
7	0111	1010	1101	1010	0100
8	1000	1011	1110	1011	1100
9	1001	1100	1111	1100	1101

（1）8421BCD码。

8421BCD码是使用最多的有权BCD码，十个十进制数码与自然二进制数一一对应，即用二进制数的 0000~1001 来分别表示十进制数的 0~9。各位的权从左到右分别为 8、4、2、1，如果将其每位数码乘以其对应的权后求和，就是该编码所表示的十进制数码，所以称为 8421BCD 码。如果要求任意一个十进制数的 8421BCD 码，只需直接按位转换即可，如十进制数 845 的 8421 码形式为

$$(845)_D = (100001000101)_{8421BCD}$$

（2）2421 码和 5421 码。

2421 码和 5421 码也是有权码，其名称即为二进制的权。5421 码的位权从高到低位是按照"5、4、2、1"的规律排列的。2421 码的位权从高到低位是按照"2、4、2、1"的规律排列的。例如十进制数 8 对应的 5421 码是"1011"。一般代表十进制数中大于等于 5 的数，不允许用后三位表示该十进制数。

（3）余 3 码。

余 3 码是一种无权码，它是由 8421 码加 0011（即 3）得来的，即用 0011~1100 来表示十进制 0~9 这 10 个数。另外余 3 码中的 0 和 9、1 和 8、2 和 7、3 和 6、4 和 5 的各对代码相加都为 1111，具有这种特性的代码称为"自补码"，用来进行十进制的数学运算非常方便。

（4）格雷码。

格雷码又称循环码，是无权码。其特点是两组相邻数码之间只有一位代码的取值不同。这种码的可靠性高，出现错误的概率低，对代码的转换和传输非常有利。

2）ASCII 码

ASCII 码全名为美国信息交换标准码，是一种现代字母数字编码。ASCII 码采用 7 位二进制数码来对字母、数字及标点符号进行编码，用于与微型计算机之间读取和输入信息。

讨论题 3：利用发光二极管表示二进制码，发光（白圈）表示 1，不发光（阴影线圈）表示 0，当采用 8421 编码和 5421 编码时，图 5-3 中的发光二极管各相当于十进制数多少？

图 5-3 讨论题 3 图

英文字母对应的 ASCII 码

讨论题 4：某校一年级共有 100 名学生。若分别用二进制、八进制、十六进制进行编码其学号，则各需要几位数？

知识点二　逻辑代数

在数字电路中，电路的输入信号是"条件"，输出信号是"结果"，条件与结果的关系即输出信号与输入信号之间的关系就是逻辑关系。而反映和处理逻辑关系的数学工具就是逻辑代数。逻辑代数是用数学方法研究逻辑关系的科学。它是英国数学家乔治·布尔在 19 世纪中叶创立的，所以又称为布尔代数。

逻辑代数和普通代数一样有自变量和因变量。事物的原因（电路的输入量）即为这种

逻辑关系的自变量，称为逻辑变量。而由原因所引起的结果（电路的输出量）则是这种逻辑关系的因变量，称为逻辑函数。逻辑变量和逻辑函数一般都用大写字母 A、B、C、…Z、F 等来表示。不管是逻辑变量还是逻辑函数，具有二值性，都只有两个可能的取值，即 0 和 1。这里的 0 和 1 不代表数量的大小，而是表示两种对立的状态。例如，用"1"和"0"表示事物的"真"与"假"、脉冲的"有"与"无"、开关的"闭合"与"断开"、灯泡的"亮"和"灭"、电位的"高"与"低"等。

逻辑代数的
三种基本运算

逻辑变量与逻辑函数之间的关系可用逻辑式表示为 $Z = F(A, B, C, \cdots)$，即逻辑问题可用逻辑代数的方法进行运算分析，下面介绍逻辑代数的基本运算、基本定律、常用公式和逻辑函数的化简方法。

1. 逻辑代数的基本运算及定律、规则

1) 逻辑代数的三种基本运算

逻辑代数的基本逻辑关系有与逻辑、或逻辑、非逻辑三种。与这三种基本逻辑关系对应的运算为与运算、或运算和非运算。完成三种运算对应的电路称为与门、或门、非门。逻辑关系可以用图形符号、逻辑表达式和真值表、波形图来表示。

（1）与逻辑关系、与运算。

只有当决定事物结果的所有条件全部具备时，结果才会发生，这种逻辑关系称为与逻辑关系，也称为逻辑乘关系。

如图 5-4 所示，用两个串联开关控制一盏灯电路，很显然，只有当开关 A 与 B 全闭合时，灯 F 才会亮，所以说灯 F 与 A、B 是与逻辑关系。这种与逻辑用真值表来表示如表 5-2 所示。所谓真值表，就是将逻辑变量各种可能取值的组合及其相应逻辑函数值列成的表格。

表 5-2 中的逻辑变量 A、B 中的 0 表示开关打开（条件不具备）、1 表示开关闭合（条件具备），逻辑函数 F 中的 0 表示灯灭（结果不发生），1 表示灯亮（结果发生）。

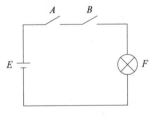

图 5-4 与逻辑电路图

表 5-2 与逻辑真值表

A	B	F
0	0	0
0	1	0
1	0	0
1	1	1

由表 5-2 可知，F 与 A、B 间的关系是：只有当 A 和 B 都是 1 时，F 才为 1，否则为 0。而这一逻辑关系可用逻辑表达式表示为

$$F = A \cdot B = AB$$

与逻辑关系对应的逻辑运算为与运算，式中的"·"表示"与运算"或"逻辑乘"符号，与普通代数中的乘号一样，可省略不写，也可省略不读。如果一个电路的输入、输出端能实现与逻辑，则此电路称为"与门"电路，简称"与门"。"与门"的符号也就是与逻辑符号，如图 5-5 所示。

图 5-5 与逻辑符号

由与运算的逻辑表达式或真值表可知,与逻辑的运算规则为

$$0 \cdot 0=0, \ 0 \cdot 1=0, \ 1 \cdot 0=0, \ 1 \cdot 1=1$$

根据与门的逻辑功能,还可画出其波形图,如图 5-6 所示。其直观地描述了任意时刻输入与输出之间的对应关系及变化的情况。

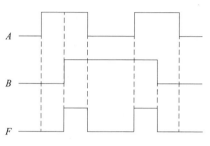

图 5-6 与门波形图

(2)或逻辑关系、或运算。

当决定一件事情的各个条件中,只要当具备一个或者一个以上的条件时,这件事情就会发生,这样的因果关系称为或逻辑关系,简称或逻辑。

在如图 5-7 所示的开关电路中,灯 F 亮与开关 A、B 闭合是或逻辑关系。其函数表达式为

$$F=A+B$$

或逻辑关系对应的逻辑运算为或运算,也称为逻辑加运算,式中的"+"表示或逻辑的运算符号。我们把输入、输出端能实现或逻辑的电路称为"或门"。或逻辑真值表如表 5-3 所示。或逻辑的逻辑符号如图 5-8 所示。

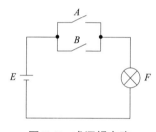

图 5-7 或逻辑电路

表 5-3 或运算真值表

A	B	F
0	0	0
0	1	1
1	0	1
1	1	1

图 5-8 或逻辑的逻辑符号

由或运算的表达式或真值表可知,或运算的规律是:

$$0+0=0, \ 0+1=1, \ 1+0=1, \ 1+1=1$$

(3)非逻辑关系、非运算。

非就是反,条件的具备与事情的实现刚好相反,这种因果关系称为非逻辑,也称为非运算或逻辑反。

在如图 5-9 所示电路中,灯 F 亮与开关 A 闭合是非逻辑关系,即开关 A 闭合,灯灭,开关 A 断开,灯亮。表 5-4 所示为非运算真值表。图 5-10 所示为非逻辑的图形符号。

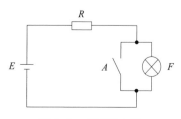

图 5-9 非逻辑电路

表 5-4 非运算真值表

A	F
0	1
1	0

图 5-10 非逻辑符号

非逻辑关系相对应的逻辑运算为非运算。对于图 5-9 所示电路中的逻辑变量 F 和 A，其逻辑表达式为

$$F=\overline{A}$$

逻辑非的运算规则是：$\overline{0}=1$，$\overline{1}=0$。

在数字电路的逻辑符号中，若在输出端加一个小圆圈，则表示将输出信号取反，即逻辑非。

2) 复合逻辑

复合逻辑

除了"与""或""非"三种基本逻辑运算之外，这三种运算经常还构成各种不同的复合逻辑，如构成"与非""或非""与或非""异或""同或"等复合逻辑，与之相应的电路称为"复合门"电路。图 5-11 所示为常用的 5 种逻辑关系的图形符号，其逻辑运算表达式分别为

$$Z_1=\overline{A \cdot B}, \quad Z_2=\overline{A+B}, \quad Z_3=\overline{AB+CD},$$
$$Z_4=A\overline{B}+\overline{A}B=A\oplus B; \quad Z_5=AB+\overline{A}\,\overline{B}=A\odot B$$

其中"异或逻辑"是两个变量的逻辑函数。其逻辑关系是：当输入不同时，输出为 1；当输入相同时，输出为 0。"⊕"表示异或逻辑运算的运算符，读作"异或"。实现异或逻辑的电路称为"异或门"。

"同或逻辑"也是两个变量的逻辑函数。其逻辑关系是：两变量相同时，输出为 1，相异时，输出为 0。符号"⊙"表示同或运算，读作"同或"。实现同或逻辑的电路称为"同或门"。

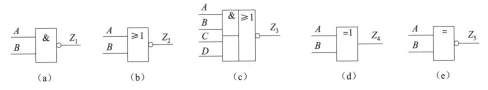

(a)　　　　(b)　　　　(c)　　　　(d)　　　　(e)

图 5-11 常用的 5 种逻辑关系的图形符号

(a) 与非逻辑；(b) 或非逻辑；(c) 与或非逻辑；(d) 异或逻辑；(e) 同或逻辑

从表 5-5 可以看出，异或逻辑的反为同或逻辑，即异或运算与同或运算互为反函数，有：$A\oplus B=\overline{A\odot B}$，$A\odot B=\overline{A\oplus B}$。

表 5-5 异或和同或逻辑的真值表

A	B	Z_4	Z_5
0	0	0	1
0	1	1	0
1	0	1	0
1	1	0	1

上面我们讨论了几种基本的逻辑运算，这些基本的逻辑关系也可以推广到多变量的情况，例如：$Z=A\cdot B\cdot C\cdots$ $Z=A+B+C\cdots$

在复合逻辑运算中要特别注意运算的优先顺序，该优先顺序为：①圆括号；②非运算；③与运算；④或运算。

讨论题5：你能总结出与逻辑、或逻辑、与非逻辑、或非逻辑各自的特点吗？

3）逻辑代数的基本定律与规则

（1）逻辑代数基本定律。

根据逻辑变量和逻辑运算的基本定义，可得出逻辑代数的基本定律，如表5-6所示。逻辑代数的基本定律是分析、设计逻辑电路，化简逻辑函数的重要工具。这些定律有其独特性，但也有一些与普通代数相似的定律，因此，使用时要严格注意。

逻辑代数的基本定律和规则

表5-6　逻辑代数的基本定律

定律名称	逻辑关系表达式		说明
0-1律	$A\cdot 1=A$　　$A\cdot 0=0$	$A+1=1$　　$A+0=A$	变量与常量的关系
互补律	$A\cdot \bar{A}=0$	$A+\bar{A}=1$	
交换律	$A\cdot B=B\cdot A$	$A+B=B+A$	与普通代数相似的定律
结合律	$A(BC)=(AB)C$	$A+(B+C)=(A+B)+C$	
分配律	$A(B+C)=AB+AC$	$A+BC=(A+B)(A+C)$	
重叠律	$A\cdot A=A$	$A+A=A$	逻辑代数中的特殊定律
反演律	$\overline{A+B}=\bar{A}\cdot \bar{B}$	$\overline{A\cdot B}=\bar{A}+\bar{B}$	
还原律	$\bar{\bar{A}}=A$		
吸收律	$(A+B)(A+\bar{B})=A$	$AB+A\bar{B}=A$	逻辑代数中常用公式
	$A(A+B)=A$	$A+AB=A$	
	$A(\bar{A}+B)=AB$	$A+\bar{A}B=A+B$	
冗余律	$(A+B)(\bar{A}+C)(B+C)=(A+B)(\bar{A}+C)$	$AB+\bar{A}C+BC=AB+\bar{A}C$	
	$(A+B)(\bar{A}+C)(B+C+D)=(A+B)(\bar{A}+C)$	$AB+\bar{A}C+BCD=AB+\bar{A}C$	

表5-6中的反演律又称为德·摩根定律，并可得出推论：

$$\overline{A\cdot B\cdot C\cdots}=\bar{A}+\bar{B}+\bar{C}$$
$$\overline{A+B+C+\cdots}=\bar{A}\cdot \bar{B}\cdot \bar{C}$$

德·摩根定律及其推论是很重要的，在逻辑代数中经常用到，所以大家必须牢牢地掌握它。

证明上述各定律可用列真值表的方法，即分别列出等式两边逻辑表达式的真值表，若两个真值表完全一致，则表明两个表达式相等。同样，两个相等的逻辑函数具有相同的真值表。当然上述定律，也可以利用基本关系式进行代数证明。

（2）逻辑代数基本规则。

逻辑代数中有三个重要的基本规则，即代入规则、反演规则与对偶规则，这些规则均在逻辑代数证明和化简中应用。

①代入规则。

在逻辑函数表达式中,将凡是出现某变量的地方都用同一个逻辑函数代替,则等式仍然成立,这个规则称为代入规则。

例如,对于摩根定理 $\overline{A \cdot B} = \overline{A} + \overline{B}$,用 CD 代替原来的 B,则:

左式 $= \overline{A \cdot CD}$,右式 $= \overline{A} + \overline{CD} = \overline{A} + \overline{C} + \overline{D}$,即 $\overline{ACD} = \overline{A} + \overline{C} + \overline{D}$

可见,摩根定律还可以推广为有更多变量的关系式。

②反演规则。

将一个逻辑函数 F 的表达式中的运算符号"·"变"+"和"+"变"·",以及"0"变"1"和"1"变"0",即原变量变反变量、反变量变原变量,所得到的新函数即为原函数 F 的反函数 $\overline{F}$,这个规则就是反演规则。

例如,$F = A\overline{B} + C\overline{D}$,则根据反演规则,$\overline{F} = (\overline{A} + B)(\overline{C} + D)$。当然,如果不利用反演律将 F 等式两边同时求反也可得到 $\overline{F}$。

利用反演规则,可较容易地求出一个逻辑函数的反函数,但要注意两点:第一,在变换过程中要保持原式中的运算顺序;第二,对于不是单个变量上的"非"号,应保持不变。

例如,$F = \overline{A+B} + C\overline{D}$,则根据反演规则,$\overline{F} = \overline{A}B(\overline{C}+D)$。

③对偶规则。

将逻辑函数 F 的表达式中所有"·"变成"+",所有"+"变成"·",所有"0"变成"1",所有"1"变成"0",则得到一个新的逻辑函数 F',F' 称为 F 的对偶式。使用对偶规则时也应注意保持原函数中的运算顺序。例如,$F = A\overline{B} + \overline{A}B$,则 $F' = (A+\overline{B})(\overline{A}+B)$

对偶规则为:若某个逻辑恒等式成立,则它的对偶式也成立。

例如,若 $A + \overline{A}B = A + B$ 成立,则它的对偶式 $A(\overline{A}+B) = AB$。

2. 逻辑函数的几种表示方法及相互转换

在研究逻辑问题时,根据逻辑函数的特点,主要可以用真值表、逻辑表达式和逻辑图、波形图、卡诺图等几种描述方式来表示逻辑函数。它们各有特点,而且可以互相转换。

1)真值表

真值表是描述逻辑函数各个输入变量取值组合和函数值对应关系的表格。在门电路中,根据变量之间的因果关系,很容易列出表示输入与输出间逻辑关系的真值表。

真值表的列法:每个变量均有 0、1 两种取值,n 个输入变量可有 2^n 种取值组合,如 2 个输入变量可有 $M = 2^2 = 4$ 种不同取值组合,3 个输入变量可有 $M = 2^3 = 8$ 种不同取值组合,4 个输入变量可有 16 种不同取值组合。将这 2^n 种不同的取值组合全部列出来(一般按二进制递增规律列出),并同时列出对应的函数值,便可得到逻辑函数的真值表。表 5-2 中所示的是 2 个输入变量的与逻辑真值表。真值表最大的特点就是能直观地表示出输出和输入之间的逻辑关系,但变量多时列写麻烦,且由于其不是逻辑运算式,不便于推演变换。

一个确定的函数只有一个真值表,即真值表具有唯一性。如果两个函数的真值表相同,则表示这两个函数相等。

2) 逻辑函数表达式

逻辑函数表达式简称逻辑表达式，是将逻辑函数的输入与输出关系写成与、或、非三种运算的组合形式。在各种描述方法中，使用得最多的就是逻辑表达式了。例如，$F=\overline{AB}+BC$ 表明输出逻辑变量 F 是输入逻辑变量 A、B、C 的逻辑表达式，它们之间的函数关系由等式右边的逻辑运算式给出。

逻辑函数的表示方法及相互转换

若已知函数的真值表，则很容易写出函数的逻辑表达式，具体方法如下：

将那些使函数值为 1 的各个状态表示成全部输入量（值为 1 的输入量表示成原变量，值为 0 的表示成反变量）的与项，然后将这些与项相或，即可得到函数的与或表达式。

包含着全部变量，且每个变量只出现一次的与项叫最小项，由最小项相加的表达式叫最小项表达式。真值表写出来的表达式是最小项表达式。最小项及最小项表达式相关知识我们将在后面介绍。

在表 5-5 中，只要将输出为"1"（$Z_5=1$）对应所有输入变量写成与项式（$\overline{A}\,\overline{B}$ 和 AB）后相加，即可得到函数的与或表达式：$Z_5=\overline{A}\,\overline{B}+AB$。

同一个逻辑函数可以有多种不同的表达式，即逻辑表达式并不唯一。

3) 逻辑图

用逻辑图形符号连接起来表示逻辑函数的图形称为逻辑图。逻辑图是将逻辑关系和电路两者结合的最简明的形式。同一种逻辑函数有多种逻辑表达式，进而可以对应多种逻辑图，因此，并不是唯一的。

由已知逻辑函数式画逻辑图时，按左边输入，右边输出，逐级用对应的逻辑门表示函数式中的逻辑运算，直至所有的逻辑运算均用逻辑门表示。

例：对函数式 $F=(A+B)C$，式中有三个变量 A、B、C 作为逻辑电路的输入，A 与 B 先"或"，再和 C 相"与"，逻辑电路图如图 5-12 所示。

为了使逻辑电路简单、易于实现、可靠性高并降低成本，一般应对已知函数先进行化简，再画出其逻辑电路图。

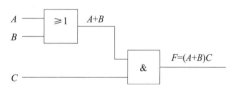

图 5-12　$F=(A+B)C$ 的逻辑电路图

4) 波形图

波形图（也称为时序图）是反映输入变量和输出变量随时间变化的图形。波形图能清晰地反映出变量间的时间关系以及函数值随时间变化规律，可以用实验仪器直接显示，便于用实验方法分析实际电路的逻辑功能，但不能直接表示出变量间的逻辑关系。例如，逻辑分析仪通常就是以波形的方式给出分析结果的。

5) 卡诺图

卡诺图是图形化的真值表。如果把各种输入变量取值组合下的输出函数值填入一种特殊的方格图中，即可得到逻辑函数的卡诺图。卡诺图相关知识将在知识拓展中介绍。

3. 逻辑函数的化简

常见的许多逻辑函数式或由真值表写出的逻辑函数式往往比较繁杂，直接由这些函数式去设计电路既复杂又不经济。在实际应用中，通过化简得到逻辑函数的最简式，然后根据最简式去设计电路使可以达到用最少的电子器件构建电路，这样既能降低成本，又能提高效率和可靠性。

常用的化简方法分为公式化简法和卡诺图化简法。与–或表达式（也称为"积之和"形式）是逻辑函数的最基本表达形式，对于与或形式的逻辑函数表达式最简化的目标，就是使表达式中所包含的乘积项最少，同时每个乘积项所包含的因子最少。

利用逻辑代数的基本公式和定律来消去式中多余的乘积项和每个乘积项中多余的因子，从而得到逻辑函数的最简形式，这种化简方法称为公式化简法，也称代数法化简。卡诺图化简法是一种图形化简法，用来化简的工具是卡诺图。这里主要介绍公式化简法。

逻辑函数的化简（公式法）

1）并项法

利用公式 $AB+A\bar{B}=A$，将两项合并成一项，消去一个变量。例如：

$$A(BC+\bar{B}\,\bar{C})+A(\bar{B}C+B\bar{C}) = A(\overline{BC+\bar{B}C})+A(\bar{B}C+B\bar{C})$$
$$=A(\overline{BC+\bar{B}\bar{C}+\bar{B}C+B\bar{C}})=A$$

2）吸收法

利用公式 $A+AB=A$，消去多余的乘积项。例如：

$$A\bar{B}+A\bar{B}CD(E+\bar{F}) = A\,\bar{B}$$

利用公式 $A+\bar{A}B=A+B$ 消去多余的因子。例如：

$$Y=\bar{A}+AC+\bar{C}D=\bar{A}+C+\bar{C}D=\bar{A}+C+D$$

3）配项法

利用 $A=A(B+\bar{B})$，对不能直接应用公式化简的乘积项配上 $B+\bar{B}$ 进行化简。

例如：

$F = A\bar{B}+\bar{B}C+\bar{B}\bar{C}+\bar{A}B$

$= A\bar{B}+\bar{B}C+(A+\bar{A})\bar{B}C+\bar{A}B(C+\bar{C})$

$= A\bar{B}+\bar{B}C+A\bar{B}C+\bar{A}\,\bar{B}C+\bar{A}BC+\bar{A}B\bar{C}$

$= (A\bar{B}+A\bar{B}C)+(\bar{B}C+\bar{A}\bar{B}C)+(\bar{A}\,BC+\bar{A}B\bar{C})$

$= A\bar{B}+\bar{B}C+\bar{A}C$

利用公式 $A+A=A$，为某项配上其所能合并的项。

例如：$Y = ABC+AB\bar{C}+A\bar{B}C+\bar{A}BC$

$= (ABC+AB\bar{C})+(ABC+A\bar{B}C)+(ABC+\bar{A}BC)$

$= AB+AC+BC$

4）消去冗余项法

利用冗余律 $AB+\bar{A}C+BC=AB+\bar{A}C$，将冗余项 BC 消去。

例如：$Y_1 = A\bar{B}+AC+ADE+\bar{C}D$

$= A\bar{B}+(AC+\bar{C}D+ADE)$

$= A\bar{B}+AC+\bar{C}D$

$$Y_2 = AB + \overline{B}C + AC(DE + FG) = AB + \overline{B}C$$

逻辑函数化简的途径并不是唯一的，上述四种方法可以任意选用或综合运用。利用公式法化简逻辑函数没有固定的格式和步骤，不仅要熟练掌握公式及定律并能熟练运用，还需要有一定的技巧，而化简结果是否为最简，通常也难以判别。

讨论题 6：逻辑代数与普通代数有何区别？

讨论题 7：试用代入规则将摩根定律推广到五变量是什么样的形式？

知识点三　逻辑门电路

门电路是数字电路中用来实现各种基本逻辑关系的单元电路，常用的门电路有与门、或门、非门、异或门、与非门、或非门、三态门等。其中前三种为基本逻辑门。门电路可由分立元件组成，目前最广泛使用的是集成门电路，集成门电路主要分为双极型的 TTL 门电路和单极型的 CMOS 门电路两种，但集成门电路都是在分立元件门电路的基础上发展起来的，因此我们先介绍分立元件门电路及工作原理，作为学习集成门电路的先导。

1. 分立元件门电路

1）二极管与门电路

图 5-13（a）所示为用二极管构成的二输入与门电路。其中 A、B 代表与门输入，Y 代表输出。假定 VD1、VD2 是理想二极管，电源电压 U_{CC} 为 +5 V、输入信号的低电平 $U_{iL} = 0$ V、高电平 $U_{iH} = +3$ V。当两个输入信号进行 4 种不同情况的输入时，相应的输出如表 5-7 所示。显然，输出的 3 V 为高电平，而 0 V 为低电平。

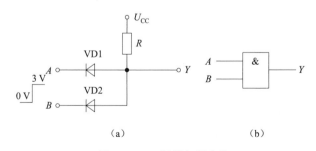

图 5-13　二极管与门电路
（a）电路；（b）逻辑符号

表 5-7　二极管与门输入与输出对应关系

U_A/V	U_B/V	U_Y/V	二极管状态
0	0	0	VD1、VD2 均导通
0	3	0	VD1 优先导通，VD2 反偏截止
3	0	0	VD2 优先导通，VD1 反偏截止
3	3	3	二极管 VD1、VD2 均导通

由表 5-7 可知：图 5-13（a）所示的电路只要输入端中的任意一端为低电平时，输出端就一定为低电平，只有当输入端均为高电平时，输出端才为高电平，即输入信号 A、B 和输出信号 Y 之间的关系为"与"逻辑关系，即 $Y = A \cdot B$。

2）二极管或门

二极管或门电路如图 5-14（a）所示。其中，A、B 代表或门输入，Y 代表输出。

同样，假定 VD1、VD2 是理想二极管，输入信号的低电平 $U_{iL}=0$ V、高电平 $U_{iH}=+3$ V。当两个输入信号进行 4 种不同情况的输入时，相应的输出如表 5-8 所示。同样，输出的 3 V 为高电平，而 0 V 为低电平。

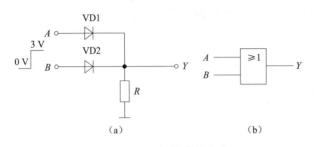

表 5-8 二极管或门输入与输出对应关系

U_A/V	U_B/V	U_Y/V	二极管状态
0	0	0	VD1、VD2 均截止
0	3	3	VD1 截止，VD2 导通
3	0	3	VD1 导通，VD2 截止
3	3	3	二极管 VD1、VD2 均导通

图 5-14 二极管或门电路

（a）电路；（b）逻辑符号

可见，图 5-14（a）中只要输入端中的任意一端为高电平，输出端就一定为高电平，只有当输入端均为低电平时，输出端才为低电平，信号 A、B 和输出信号 Y 之间的关系为"或"逻辑关系，即 $Y=A+B$。

3）三极管非门电路

非门亦称反相器，图 5-15 为三极管非门电路及其逻辑符号。电路中的输入变量为 A，输出变量为 Y。

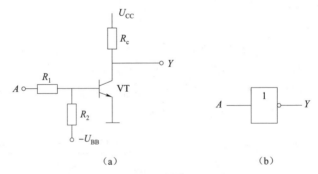

图 5-15 三极管非门电路及其逻辑符号

（a）电路；（b）逻辑符号

当输入变量 A 为高电平 1（3 V）时，晶体管饱和导通，输出端 Y 输出 0.2~0.3 V 电压，属于低电平范围；当输入端为低电平（0 V）时，晶体管截止，输出端 Y 的电压近似等于电源电压，为高电平 1，即输入与输出信号状态满足"非"逻辑关系，其表达式 $Y=\overline{A}$。

2. TTL 集成逻辑门电路

按电路中所含的晶体管类型的不同，集成逻辑门电路可分为双极型集成门电路和单极型集成门电路。TTL 集成逻辑门电路主要由双极型晶体管组成，是晶体管-晶体管逻辑门电路的简称。TTL 集成逻辑门电路的生产工艺成熟，其产品参数稳定、性能可靠、抗干扰能力强、开关速度高，得到了较广泛的应用。从小规模、中规模到大规模集成电路的产品是我国也是国际上生产历史最久、生产数量最大、品种最齐全的一类集成电路。

实际生产的 TTL 集成逻辑门电路种类繁多，按国家标准可分为 54/74 通用系列、54/74H 高速系列、54/74S 肖特基（超高速）系列、54/74LS 低功耗肖特基系列，这四种系列 TTL 门电路的主要差别反映在平均传输延迟时间及平均功耗两个参数上，其他参数和外引线排列基本上彼此相容。CT54 系列产品常用于军品，工作温度为 $-55 \sim +125$ ℃，工作电压为 $5(1\pm10\%)$ V；CT74 系列常用于民品，工作温度为 $0 \sim 70$ ℃，工作电压为 $5(1\pm5\%)$ V，它们同一型号的逻辑功能、外引线排列均相同。TTL 器件的型号由五部分组成，其符号及意义见附录三附表 8。

下面以 TTL 集成与非门为例来介绍其内部电路的参数和构成，而对于其内部电路工作原理一般不做深究。

1) TTL 集成与非门

TTL 集成与非门的内部电路主要由输入级、中间级和输出级三部分组成，如图 5-16 所示。

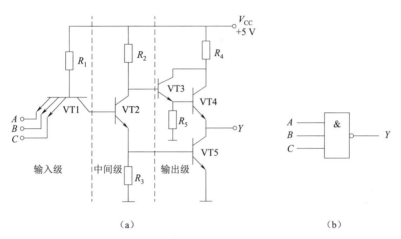

图 5-16 TTL 集成与非门电路及其逻辑符号

（a）电路；（b）逻辑符号

输入级：由 1 个多发射极晶体管 VT1 和电阻 R_1 组成，其作用是对输入变量 A、B、C 实现逻辑与，相当于一个与门。

中间级由 VT2、R_2 和 R_3 组成。VT2 的集电极和发射极输出两个相位相反的信号，作为 VT3 和 VT5 的驱动信号。

输出级由 VT3、VT4、VT5 和 R_4、R_5 组成，这种电路组成推拉式结构的输出电路，其作用是实现反相，并降低输出电阻，提高负载能力。

输入信号 A、B、C 与输出信号 Y 符合与非逻辑关系，即 $Y=\overline{ABC}$。

图 5-17（a）是 TTL 集成与非门 74LS00 电路示意，它包括 4 个二输入与非门，这 4 个 2 输入与非门共用一个电源，其中每一个与非门都可以单独使用。图 5-17（b）是 TTL 集成与非门 74LS20 电路示意，它包括 2 个四输入与非门。此类电路多数采用双列直插式封装，在封装表面上都有一个小豁口，用来标识管脚的排列顺序。

2) 集电极开路与非门（OC 门）

由于 TTL 集成与非门的输出端推拉式的结构而不能同时将几个与非门输出连接在一起

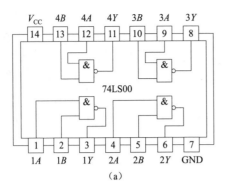
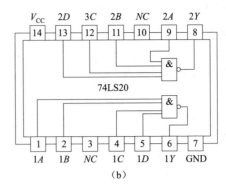

图 5-17 TTL 集成与非门 74LS00 与非门和 74LS20 与非门管脚排列

（a）四-二输入与非门；（b）二-四输入与非门

工作，否则将导致逻辑功能混乱，还可能烧坏器件。

TTL 集成逻辑门电路（集成门电路的连线）

而在实际使用中，有时需要将多个与非门的输出端直接并联起来应用，实现多个信号的与逻辑关系，这种靠线的连接形成"与功能"的方式称为"线与"。

为了既满足门电路"并联应用"的要求，又不破坏输出端的逻辑状态和不损坏门电路，人们设计出集电极开路的 TTL 门电路，又称为"OC 门"。图 5-18 所示为集电极开路与非门的电路结构及其逻辑符号。

集电极开路的门电路有许多种，包括集电极开路的与门、非门、与非门、异或非门及其他种类的集成电路。OC 门的逻辑表达式、真值表等描述方法和普通门电路的完全一样。而它们的主要区别是：OC 门的输出管 VT4 集电极处于开路状态。在具体应用时，需要在它的输出端外接一个电阻 R_L 及外接电源。如图 5-19 所示，将两个 OC 门的输出端连接在一条输出总线上，然后在电源上外接一个公共电阻 R_L。此时，只要有一个 OC 门输出为低电平，总线输出就是低电平，即在总线上完成与的功能。其逻辑功能为

$$L = \overline{AB} \cdot \overline{CD}$$

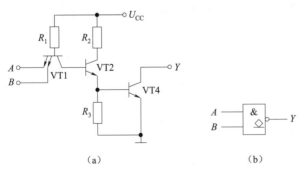
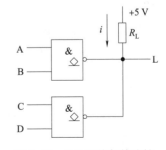

图 5-18 集电极开路与非门的电路结构及其逻辑符号
（a）电路结构；（b）逻辑符号

图 5-19 OC 门线与的连接

使用 OC 门时，必须注意选择适当的上拉电阻 R_L，如果 R_L 过大，则其上压降也大，这样会影响输出高电平的值，即会使输出高电平 U_{OH} 降低。如果 R_L 过小，则电流较大，而当输出低电平时使输出管 VT4 浅饱和或不饱和，会使输出低电平 U_{OL} 升高。

3）三态门

三态门就是输出有三种状态的与非门，简称"TSL门"。它与一般TTL与非门的区别是：除了有逻辑0和逻辑1两种输出状态外，还有第三种状态——高阻抗状态。当三态门处于高阻状态时，相当于它和系统中其他电路完全断开，即对外电路不起任何作用。在数字电路中，三态门是一种特别实用的门电路，具有三态门输出结构的门电路、数据选择器、存储器等集成器件在总线系统、外围接口、仪器仪表的控制电路中应用较广。三态与非门的电路及其逻辑符号如图5-20所示。

OC门与三态门

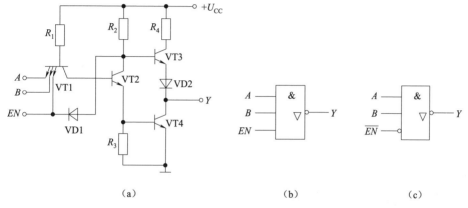

图5-20　三态与非门的电路及其逻辑符号

(a) 电路；(b)，(c) 逻辑符号

图5-20（a）所示的三态与非门比一般的与非门多了一个控制端 EN（亦称使能端），控制端当 $EN=1$ 时，电路的工作状态与普通与非门相同；当 $EN=0$ 时，输出端呈现高阻态。图5-20（b）是对应图5-20（a）来表示 $EN=1$ 有效的三态门的逻辑符号。另外，还有一种 $\overline{EN}=0$ 有效的三态门，当 $\overline{EN}=0$ 时，三态门执行与非功能，若 $\overline{EN}=1$，三态门呈高阻状态，其逻辑符号如图5-20（c）所示。在图5-20（b）中，EN 端没有小圆圈，表示控制端是高电平有效；在逻辑符号图5-20（c）中，给 $\overline{EN}$ 端加小圆圈表示控制端为低电平有效。在实际应用三态门时，请注意区分控制端 EN 是低电平有效还是高电平有效。

4）TTL门电路使用常识

（1）TTL门电路多余输入端的处理。

在使用TTL集成电路时，有些不用的输入端若用小电阻（$R<680\ \Omega$）接地，会使此输入端相当于输入一个低电平；若所接电阻过大时（$R>4.7\ \mathrm{k}\Omega$），输入端相当于输入一个高电平；若小规模TTL门电路闲置输入端悬空时，相当于输入高电平状态。因此，在处理TTL集成电路闲置输入端时，应确保闲置输入端的电平状态不破坏电路的逻辑关系。例如，与门多余输入端应接高电平，或门多余输入端应接低电平。

实现高、低电平的方法有两种：①直接接正电源或地；②通过对电阻限流（$1\sim10\ \mathrm{k}\Omega$ 的固定电阻）接正电源或地。另外，如果其工作速度不快，信号源的驱动能力较强，则可以将多余输入端和已用的输入端并联。

例如，与非门的多余输入端可采用如图5-21所示的三种方式处理。

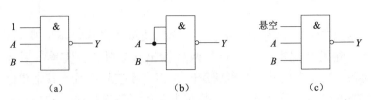

图 5-21　TTL 与非门多余输入端的处理方式

(a) 接 1；(b) 并联；(c) 悬空

或非门的多余输入端可接 0（地）或与有用端并联，如图 5-22 所示。

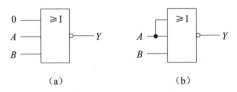

图 5-22　或非门多余输入端的处理

(a) 接 0（地）；(b) 并联

(2) TTL 门电路的电源电压及输出端的连接。

TTL 门电路正常工作时的电源电压为 5 V，允许波动±5%。注意，使用时不能将电源与"地"线颠倒接错，否则会因电流过大损坏器件。为避免从馈线引入的电源干扰，应在印刷电路板的电源输入端并入几十微法的低频去耦电容和 0.01~0.1 μF 的高频滤波电容。

除三态门和集电极开路门外，其他 TTL 门电路的输出端不允许直接并联使用；输出端不允许直接与电源或地相连。集电极开路门输出端在并联使用时，在其输出端与电源 U_{CC} 之间应外接上拉电阻；三态门输出端在并联使用时，在同一时刻只能有一个门工作，而其他门输出处于高阻状态。常用 TTL 门电路见附录三附表 9。

3. 常用的 CMOS 门电路

TTL 门电路与 CMOS 门电路的使用常识

常用的 CMOS 门电路在类型、种类上几乎与 TTL 数字电路相同，相同逻辑功能的 CMOS 门电路与 TTL 门电路，除了内部结构及使用器件不同外，CMOS 门电路的逻辑图、逻辑符号、逻辑表达式、真值表等与 TTL 门电路的是完全一样的，只是它们的电气参数有所不同，使用方法也有差异而已。这里主要介绍 CMOS 集成逻辑门的特点及使用注意事项。

1) CMOS 电路特性

CMOS 集成电路主要有 CMOS4000 系列和 74HC 高速系列。两者主要在速度和工作频率上存在差别：74HC 高速系列的速度比 CMOS4000 系列高出 5 倍以上。CMOS4000 系列的最高工作频率是 5 MHz，HCMOS 系列的是高工作频率高达 50 MHz。

CMOS4000 系列的工作电压为 3~18 V，具有功耗低、噪声容限大、驱动能力强等优点，并且该系列产品带有反相器作缓冲级，具有对称的驱动能力，使用已相当普遍。而高速 CMOS 电路既集中了 CMOS 和 TTL 电路的优点，又克服了它们各自的缺点，具有更快的速度、更高的工作频率以及更强的负载能力等。

高速 CMOS 电路主要有 74HC、74HCT、74BCT（BiCMOS）等系列，它们的逻辑功能、外引线排列与同型号的 TTL 电路 74 系列相同。一般来说，高速 CMOS 集成逻辑门可与

74LS00 代换，但代换时要注意使用 5 V 电源及管脚封装位置。其中，74HC 系列的高速 CMOS 电路的工作电压为 2~6 V，若电源电压取 5 V 时，输出高低电平与 TTL 电路兼容；74HCT、74BCT 中的 T 表示与 TTL 电路兼容，其电源电压为 4.5~5.5 V，电平特性与 TTL 兼容。

与 TTL 数字集成电路相比，CMOS 数字集成电路具有静态功耗极微、工作电源电压范围宽、噪声容限大、带负载能力强的优点，但是工作速度相对较慢。

2) CMOS 电路使用注意事项

(1) 在使用和存放时应注意静电屏蔽。焊接时电烙铁应接地良好或在电烙铁断电情况下焊接。

(2) 正确供电，芯片的 U_{DD} 接电源正极，U_{SS} 接电源负极（通常接地），不允许接反，否则将使芯片损坏。另外，在连接电路、拔插电路元器件时必须切断电源，严禁带电操作。

(3) COMS 电路多余不用的输入端不能悬空，应根据需要接地或接正电源。为了解决由于门电路多余输入端并联后使前级门电路负载增大的影响，根据逻辑关系的要求，可以把多余的输入端直接接地当作低电平输入或把多余的输入端通过一个电阻接到电源上当作高电平输入。这种接法不仅不会造成对前级门电路的影响，而且还可以抑制来自电源的干扰。

讨论题 8：OC 门和三态门各有何特点？它们分别在什么方面应用？

讨论题 9：TTL 门电路能和 CMOS 门电路是否可以直接混用？

任务实施

制作如图 5-1 所示的摩托车防盗报警电路，并对该电路进行调试、检测以达到预期的防盗报警的功能。任务实施时，将班级学生分为 2~3 人一组，轮流当组长，使每个人都有锻炼组织协调能力的机会，培养团队合作精神。

1. 所需仪器设备及材料

其所需仪器设备包括+5 V 直流电源、万用表或逻辑笔各一台，电烙铁、组装工具一套。其所需材料包括电路板、焊料、焊剂、导线。图 5-1 中的摩托车防盗报警电路所需元器件（材）明细如表 5-9 所示。

表 5-9 摩托车防盗报警电路所需元器件（材）明细

序号	元件标号	名称	型号规格	序号	元件标号	名称	型号规格
1	R_4、R_7	色环电阻	10 kΩ	9	U1	IC 插座	DIP14
2	R_8、R_{10}	色环电阻	1 kΩ	10	VD5	二极管	1N4007
3	R_1、R_2、R_5、R_6、R_9	色环电阻	22 kΩ	11	VD1、VD2、VD3、VD4	二极管	1N4148
4	R_3	色环电阻	330 kΩ	12	P1	2P 接线端子	—
5	C_1	电解电容	220 μF, 25 V	13	B1	蜂鸣器	有源
6	U1	集成电路	CD4081	14	S1	自锁开关	8 mm×8 mm
7	VT1~VT3	三极管	S9013	15	K	水银开关	滚珠开关
8	VT4	三极管	S8050	16	—	PCB 板	配套 54 mm×42 mm

2. 电路图识读

某电路的原理如图 5-1 所示。该电路 K 为水银导电开关，S1 为与车钥匙联动的电源开关，其中，U1A 与 U1B 是_____逻辑关系门电路。电路工作原理分析如下：

（1）车停妥后，将开关 S1 置于"OFF"位置，然后拔出钥匙。此时水银导电开关 K 内两触点断开，U1A 输入端"2"脚为_____电平，因此，"3"脚输出_____电平，二极管 VD2_____状态，三极管 VT1 为_____状态，二极管 VD3 为_____状态。U1B 的输入端"6"脚为_____电平，所以输出端"4"脚输出_____电平，三极管 VT3 和 VT4 均为_____状态，报警喇叭 B1 不发声。

（2）如果有人搬动车，势必会引起振动，使水银导电开关 K 内两触点会瞬间闭合，此时的 VD1_____，U1A 两输入端都为_____电平，"3"脚就输出_____电平，此时的 VD2_____，并向电容 C_1 充电；同时，VT1 为_____状态，发射极输出_____电平，经 VD3 使 U1B 的"6"脚为_____电平，"4"脚即输出_____电平，经 VT3、VT4 两级放大推动报警喇叭发出报警声。

（3）车主开车时，先将钥匙插入，将开关置"ON"位置，电流经 VD4、R_{10} 注入 VT2 的基极，此时 VT2 为_____状态，这样将 U1B 的"6"脚钳位在_____电平，U1B 被封锁。此时，无论如何搬动或驾驶车辆，由于 U1B 的"4"脚始终保持_____电平，报警器都不会发声。

3. 元器件的检测与电路的装配

1）对电路中的元器件进行识别、检测

（1）根据色环电阻的色环颜色读出电阻的值，再用万用表进行检测。自己列表列出各电阻标称值、测量值、误差，并说明是否满足要求。

（2）用万用表判别三极管极性及好坏。三极管 VT1、VT4 分别为_____型、_____型三极管，万用表测量出 U_{BE1} = _____ V，U_{BE4} = _____ V。

（3）根据标注读出电容 C_1 的电容值和耐压值，用万用表的 $R×1\ k\Omega$ 挡（或 $R×10\ k\Omega$）挡检测电容器的质量。

（4）查资料：集成电路 CD4081 包含_____个_____输入的_____门，这种门的特点是_____。其属于_____型集成电路（选填"TTL 或 CMOS"）。它的_____脚接电源，_____脚接地。

2）放大电路的装配

在 PCB 板或万能板上，按照装配图和装配工艺安装摩托车防盗报警电路（装配好的防盗报警电路如图 5-23 所示）。焊接用的烙铁最好不大于 25 W，焊集成块时，先焊集成块插座，待将其他元件焊接完成后，再将集成块插入对应的插座。由于集成电路外引线间距离很近，焊接时焊点要小，不得将相邻引线短路，而且焊接时间要短。

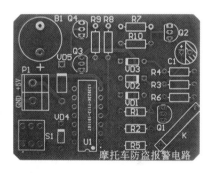

图 5-23　摩托车防盗报警电路实物图及 PCB 板

4. 摩托车防盗报警电路的调试

待装配完成后，进行自检，确认无误后方可进行调试。

（1）将 S1 置于 OFF 位置，电路板平放使水银开关 K 处于断开状态，用万用表测试集成电路 CD4081 的②脚和⑥脚对地电压分别为 $V_②$ = _____ V，$V_⑥$ = _____ V；测量三极管 VT1 集电极与发射极间的电压 U_{ce1} = _____ V，VT1 处于_____状态，此时的报警器应不发声。

（2）将 S1 置于 ON 位置，同样使电路板平放使水银开关 K 处于断开状态，用万用表测量 VT2 的集电极与发射极间的电压 U_{ce2} = _____ V，VT2 处于_____状态，此时的报警器也应不发声。

（3）将 S1 置于 OFF 位置，电路板倾斜，使水银开关处于接通状态，用万用表测试集成电路 CD4081 的②脚和⑥脚对地电压分别为 $V_②$ = _____ V，$V_⑥$ = _____ V；测量三极管 VT1 集电极与发射极间的电压 U_{ce1} = _____ V，VT1 处于_____状态，此时的报警器应发声。

在调试过程中，如不满足上面三步骤产生的现象，则将电路由左至右依次检查元件是否有错装、虚焊、短路现象，集成块通过逻辑功能验证是否有损坏可能，直至将故障排除。

调试过程中应注意当输出高电平时，输出端不能碰地，否则会烧坏器件；当输出低电平时，输出端不能碰电源。

5. 任务实施总结

（1）分析并讨论测量结果，得出结论。

（2）电路中的 C_1 起什么作用？

（3）总结任务实施过程中发生的问题，找到解决方法并谈一谈收获。

6. 任务评价

摩托车防盗报警电路的制作、调试与检测评分标准如表 5-10 所示。

表 5-10　摩托车防盗报警电路的制作、调试与检测评分标准

项目及配分	工艺标准或要求	扣分标准	自评分	互评分	教师评分	终评分
电路的工作原理分析（10分）	能正确分析"车停妥后""有人搬动车""车主开车时"三种情况电路的逻辑电平，以及各二极管、三极管的工作状态	不能正确判断电路的逻辑电平、各管的工作状态，每个错判扣0.5 分				
元器件检测（15分）	1. 能读、测出色环电阻的阻值； 2. 能用万用表判别三极管的极性、类型和质量好坏，识读电容参数并能判断其质量好坏； 3. 能查资料说明 CD4081 的特点	1. 不能读、测出色环电阻的阻值，不能判断电容质量，每个扣1 分； 2. 不能用万用表判别三极管的极性、类型和质量好坏，扣 2 分； 3. 集成电路 CD4081 资料查找，每个问题错误扣 1 分				
元器件成形（5分）	能按要求进行成形	成形损坏元件扣 3 分，不规范每个扣 1 分				
插件（10分）	1. 电阻器、电容器紧贴电路板； 2. 按电路图装配，元件的位置、极性正确	1. 元件安装不对称、高度不合格、装歪，每处扣 1 分； 2. 错装、漏装，每处扣 3 分				

续表

项目及配分	工艺标准或要求	扣分标准	自评分	互评分	教师评分	终评分
焊接 (10分)	1. 焊点光亮、清洁、焊料适当； 2. 无漏焊、虚焊、桥连等现象； 3. 焊接后，元件管脚留头长度小于1 mm	1. 焊点不光亮、焊料过多或过少，每处扣1分； 2. 漏焊、虚焊、桥连等每处扣2分； 3. 管脚剪脚留头长度大于1 mm，每处扣1分				
调试检测 (30分)	1. 按调试检测要求和步骤进行； 2. 正确使用万用表	1. 调试检测方法或步骤错误，每处扣5分； 2. 不会测量或测量结果错误，每处扣3分				
分析结论 (10分)	能利用测量结果对制作任务进行正确总结	不能正确总结任务实施5的问题，每次扣3分				
安全、文明生产 (10分)	1. 不人为损坏元件、仪表设备等； 2. 实训环境整洁、秩序井然、操作习惯良好	1. 测量任务完成，不关掉仪器仪表测试设备，扣5分； 2. 人为损坏元器件、设备，一次性扣10分； 3. 任务完成后不能保持环境整洁，扣5分				
总分						

 任务达标知识点总结

（1）在日常生活中，我们常使用十进制，而在数字系统中多使用二进制，为书写方便，通常还使用八进制、十六进制。N进制基数为N，计数规律是"满N进一，借一当N"。任意进制转换成十进制采用按权展开相加及得到对应的十进制数。十进制转换成N进制，整数部分采用"除N取余，余数逆向排列"，小数部分采用"乘N取整，整数顺向排列"。

码制是编码的方法：BCD码是数字系统中最常用的二-十进制代码，而常用的BCD码有8421码、5421码、2421码、余3码。

（2）基本的逻辑关系有与、或、非三种，而与其对应的逻辑运算是逻辑乘、逻辑加和逻辑非。任何复杂的逻辑关系都由基本的逻辑关系组合而成。应熟记逻辑代数中的基本公式与基本规则，它是分析和设计逻辑电路的工具。

描述逻辑关系的函数称为逻辑函数。逻辑函数中的变量和函数值都只能取0或1两个值，具有二值性。它们没有大小的概念，只表示两种对立的状态。逻辑函数可用真值表、逻辑函数式、波形图、逻辑图和卡诺图表示，它们之间可以随意互换。

逻辑函数的化简法有卡诺图法和公式法两种。公式化简法是利用逻辑代数的公式、定理等对函数式化简，要求是有一定的方法及技巧，需要熟练掌握公式定理的应用。卡诺图是图形法的化简。

（3）对于目前广泛使用的TTL和CMOS两类逻辑门电路，重点应把握它们的输出与输入间的逻辑关系和外部特性。另外，在实际使用中，应注意逻辑门电路闲置输入端的处理，电源及输出端连接的注意事项。

思考与练习 5.1

一、填空题

1. BCD 码是用_____位二进制数码来表示_____位十进制数。
2. 十进制数 16 表示为二进制数是_____，表示成 8421BCD 码是_____，两者结果_____同的原因是前者是_____，后者是_____。
3. 二进制数 10001 转换为十进制数为_____转换为八进制数为_____。
4. 分析数字电路的主要工具是_____，数字电路又称作_____。
5. 数字电路中当一个开关闭合可以用"1"来表示这种状态，那么开关断开则用_____表示。
6. 三种基本逻辑门电路是_____、_____和_____。
7. 三态门的输出端有_____、_____和_____三种状态。
8. 已知逻辑函数 $Y=\overline{AB\cdot CD}$，不变换逻辑表达式，用_____个_____门可以实现其逻辑功能。
9. 化简：$A+AB=$_____，$A(1+B)=$_____，$F=ABC+ABC+ABC=$_____。

二、选择题

1. 当逻辑函数有 n 个变量时，共有（　　）个变量取值组合？
   A. n　　　　　B. $2n$　　　　　C. 2^n　　　　　D. n^2
2. 两个输入与非门，使输出 $L=0$ 的输入变量取值组合是：（　　）。
   A. 00　　　　　B. 01　　　　　C. 10　　　　　D. 11
3. 二输入端的或非门，其输入端为 A、B，输出端为 Y，则其表达式 $Y=$（　　）。
   A. AB　　　　B. $\overline{AB}$　　　　C. $\overline{A+B}$　　　　D. $A+B$
4. 两输入或门输入端之一作为控制端，接低电平；将另一输入端作为数字信号输入端，则输出与另一输入是（　　）。
   A. 相同　　　　B. 相反　　　　C. 高电平　　　　D. 低电平
5. 要使或门输出恒为 1，可将或门的一个输入端始终接（　　）。
   A. 0　　　　　B. 1　　　　　C. 输入端并联　　　D. 0 或 1 都可以
6. 要使与门输出恒为 0，可将与门的一个输入始终接（　　）。
   A. 0　　　　　B. 1　　　　　C. 输入端并联　　　D. 0 或 1 都可以
7. 要获得一个与输入反相的矩形波，最方便的方式是应用（　　）。
   A. 与门　　　　B. 或门　　　　C. 非门　　　　D. 或非门
8. 以下表达式中符合逻辑运算法则的是（　　）。
   A. $C+C=2C$　　B. $1+10=11$　　C. $0<1$　　D. $A+1=1$
9. 逻辑函数式 $Y=ABC+(\overline{A}+\overline{B}+\overline{C})$ 的函数值为（　　）。
   A. 0　　　　　B. 1　　　　　C. ABC　　　　D. $\overline{A}+\overline{B}+\overline{C}$

10. $A+BC=$（　　）。
A. $A+B$　　　　　　　　　　　B. $A+C$
C. $(A+B)(A+C)$　　　　　　　D. $B+C$

11. 以下和逻辑式 $A+\overline{ABC}$ 相等的是（　　）。
A. ABC　　　　　　　　　　　B. $1+BC$
C. A　　　　　　　　　　　　D. $A+\overline{BC}$

12. 在使用 OC 门时，输出端除了接负载，还必须接（　　）。
A. 电阻　　　　　　　　　　　B. 电容
C. 电阻和直流电源　　　　　　D. 电容和直流电源

三、判断题

1. 在数字电路中，高电平、低电平指的是一定的电压范围，而不是一个固定的数值。
　　　　　　　　　　　　　　　　　　　　　　　　　　　　（　）
2. 当高电平表示逻辑 0、低电平表示逻辑 1 时称为正逻辑。　　　（　）
3. 逻辑函数与真值表之间没有关系。　　　　　　　　　　　　（　）
4. 从波形图是没办法得到逻辑函数表达式的。　　　　　　　　（　）
5. 由逻辑函数表达式可以列出真值表。　　　　　　　　　　　（　）
6. 逻辑函数的真值表是唯一的。　　　　　　　　　　　　　　（　）
7. 集成 TTL 逻辑门与集成 CMOS 门使用方法一样，没有任何区别。（　）
8. 集成 TTL 与门与集成 CMOS 与门逻辑功能不同。　　　　　　（　）
9. 集成 TTL 门输出端可以和 CMOS 输入端直接连接。　　　　　（　）
10. 集成 TTL 门电路多余输入端可悬空。　　　　　　　　　　　（　）
11. CMOS 与非门电路多余端可悬空。　　　　　　　　　　　　（　）

四、列出下列函数的真值表

（1）$F_1=AB+\overline{B}C$；

（2）$F_2=\overline{A}BC+A\overline{C}+BD$。

五、用与非门实现下列逻辑关系，并画出逻辑图

（1）$F=A+B+C$；

（2）$F=AB+AC+ABC$。

六、用公式化简法将下列逻辑表达式化简为最简与或形式

（1）$F_1=A\overline{B}+B+\overline{A+\overline{C}}$；

（2）$F_2=\overline{A}\ \overline{B}\ \overline{C}+AD+(B+C)D$；

（3）$F_3=A\overline{B}+BD+\overline{A}D$。

七、作图与分析

1. 已知输入信号 A、B、C 的波形如图 5-24（c）所示，试对应画出图 5-24（a）和图 5-24（b）所示的各逻辑门电路的输出波形。

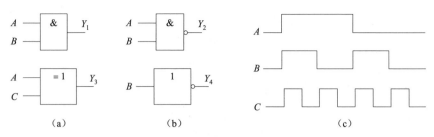

图 5-24 作图与分析题 1 图

2. 逻辑笔（逻辑探针）是测试数字电路状态的工具，使用起来十分方便。图 5-25 所示为其原理图，用 1 块 74LS00 芯片和 2 个电阻按照图 5-25 连接，稍加调试即可制成。请自制 1 支逻辑笔，并说明测试原理。

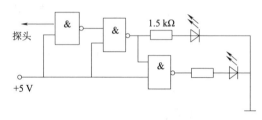

图 5-25 作图与分析题 2 图

知识拓展
逻辑函数的卡诺图化简法

卡诺图化简是一种图形法化简法，它就是将逻辑函数的最小项按一定规则排列而构成的正方形或矩形的方格图，是逻辑函数的一种表示方法，即在图中分成若干个小方格，每个小方格代表一个最小项，按一定的规则把小方格中所有的最小项进行合并处理，就可得到最简的逻辑函数表达式。卡诺图化简逻辑函数比较直观方便，在利用卡诺图化简逻辑函数之前，先介绍一下最小项的基本概念。

逻辑函数的最小项及其性质

1. 最小项和最小项表达式

1）最小项

在逻辑函数中，设有 n 个逻辑变量，如果由这 n 个逻辑变量所组成的乘积项（与项）中的每个变量只是以原变量或反变量的形式出现一次，且仅出现一次，便把这个乘积项称为 n 个变量的一个最小项。

例如，三变量的逻辑函数 A、B、C 可以组成很多种乘积项，但符合最小项定义的有 $\bar{A}\bar{B}\bar{C}$、$\bar{A}\bar{B}C$、$\bar{A}B\bar{C}$、$\bar{A}BC$、$A\bar{B}\bar{C}$、$A\bar{B}C$、$AB\bar{C}$、ABC 8 项，这 8 项即称为这个逻辑函数的最小项。除此之外，如 $\bar{A}C$、$\bar{A}(B+C)$、$\bar{A}\bar{B}BC$ 和 $AB\bar{A}$ 等项就不是最小项。

可以证明，n 变量逻辑函数共有 2^n 个最小项。若 $n=2$，$2^2=4$，二变量的逻辑函数就有 4 个最小项，若 $n=4$，$2^4=16$，四变量的逻辑函数就有 16 个最小项……以此类推。

为了方便，常用最小项编号 m_i 的形式表示最小项，其中 m 代表最小项，i 表示最小项的编号。i 是 n 变量取值组合排成二进制所对应的十进制数，将以原变量形式出现的变量视为1，将以反变量形式出现的变量视为0。例如，$\bar{A}\bar{B}\bar{C}$ 记为 m_0，$\bar{A}\bar{B}C$ 记为 m_1，$\bar{A}B\bar{C}$ 记为 m_2 等。表 5-11 所示为三变量的全部最小项真值表及最小项的编号。

表 5-11 三变量最小项真值表

变量 A B C	全部最小项							
	m_0 $\bar{A}\bar{B}\bar{C}$	m_1 $\bar{A}\bar{B}C$	m_2 $\bar{A}B\bar{C}$	m_3 $\bar{A}BC$	m_4 $A\bar{B}\bar{C}$	m_5 $A\bar{B}C$	m_6 $AB\bar{C}$	m_7 ABC
0 0 0	1	0	0	0	0	0	0	0
0 0 1	0	1	0	0	0	0	0	0
0 1 0	0	0	1	0	0	0	0	0
0 1 1	0	0	0	1	0	0	0	0
1 0 0	0	0	0	0	1	0	0	0
1 0 1	0	0	0	0	0	1	0	0
1 1 0	0	0	0	0	0	0	1	0
1 1 1	0	0	0	0	0	0	0	1

由表 5-11 可知，最小项具有下列性质：

① 对于任意一个最小项，有且仅有一组变量的取值使它的值等于1。

② 任意两个不同最小项的乘积恒为0。

③ n 变量的所有最小项之和恒为1。

若两个最小项只有一个因子不同，则称它们为相邻最小项。相邻最小项合并（相加）后可消去相异因子，如：

$$AB\bar{C}+ABC=AB$$

2）逻辑函数的最小项表达式（标准与或表达式）

任何一个逻辑表达式都可以展开为若干个最小项相加的形式，即"积之和"的形式，这种形式称为逻辑函数的标准式，也称为最小项表达式。

可由逻辑函数的真值表直接求得最小项表达式，方法为：找到使逻辑函数 F 为"1"的变量组合项的最小项，再将这些最小项进行相或即可得到函数的最小项表达式。例如，已知 F 的真值表如表 5-12 所示。由真值表写出最小项表达式的方法是：使函数 $F=1$ 的变量取值组合有 001、010、110 三项，与其对应的最小项是 $\bar{A}\bar{B}C$、$\bar{A}B\bar{C}$、$AB\bar{C}$，则逻辑函数 F 的最小项表达式为

$$F(A,B,C)=\bar{A}\bar{B}C+\bar{A}B\bar{C}+AB\bar{C}=m_1+m_2+m_6=\sum m(1,2,6)$$

表 5-12 真值表

A	B	C	F
0	0	0	0
0	0	1	1
0	1	0	1
0	1	1	0
1	0	0	0
1	0	1	0
1	1	0	1
1	1	1	0

一般逻辑函数式还可利用公式将表达式变换成一般与或式，再采用配项法，将每个乘积项（与项）都变为最小项，求得最小项表达式。

例如，将 $F(A, B, C) = \overline{AB + \overline{AB} + C} + AB$ 转化为最小项表达式，则有：

$$\begin{aligned} F(A, B, C) &= \overline{AB} \cdot \overline{\overline{AB}} \cdot \overline{C} + AB = (\overline{A} + \overline{B})(A + \overline{B})\overline{C} + AB \\ &= \overline{B}\,\overline{C} + AB = (\overline{A} + A)\overline{B}\,\overline{C} + AB(\overline{C} + C) \\ &= \overline{A}\,\overline{B}\,\overline{C} + A\overline{B}\,\overline{C} + AB\overline{C} + ABC \\ &= m_0 + m_4 + m_6 + m_7 = \sum m(0, 4, 6, 7) \end{aligned}$$

2. 卡诺图

卡诺图是逻辑函数的图形表示法。任何形式的逻辑表达式都能化成最小项之和的形式。卡诺图的实质不过是将逻辑表达式的最小项之和形式以图形的方式表示出来而已，所以又将其称为最小项方格图。

逻辑函数的卡诺图

1）逻辑变量的卡诺图

把所有组成逻辑函数的逻辑变量的最小项用小方格的形式表示出来即可得到逻辑变量的卡诺图。其中，代表最小项的方格排列成矩形，而且使几何位置相邻的两个最小项方格在逻辑上也是相邻的，n 变量应有 2^n 个小方格构成的矩形卡诺图。这种表示逻辑函数的方法，特别有利于化简逻辑函数。

所谓逻辑相邻，是指如果两个最小项中除了一个变量取值不同外，其余的都相同（即两个最小项中只有一个变量互为反变量，其余变量均相同），它们便具有逻辑上的相邻性。

例如，$m_3 = \overline{A}BC$ 和 $m_7 = ABC$ 是逻辑相邻。又如，m_3 和 $m_1 = \overline{A}\,\overline{B}C$、$m_2 = \overline{A}B\overline{C}$ 也是逻辑相邻。如果两个相邻最小项出现在同一个逻辑函数中，可以将它们合并为一项；同时，消去互为反变量的那个量，如 $ABC + A\overline{B}C = AC(B + \overline{B}) = AC$。

图 5-26 所示为二到四变量最小项卡诺图的画法。图形两侧标注的 0 和 1 表示使对应小方格内的最小项取值为 1 的变量取值。与这些 0 和 1 组成的二进制数等值的十进制数恰好就是所对应的最小项的编号。为了保证几何位置相邻的两个最小项只有一个变量不同，这些变量取值的数码排列不能按自然二进制数顺序，而应对排列顺序进行适当调整。对行或列是两个变量的情况，自变量取值按 00、01、11、10 排列；对行或列是三个变量的情况，将自变量取值按 000、001、011、010、110、111、101、100 排列。

由图 5-26（b）、（c）中还可以发现，图中任何一行或一列两端的最小项也是相邻的。

当变量数超过五个以后，就无法在二维平面上用几何位置的相邻表示所有逻辑上相邻的情况了。本书对超过四个变量的卡诺图不做要求。

2）逻辑函数的卡诺图

在变量卡诺图的基础上，将逻辑函数化成最小项之和的形式，然后在卡诺图上将函数式中包含的最小项所对应方格中填入 1，在其余的方格中填入 0，得到的就是表示该逻辑函数的卡诺图。如果给出的是逻辑函数的真值表，在相应的变量取值组合的每个小方格中，函数值为 1 的填上 "1"，为 0 的填上 "0"，就可以得到函数的卡诺图，非常方便。因此，又可以说：任何一个逻辑函数都等于它的卡诺图上填有 1 的位置上那些最小项之和。

项目五 门电路和组合逻辑器件应用电路制作

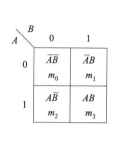

（a） （b） （c）

图 5-26 二到四变量卡诺图

（a）二变量卡诺图；（b）三变量卡诺图；（c）四变量卡诺图

例 5.6 用卡诺图表示逻辑函数 $F=(\overline{AB}+AB)\overline{C}+\overline{B}CD+\overline{BC}D+A\overline{B}\ \overline{C}D$。

解：首先将上式化成最小项之和的形式

$F=(\overline{AB}+AB)\overline{C}+\overline{B}CD+\overline{BC}D+A\overline{B}\ \overline{C}D$

$=\overline{ABC}+AB\overline{C}+\overline{B}CD+\overline{BC}D+A\overline{B}\ \overline{C}D$

$=\overline{ABC}\ \overline{D}+\overline{ABCD}+ABC\ \overline{D}+ABC\overline{D}+\overline{A}\ \overline{B}CD+A\overline{B}CD+\overline{A}\ \overline{BC}D+A\overline{BC}D+A\overline{B}\ \overline{C}D$

$=m_2+m_3+m_4+m_5+m_9+m_{10}+m_{11}+m_{12}+m_{13}$

画出四变量（A，B，C，D）最小项的卡诺图，在 m_2、m_3、m_4、m_5、m_9、m_{10}、m_{11}、m_{12}、m_{13} 的方格内填入 1，在其余方格内填入 0，于是便得到了例 5.6 中表达式的卡诺图，如图 5-27 所示。

反过来，如果给出了逻辑函数的卡诺图，则只要将卡诺图中填 1 的方格所对应的那些最小项相加，就可以得到相应的逻辑表达式了。

AB\CD	00	01	11	10
00			1	1
01	1	1		
11	1	1		
10		1	1	1

图 5-27 例 5.6 的卡诺图

实际上，我们在根据一般逻辑表达式画卡诺图时，常常可以从一般与或式直接画卡诺图。其方法是：把每个乘积项所包含的那些最小项所对应的小方格都填上"1"，其余的填"0"，就可以直接得到函数的卡诺图了。

例 5.7 画出 $F(A,B,C)=AB+B\overline{C}+\overline{A}\ \overline{C}$ 的卡诺图。

解：AB 这个乘积项包含了 $A=1$，$B=1$ 的所有最小项，即 $AB\overline{C}$ 和 ABC。$B\overline{C}$ 这个乘积项包含了 $B=1$，$C=0$ 的所有最小项，即 $\overline{A}B\overline{C}$ 和 $AB\overline{C}$。$\overline{A}\ \overline{C}$ 这个乘积项包含了 $A=0$，$C=0$ 的所有最小项，即 $\overline{B}$ 和 B。接下来，画出卡诺图，如图 5-28 所示。需要指出的是：

A\BC	00	01	11	10
0	1	0	0	1
1	0	0	1	1

图 5-28 例 5.7 的卡诺图

（1）在填写"1"时，有些小方格出现重复，根据 $1+1=1$

165

的原则，只保留一个"1"即可。

（2）在卡诺图中，只要填入函数值为"1"的小方格，函数值为"0"的可以不填。

（3）上面画的是函数 F 的卡诺图。若要画 $\overline{F}$ 的卡诺图，则要将 F 中的各个最小项用"0"填写，其余填写"1"。

3. 逻辑函数的卡诺图化简

逻辑函数的卡诺图化简

利用卡诺图化简逻辑函数的方法称为逻辑函数的卡诺图化简法。

卡诺图的逻辑相邻性保证了在卡诺图中相邻两方格所代表的最小项只有一个变量不同。因此，若相邻的两方格都为1（简称1格）时，则对应的最小项就可以进行合并。合并的结果是消去这个不同的变量，保留相同的变量。这是卡诺图化简法的依据。

如果有两个相邻最小项合并，则可消去一个互补变量，有四个相邻最小项合并，则可消去两个互补变量，有 2^n 个相邻最小项合并，则可消去 n 个互补变量。用卡诺图化简逻辑函数式有一定的规则、步骤和方法可循，具体如下。

（1）画出逻辑函数的卡诺图。

（2）画圈：将包含 2^i（$i=0, 1, 2, 3, \cdots$）个相邻填1的小方格圈成一个圈，直到所有的1的方格全部圈完为止。画圈的原则是：

①只有相邻的填1方格才能圈成一个圈，而且每个圈只能包含 2^i 个方格；就是说只能按1、2、4、8、16这样的1的数目画圈。

②填1的方格可以被重复圈在不同的圈中，但每个圈中至少有一个填1方格，且保证只被圈过一次，否则这个圈就是多余的。

③所画的圈尽可能少，即在保证填1方格一个也不漏圈的前提下，圈的个数越少越好。

④填1方格的圈尽可能画大（即圈尽可能多填1方格），以减少每项的因子数。

（3）写出最简与或表达式。

对卡诺图中所画的每一个圈，都可以写出一个相应的最简与项，将这些与项相加，即得最简与或式。

最简与项书写规则是：取值发生了变化的变量在这个最简与项里被消掉了不存在，取值没变的变量保留在最简与项里。其中取值为1的变量以原变量、取值为0的变量以反变量的形式保留在最简与项中。

图5-29所示为卡诺图中含1的圈，供大家参考。

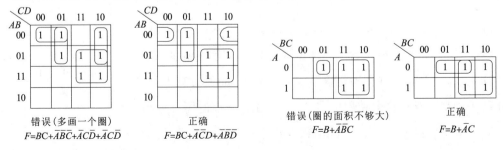

图5-29 卡诺图中含1的圈

错误（圈的面积不够大）　$F=\overline{C}+BC\overline{D}$　　正确　$F=\overline{C}+B\overline{D}$

（c）

错误（有一个圈无新的1格）　$F=BD+AB\overline{C}+\overline{A}\,\overline{C}D+\overline{A}BC+ACD$　　正确　$F=AB\overline{C}+\overline{A}\,\overline{C}D+\overline{A}BC+ACD$

（d）

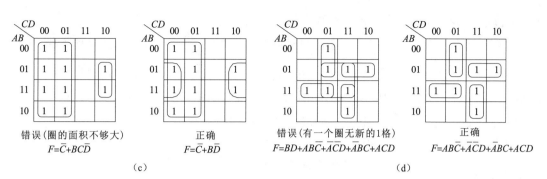

图 5-29　卡诺图中含 1 的圈（续）

例 5.8　用卡诺图化简函数 $F(A,\ B,\ C,\ D)=\overline{A}\,\overline{B}CD+A\overline{B}\,\overline{C}D+AB\overline{C}D+A\overline{B}CD$。

解：根据最小项的编号规则，可知 $F=m_3+m_9+m_{11}+m_{13}$

依据该式可以画出例 5.8 中函数的卡诺图，如图 5-30 所示。对卡诺图中所画的每个圈进行合并，保留相同的变量，去掉互反的变量。化简后的与或表达式为

$$F=A\overline{C}D+\overline{B}CD$$

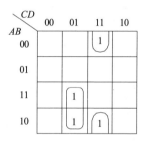

图 5-30　例 5.8 中函数的卡诺图

例 5.9　用卡诺图化简逻辑函数 $F=\overline{A}\,\overline{B}\,\overline{C}\,\overline{D}+AC\overline{D}+\overline{A}C\overline{D}+BCD+\overline{A}B\overline{C}D+A\overline{B}\,\overline{C}D$。

解：画出给定逻辑函数的卡诺图，如图 5-31 所示，最简与或表达式为

$$F=C\overline{D}+BC+\overline{A}BD+\overline{A}\,\overline{B}\,\overline{D}+A\overline{B}\,\overline{C}D$$

图 5-31　例 5.9 的卡诺图

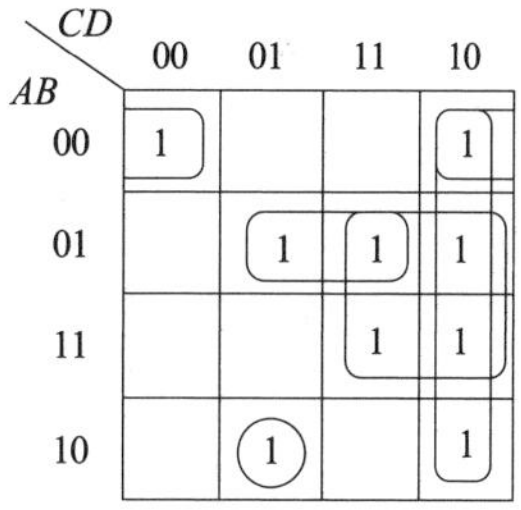

还有一点要说明：用卡诺图化简逻辑函数时，由于对最小项画包围圈的方式不同，得到的最简与或式也往往不同。

卡诺图法化简逻辑函数的优点是简单、直观，容易掌握，但不适用于五变量以上逻辑函数的化简。

4. 具有约束项的逻辑函数的卡诺图化简

1）逻辑函数中的约束项（无关项）

人们在实际应用中经常会遇到这样的问题，即在有些逻辑函数中，输入变量的某些取值组合不会出现，或者一旦出现，逻辑值可以是任意的。这样的取值组合所对应的最小项称为无关项、任意项或约束项。例如，某逻辑电路的输入为 8421BCD 码，显然信息中有 6 个变量组合（1010～1111）在正常工作时，它们是不会（也不允许）出现的，因此，

1010~1111 的 6 种状态所对应的最小项即为无关项。

对于具有约束项的逻辑函数，在逻辑函数表达式中用 $\sum d(\cdots)$ 表示约束项，如 $F(A, B, C, D) = \sum m(0, 1, 2, 3, 4, 5, 6, 7, 8, 9) + \sum d(10, 11, 12, 13, 14, 15)$，表示最小项 $m_{10} \sim m_{15}$、为约束项。通常也用约束项加起来恒为 0 的等式来表示约束项，也称为约束条件表达式，如 $\sum d(10, 11, 12, 13, 14, 15) = 0$。

约束项在真值表或卡诺图中对应的函数值用×表示。

具有约束项
的逻辑函数
的化简

2）具有约束项逻辑函数的化简

对于具有约束项的逻辑函数，可以利用约束项进行化简，使得表达式简化。

既然约束项对应的变量取值的组合不会出现，那么，约束项的处理就可以是任意的，可以认为是"1"，也可以认为是"0"。在对含有约束项的逻辑函数的化简中，要考虑约束项，当它对函数的化简有利时，认为它是"1"，反之认为是"0"。

化简时的具体步骤是：

（1）将函数式中最小项在卡诺图对应小方块内填 1，约束项在对应小方块内填×。

（2）画圈时将约束项看作是 1 还是 0，应以得到的圈最大，圈的个数最少为原则。

（3）圈中必须至少有一个有效的最小项，不能全是约束项。

例 5.10 十字路口的红、绿、黄信号灯，分别用 A、B、C 来表示。其中，1 表示灯亮，0 表示灯灭。车辆的通行情况用 F 来表示。$F=1$ 表示停车，$F=0$ 表示通车。试用卡诺图化简表达该逻辑事件的逻辑表达式。

解： 根据逻辑事件列出的真值表如表 5-13 所示。在实际情况中，每次只允许一个灯亮，不可能有两个或两个以上的信号灯同时亮；灯全灭时，在安全的前提下允许车辆通行。

对照该真值表可以写出的逻辑函数表达式为 $F = \overline{A}\,\overline{B}C + A\overline{B}\,\overline{C}$

其约束项为 $\overline{A}BC$、$A\overline{B}C$、$AB\overline{C}$、ABC，在真值表中用×表示。该逻辑函数的卡诺图如图 5-32 所示，在约束项对应的小方格内填×。

表 5-13 例 5.10 的真值表

A	B	C	F
0	0	0	0
0	0	1	1
0	1	0	0
0	1	1	×
1	0	0	1
1	0	1	×
1	1	0	×
1	1	1	×

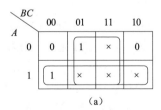

(a)

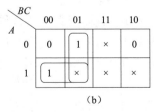

(b)

图 5-32 例 5.10 的卡诺图

第一种方案：将所有的约束项假定为1，可以按照图5-32（a）图进行化简。其化简结果为 $F=A+C$。

第二种方案：将约束项 $\overline{ABC}$ 假定为1，其余假定为0，可以按照图5-32（b）图进行化简，化简结果为 $F=A\overline{B}+\overline{B}C$。

由以上分析可看出，使约束项取不同的值（0或1），就会得出不同的化简结果。显然，第一种方案的化简结果是该逻辑事件的最简逻辑函数表达式。在考虑约束项时，哪些约束项当作1，哪些约束项当作0，要以尽量扩大卡诺圈、减少圈的个数，使逻辑函数更简为原则。

讨论题1：卡诺图化简的依据是什么？总结卡诺图化简的步骤和方法。

讨论题2：表5-14所示为8421BCD码表，其中1010~1111的6个状态不可能出现，为无关项。要求当十进制数为奇数时，输出 $F=1$。①若不考虑无关项，求 F 的最简与或式；②若考虑无关项，并利用无关项"×"进行化简，求 F 的最简与或式。

表5-14 讨论题2表

十进制数	输入变量				输出变量	十进制数	输入变量				输出变量
	A	B	C	D	F		A	B	C	D	F
0	0	0	0	0	0	8	1	0	0	0	0
1	0	0	0	1	1	9	1	0	0	1	1
2	0	0	1	0	0	不会出现	1	0	1	0	×
3	0	0	1	1	1		1	0	1	1	×
4	0	1	0	0	0		1	1	0	0	×
5	0	1	0	1	1		1	1	0	1	×
6	0	1	1	0	0		1	1	1	0	×
7	0	1	1	1	1		1	1	1	1	×

逻辑函数的卡诺图化简知识点总结

（1）逻辑函数中不会或不允许出现的变量取值组合所对应的最小项称为约束项，又叫无关项。由约束项加起来所构成的函数表达式称为约束条件。

（2）化简具有约束项的逻辑函数时，在逻辑函数表达式中用 $d(\cdots)$ 表示约束项。约束项加起来恒为0的等式来表示无关项，也称为约束条件表达式。约束项在真值表或卡诺图中用×表示。

（3）对于具有"约束"的逻辑函数，可以利用约束项进行化简，使得表达式简化。在化简时，要考虑约束项，当它对函数的化简有利时，认为它是"1"，反之认为是"0"。

卡诺图化简法有固定的规律和步骤，而且直观、简单。只要按已给步骤进行，便可以较快地找出化简的规律。卡诺图化简法对五变量以下的逻辑函数化简非常方便。

任务二 医院病床简易呼叫系统制作与调试

学习目标

两弹一星
元勋——邓稼先

[知识目标]
1. 理解组合逻辑电路特点，掌握组合逻辑电路的分析方法；
2. 熟练组合逻辑电路的设计步骤；
3. 掌握编码器、译码器的基本概念。

[技能目标]
1. 会设计简单的组合逻辑电路，并能识图组合逻辑电路；
2. 能根据设计要求选择适合逻辑功能的集成电路；
3. 能对医院病床简易呼叫系统电路进行装配，并能通过调试检测达到预期目标。

[素养目标]
1. 树立勤于思考、做事认真的良好职业精神；
2. 培养实事求是的科学态度和精益求精的工作作风；
3. 培养团结协作、互帮互助的精神及良好的安全生产意识、质量意识和效益意识。

任务概述

医院的病房里都设有呼叫按钮；同时，护士值班室内对应装有应答显示和提示声装置，（按病人病情轻重设有呼叫优先响应权限）。本任务中制作的电路设有 9 个病房即 1~9 号，其中 9 号病房病人的病情最重，响应权限最高，其次是 8 号病房，以此类推，1 号病房的响应权限最低。即当 9 号病房与其他病房同时呼叫医生（按动开关）时，值班室显示 9 并有蜂鸣器发出提示音，而其他病房呼叫则不显示，当医生到达后将 9 号开关断开，值班室再显示其他病房级别高的号码。其电路原理如图 5-33 所示。要求分析电路工作原理、完成电路的装配并调试检测，从而实现电路的预期功能。

任务引导

问题 1：组合逻辑电路分析及设计的基本任务是什么？请简述组合电路的分析及设计步骤。

问题 2：优先编码器和普通编码器有何区别？

问题 3：译码器的功能是什么？所有译码器输出的信号都能直接接上显示器并显示出来吗？

项目五 门电路和组合逻辑器件应用电路制作

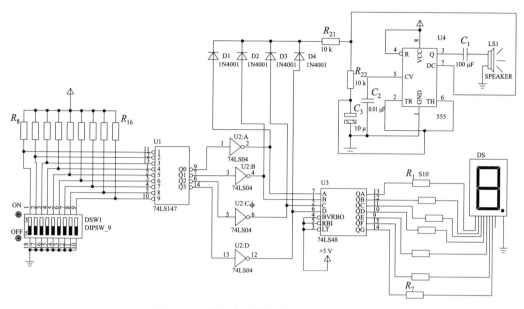

图 5-33 医院病床简易呼叫系统电路原理

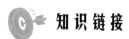

知识点一 组合逻辑电路的分析与设计

数字电路根据逻辑功能的不同特点,可以分成两大类:一类叫作组合逻辑电路(简称"组合电路");另一类叫作时序逻辑电路(简称"时序电路")。

在逻辑电路中,任意时刻的输出状态只取决于该时刻的输入状态,而与输入信号作用之前的电路的状态无关,这种电路称为组合逻辑电路。组合逻辑电路中不存在任何存储单元,只有从输入到输出的通路,没有从输出反馈到输入的回路,是由各类最基本的逻辑门电路组合而成的。组合逻辑电路可以有多个输入端和多个输出(也可是单一输出)端。图 5-34 所示为组合逻辑电路框图。

图 5-34 组合逻辑电路框图

1. 组合逻辑电路的分析

组合逻辑电路的分析,就是根据给定的逻辑电路图,确定其逻辑功能。其分析的一般步骤为:

(1) 根据给定电路图,写出逻辑函数表达式。
(2) 化简逻辑函数表达式,求出函数的最简与或表达式。
(3) 列真值表。

组合逻辑
电路的分析

（4）分析真值表并描述电路逻辑功能。

例 5.11 分析图 5-35 中所示电路的逻辑功能。

解：（1）写出逻辑表达式并化简。此电路有 3 个输出端，要分别写出逻辑表达式：

$$Y_1 = \overline{A}B \quad Y_3 = A\overline{B} \quad Y_2 = \overline{Y_1 + Y_3} = \overline{\overline{A}B + A\overline{B}} = AB + \overline{A}\,\overline{B}$$

（2）列出函数的真值表，如表 5-15 所示。

（3）分析功能。此电路为一位数值比较器，功能为

$$Y_1 = 1：A<B$$
$$Y_2 = 1：A=B$$
$$Y_3 = 1：A>B$$

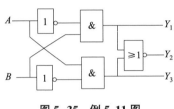

图 5-35　例 5.11 图

表 5-15　函数的真值表

A	B	Y_1	Y_2	Y_3
0	0	0	1	0
0	1	1	0	0
1	0	0	0	1
1	1	0	1	0

所谓数值比较器，就是对两个二进制数 A 和 B 进行比较，以判断其大小的逻辑电路，比较的结果有以下三种情况：$A>B$、$A<B$、$A=B$。例 5.11 是 1 位数值比较器。多位数进行比较时，需要从高位到低位逐位进行比较，只有在高位相等时，才能进行低位比较。常用的集成器件 74LS85 是一种 4 位数值比较器，其功能如表 5-16 所示。图 5-36 所示为其逻辑符号和外引线排列。

表 5-16　74LS85 的功能

输入				级联输入			输出		
$A_3\ B_3$	$A_2\ B_2$	$A_1\ B_1$	$A_0\ B_0$	$A>B$	$A<B$	$A=B$	$F_{A>B}$	$F_{A<B}$	$F_{A=B}$
$A_3>B_3$	×	×	×	×	×	×	1	0	0
$A_3<B_3$	×	×	×	×	×	×	0	1	0
$A_3=B_3$	$A_2>B_2$	×	×	×	×	×	1	0	0
$A_3=B_3$	$A_2<B_2$	×	×	×	×	×	0	1	0
$A_3=B_3$	$A_2=B_2$	$A_1>B_1$	×	×	×	×	1	0	0
$A_3=B_3$	$A_2=B_2$	$A_1<B_1$	×	×	×	×	0	1	0
$A_3=B_3$	$A_2=B_2$	$A_1=B_1$	$A_0>B_0$	×	×	×	1	0	0
$A_3=B_3$	$A_2=B_2$	$A_1=B_1$	$A_0<B_0$	×	×	×	0	1	0
$A_3=B_3$	$A_2=B_2$	$A_1=B_1$	$A_0=B_0$	1	0	0	1	0	0
$A_3=B_3$	$A_2=B_2$	$A_1=B_1$	$A_0=B_0$	0	1	0	0	1	0
$A_3=B_3$	$A_2=B_2$	$A_1=B_1$	$A_0=B_0$	0	0	1	0	0	1

项目五 门电路和组合逻辑器件应用电路制作

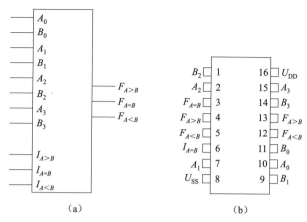

图 5-36 4 位数值比较器 74LS85 的逻辑符号和外引线排列
（a）逻辑符号；（b）外引线排列

讨论题 1：如何用两片集成器件 74LS85 构成 8 位数字比较器？请画出连线图。

2. 组合逻辑电路的设计

在实际应用中，组合逻辑电路时常遇到这样一类问题：根据给出的逻辑要求，优化设计出实用的逻辑电路，然后根据设计结果选择适当的集成电路芯片及元件，经过组装调试，做出符合要求的应用电路。

组合逻辑电路的设计

组合逻辑电路的设计过程与组合逻辑电路的分析过程刚好相反。在设计过程中要用到前面介绍的公式化简法或卡诺图化简法来化简或转换逻辑函数，使电路简单，所用器件最少，而且连线以最少为目标。设计组合逻辑电路的一般步骤大致如下。

（1）根据设计要求，确定输入、输出变量的个数，并对它们进行逻辑赋值（即确定 0 和 1 代表的含义）。

（2）根据逻辑功能要求列出真值表。注意，不会出现或不允许出现的输入变量取值组合可以不列出。如果列出，可在相应的输出函数处记上"×"号，化简时可作为约束项处理。

（3）列出逻辑函数表达式并进行化简。

（4）根据化简后的逻辑函数表达式画出符合要求的逻辑图。

（5）选择适当的元器件，按设计好的组合逻辑电路图搭接线路。

例 5.12 交通信号灯有三个，分红、黄、绿三色。当它们正常工作时，应该只有一盏灯亮，出现其他情况均属于电路故障。试设计故障报警电路。

解：设定灯亮用 1 表示，灯灭用 0 表示；报警状态用 1 表示，正常工作用 0 表示。红、黄、绿三灯分别用 R、Y、G 表示，电路输出用 Z 表示。其真值表如表 5-17 所示。

由真值表可得：

$$Z = \overline{R}\,\overline{Y}\,\overline{G} + \overline{R}YG + R\overline{Y}G + RY\overline{G} + RYG$$

化简可得到电路的逻辑表达式为

$$Z=\overline{R}\,\overline{Y}\,\overline{G}+RY+YG+RG$$

若限定电路用与非门作成，则逻辑函数式可改写成

$$Z=\overline{\overline{R\,\overline{Y}\,\overline{G}}\cdot\overline{RY}\cdot\overline{YG}\cdot\overline{RG}}$$

据此表达式制作出的电路如图 5-37 所示。

表 5-17　例 5.12 的真值表

R	Y	G	Z
0	0	0	1
0	0	1	0
0	1	0	0
0	1	1	1
1	0	0	0
1	0	1	1
1	1	0	1
1	1	1	1

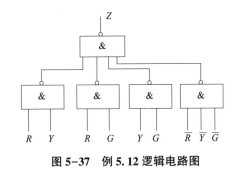

图 5-37　例 5.12 逻辑电路图

在实际设计逻辑电路时，有时并不是表达式最简单，就能满足设计要求，还应考虑所使用集成器件的种类，将表达式转换为能用所要求的集成器件实现的形式，并尽量使所用集成器件最少，就是要设计符合要求的电路。

在例 5.12 中，根据图 5-37 逻辑电路图，可以选择 74LS20 二-四输入与非门来完成。

讨论题 2：你能设计一个二进制加法电路吗？要求有两个加数输入端，一个求和输出端，一个进位输出端。

知识点二　编码器

编码就是将特定含义的输入信号（文字、数字和符号）转换成二进制代码的过程。而实现编码的电路称为编码器。按照编码方式，编码器可分为普通编码器和优先编码器；按照输出代码的种类，编码器可分为二进制编码器和非二进制编码器。

二进制编码器

1. 二进制编码器

1 位二进制代码有 0 和 1 两种状态，n 位二进制代码可以表示 2^n 种不同的状态，用 n 位二进制代码（有 n 个输出）对 $N=2^n$ 个信息（2^n 个输入）进行编码的电路称为二进制编码器。

由于编码器是一种多输入、多输出的组合逻辑电路，一般在任意时刻，编码器只有一个输入端有效（存在有效输入信号）。例如当确定输入高电平有效时，则应当只有一个输入信号为高电平，其余输入信号均为低电平（无效信号），编码器则对为高电平的输入信号进行编码，这样的编码器为普通编码器。若编码器输入为八个信号，输出为三位代码，则将其称为 8 线-3 线编码器（或 8/3 线编码器）

表 5-18 所示为一个 8 线-3 线普通编码器的真值表，输入信号高电平有效，输出为三

位二进制代码。当某个输入为高电平时,输出端输出与该信号对应的代码。

表 5-18 8 线-3 线编码器真值表

输入								输出		
I_0	I_1	I_2	I_3	I_4	I_5	I_6	I_7	Y_2	Y_1	Y_0
0	0	0	0	0	0	0	1	1	1	1
0	0	0	0	0	0	1	0	1	1	0
0	0	0	0	0	1	0	0	1	0	1
0	0	0	0	1	0	0	0	1	0	0
0	0	0	1	0	0	0	0	0	1	1
0	0	1	0	0	0	0	0	0	1	0
0	1	0	0	0	0	0	0	0	0	1
1	0	0	0	0	0	0	0	0	0	0

由真值表可得三位二进制编码器输出信号的逻辑表达式:

$$Y_2 = I_4 + I_5 + I_6 + I_7 = \overline{\overline{I_4} \, \overline{I_5} \, \overline{I_6} \, \overline{I_7}} \quad Y_1 = I_2 + I_3 + I_6 + I_7 = \overline{\overline{I_2} \, \overline{I_3} \, \overline{I_6} \, \overline{I_7}} \quad Y_0 = I_1 + I_3 + I_5 + I_7 = \overline{\overline{I_1} \, \overline{I_3} \, \overline{I_5} \, \overline{I_7}}$$

8 线-3 线普通编码器的逻辑图及示意图如图 5-38 所示。

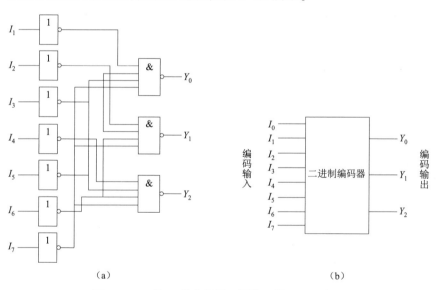

图 5-38 8 线-3 线普通编码器的逻辑图及示意图
(a) 逻辑图;(b) 示意图

2. 优先编码器

一般编码器在工作时仅允许一个输入端输入有效信号,否则编码电路将不能正常工作,使输出发生错误。而优先编码器则不同,它允许同时将几个信号加至编码器的输入端,但是由于各个输入端的优先级别不同,编码器只对级别最高的一个输入信号进行编码,而对其他级别低的输入信号,则不予考虑。优先级别的高低由设计者根据输入信号的轻重缓急情况而定,如根据病情而设定优先权。常用的优先编码器有 10 线-4 线和 8 线-3 线两种。

常用的优先编码器集成器件 74LS148 是 8 线-3 线优先编码器，经常用于优先中断系统和键盘编码，有 8 个输入信号和 3 位输出信号。其功能表如表 5-19 所示。

表 5-19　74LS148 编码器功能表

输入使能端	输入								输出			扩展输出	使能输出
$\overline{EI}$	$\overline{I_7}$	$\overline{I_6}$	$\overline{I_5}$	$\overline{I_4}$	$\overline{I_3}$	$\overline{I_2}$	$\overline{I_1}$	$\overline{I_0}$	$\overline{Y_2}$	$\overline{Y_1}$	$\overline{Y_0}$	$\overline{GS}$	$\overline{EO}$
1	×	×	×	×	×	×	×	×	1	1	1	1	1
0	1	1	1	1	1	1	1	1	1	1	1	1	0
0	0	×	×	×	×	×	×	×	0	0	0	0	1
0	1	0	×	×	×	×	×	×	0	0	1	0	1
0	1	1	0	×	×	×	×	×	0	1	0	0	1
0	1	1	1	0	×	×	×	×	0	1	1	0	1
0	1	1	1	1	0	×	×	×	1	0	0	0	1
0	1	1	1	1	1	0	×	×	1	0	1	0	1
0	1	1	1	1	1	1	0	×	1	1	0	0	1
0	1	1	1	1	1	1	1	0	1	1	1	0	1

$\overline{I_7} \sim \overline{I_0}$ 为低电平有效的状态信号输入端，其中 $\overline{I_7}$ 信号的优先级别最高，$\overline{I_0}$ 信号的优先级别最低。$\overline{Y_2}$、$\overline{Y_1}$、$\overline{Y_0}$ 为编码输出端，以反码输出，$\overline{Y_2}$ 为最高位，$\overline{Y_0}$ 为最低位。

优先编码器

$\overline{EI}$ 为使能输入端。当 $\overline{EI}=1$ 时，无论输入信号 $\overline{I_7} \sim \overline{I_0}$ 是什么，输出都是 1；当 $\overline{EI}=0$ 时，$\overline{Y_2}$、$\overline{Y_1}$、$\overline{Y_0}$ 根据输入信号 $\overline{I_7} \sim \overline{I_0}$ 的优先级别编码。例如，若输入信号 $\overline{I_7}$ 为有效的低电平，则无论其他输入信号为低电平还是高电平，输出的 BCD 码均为 000。

$\overline{EO}$ 为使能输出端，主要用于级联和扩展。$\overline{GS}$ 用于标记输入信号是否有效。在编码状态，只要有一个输入信号为有效的低电平，$\overline{GS}$ 便输出低电平，它主要用于编码器的级联。

74LS148 编码器的引脚图及逻辑符号如图 5-39 所示。74LS148 的应用非常灵活，既可以用两片 74LS148 扩展为 16 线-4 线优先编码器，也可以用一片 74LS148 实现 10 线-4 线优先编码器等。此处不再展开介绍。

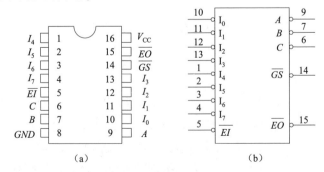

图 5-39　74LS148 的引脚和逻辑符号

(a) 引脚；(b) 逻辑符号

讨论题 3：用两片 74LS148 扩展为 16 线-4 线优先编码器，画出逻辑图。

3. 二-十进制编码器

将十进制数 0~9 编成二进制代码（BCD）的电路就是二—十进制编码器，亦称 10 线-4 线编码器。其工作原理与二进制编码器并无本质区别。

BCD 码的编码方案很多，如 8421 码、5421 码、2421 码等，常用的是 8421BCD 码，其典型芯片是 74LS147，这是一个二-十进制优先编码器，其逻辑符号及外引线如图 5-40 所示。

二-十进制编码器

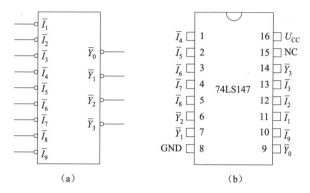

图 5-40　74LS147 的逻辑符号及外引线

(a) 逻辑符号；(b) 外引线

74LS147 编码器的功能表如表 5-20 所示。由表可见，编码器有 9 个输入端（$\overline{I_1} \sim \overline{I_9}$）和 4 个输出端（$\overline{Y_3}$、$\overline{Y_2}$、$\overline{Y_1}$、$\overline{Y_0}$）。其中 $\overline{I_9}$ 状态信号级别最高，而 $\overline{I_1}$ 状态信号的级别最低。$\overline{Y_3}$、$\overline{Y_2}$、$\overline{Y_1}$、$\overline{Y_0}$ 为编码输出端，以 8421 反码输出，$\overline{Y_3}$ 为最高位，$\overline{Y_0}$ 为最低位。一组 4 位二进制代码表示一位十进制数。有效输入信号为低电平。若无有效信号输入即 9 个输入信号全为"1"，代表输入的十进制数是 0，则输出 $\overline{Y_3}$、$\overline{Y_2}$、$\overline{Y_1}$、$\overline{Y_0}$=1111（0 的反码）。若 $\overline{I_1} \sim \overline{I_9}$ 为有效信号输入，则根据输入信号的优先级别输出级别最高信号的编码。

表 5-20　74LS147 优先编码器功能表

输入									输出			
$\overline{I_9}$	$\overline{I_8}$	$\overline{I_7}$	$\overline{I_6}$	$\overline{I_5}$	$\overline{I_4}$	$\overline{I_3}$	$\overline{I_2}$	$\overline{I_1}$	$\overline{Y_3}$	$\overline{Y_2}$	$\overline{Y_1}$	$\overline{Y_0}$
1	1	1	1	1	1	1	1	1	1	1	1	1
0	×	×	×	×	×	×	×	×	0	1	1	0
1	0	×	×	×	×	×	×	×	0	1	1	1
1	1	0	×	×	×	×	×	×	1	0	0	0
1	1	1	0	×	×	×	×	×	1	0	0	1
1	1	1	1	0	×	×	×	×	1	0	1	0
1	1	1	1	1	0	×	×	×	1	0	1	1
1	1	1	1	1	1	0	×	×	1	1	0	0
1	1	1	1	1	1	1	0	×	1	1	0	1
1	1	1	1	1	1	1	1	0	1	1	1	0

讨论题 4：对于 74LS147 优先编码，若其输出 $\overline{Y_3}$、$\overline{Y_2}$、$\overline{Y_1}$、$\overline{Y_0}$ = 1011，则各输入端信号是怎样的电平？

知识点三　译码器

二进制译码器

译码是编码的逆过程，作用正好与编码相反。它将输入代码转换成特定的输出信号（特定电平信号），从多个输出通道中选一路输出，即将每个代码的信息"翻译"出来。在数字电路中，能够实现译码功能的逻辑部件称为译码器。译码器在数字系统中有广泛的用途，如在计算机中普遍使用的地址译码器、指令译码器，在数字通信设备中广泛使用的多路分配器、规则码发生器等也都是由译码器构成的。若要实现不同的功能，可以选用不同种类的译码器。

译码器也是一种多输入、多输出的组合逻辑电路。若译码器输入的是 n 位二进制代码，则其输出端子数 $N \leq 2^n$。$N = 2^n$ 称为完全译码，$N < 2^n$ 称为部分译码。常见的全译码器有 2 线-4 线译码器、3 线-8 线译码器、4 线-16 线译码器等。根据译码信号的特点可把译码器分为二进制译码器、二-十进制译码器、字符显示译码器等。

1. 二进制译码器

二进制译码器是把二进制代码的所有组合状态都翻译出来的电路。它有 n 个输入端，则有 2^n 个输出端，属于全译码。对于不同输入代码组合，在不同的输出端呈现有效电平。

常用的二进制集成译码器 74LS138 其逻辑符号及外引线图如图 5-41 所示，其内部由 TTL 与非门构成。它有 3 个输入端和 8 个输出端，因此称为 3 线-8 线译码器。

A_2、A_1、A_0 是二进制代码输入端；$\overline{Y_7} \sim \overline{Y_0}$ 是 8 个输出端，低电平有效；G_1、$\overline{G_{2A}}$、$\overline{G_{2B}}$ 是使能控制端，作为扩展或级联使用。

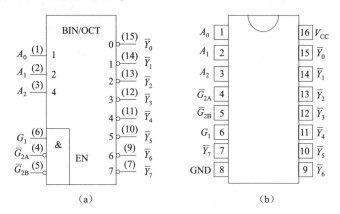

图 5-41　74LS138 逻辑符号及外引线
(a) 逻辑符号；(b) 外引线

表 5-21 所示为 74LS138 译码器功能表。因此，由表 5-21 可知：

当 G_1 = "0" 或 $\overline{G_{2A}}+\overline{G_{2B}}$ = "1"时,无论输入信号是什么,输出都是高电平,即无效信号,译码器不工作。而当 G_1 = "1"且 $\overline{G_{2A}}+\overline{G_{2B}}$ = "0"时,译码器才能正常工作,输出信号 $\overline{Y_7} \sim \overline{Y_0}$ 才由输入信号 A_2、A_1、A_0 的组合决定。

表 5-21 74LS138 译码器功能表

输入						输出							
G_1	$\overline{G_{2A}}$	$\overline{G_{2B}}$	A_2	A_1	A_0	$\overline{Y_7}$	$\overline{Y_6}$	$\overline{Y_5}$	$\overline{Y_4}$	$\overline{Y_3}$	$\overline{Y_2}$	$\overline{Y_1}$	$\overline{Y_0}$
0	×	×	×	×	×	1	1	1	1	1	1	1	1
×	1	×	×	×	×	1	1	1	1	1	1	1	1
×	×	1	×	×	×	1	1	1	1	1	1	1	1
1	0	0	0	0	0	1	1	1	1	1	1	1	0
1	0	0	0	0	1	1	1	1	1	1	1	0	1
1	0	0	0	1	0	1	1	1	1	1	0	1	1
1	0	0	0	1	1	1	1	1	1	0	1	1	1
1	0	0	1	0	0	1	1	1	0	1	1	1	1
1	0	0	1	0	1	1	1	0	1	1	1	1	1
1	0	0	1	1	0	1	0	1	1	1	1	1	1
1	0	0	1	1	1	0	1	1	1	1	1	1	1

译码器工作时,由表 5-21 可得出输出函数式为

$\overline{Y_0}=\overline{\overline{A_2}\,\overline{A_1}\,\overline{A_0}}=\overline{m_0}$ $\overline{Y_1}=\overline{\overline{A_2}\,\overline{A_1}A_0}=\overline{m_1}$ $\overline{Y_2}=\overline{\overline{A_2}A_1\overline{A_0}}=\overline{m_2}$ $\overline{Y_3}=\overline{\overline{A_2}A_1A_0}=\overline{m_3}$

$\overline{Y_4}=\overline{A_2\overline{A_1}\,\overline{A_0}}=\overline{m_4}$ $\overline{Y_5}=\overline{A_2\overline{A_1}A_0}=\overline{m_5}$ $\overline{Y_6}=\overline{A_2A_1\overline{A_0}}=\overline{m_6}$ $\overline{Y_7}=\overline{A_2A_1A_0}=\overline{m_7}$

由上式可知全译码器在选通时,各输出函数为输入变量相应最小项之非。任意逻辑函数总能表示成最小项之和的形式,因此,全译码器加一个与非门可实现逻辑函数。另外,如果输出方式是原码输出,则各输出函数为输入变量的最小项。

例 5.13 用 74LS138 实现逻辑函数 $Y(A、B、C) = m_0+m_2+m_5+m_7$。

解: $Y(A、B、C) = m_0+m_2+m_5+m_7 = \overline{\overline{m_0}\,\overline{m_2}\,\overline{m_5}\,\overline{m_7}}$

将 A、B、C 分别接译码器输入 A_2、A_1、A_0 后,从译码器输出 $\overline{Y_0}$、$\overline{Y_2}$、$\overline{Y_5}$、$\overline{Y_7}$ 端可得到 $\overline{m_0}$、$\overline{m_2}$、$\overline{m_5}$、$\overline{m_7}$,再用一个与非门连接,如图 5-42 所示。

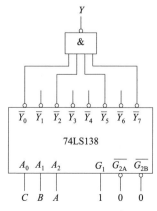

图 5-42 例 5.13 逻辑图

有效地利用使能端还可以对芯片进行功能扩展。

讨论题 5：图 5-43 所示电路为用两片 74LS138 组成的 4 线-16 线译码器，请分析工作原理。

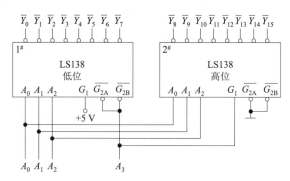

图 5-43　两片 74LS138 组成的 4 线-16 线译码器

二-十进制译码器及显示译码器

2. 二-十进制译码器

将输入的 BCD 码译成十个对应输出信号的电路称为二-十进制译码器。由于它有 4 个输入端，10 个输出端，又称为 4 线-10 线译码器。每当输入一组 8421BCD 码时，输出端的 10 个端子中对应于该二进制数所表示的十进制数的端子就输出高/低电平，而其他端子保持原来的低/高电平。

74LS42 是一种典型的二-十进制译码器，其逻辑符号和管脚排列如图 5-44 所示。该译码器有 4 个输入端 $A_3 A_2 A_1 A_0$，有 10 个输出端 $\overline{Y_9} \sim \overline{Y_0}$。

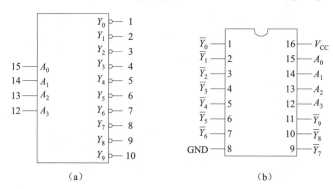

图 5-44　74LS42 的逻辑符号和管脚排列

（a）逻辑符号；（b）管脚排列

表 5-22 所示为 74LS42 的逻辑功能表。由功能表可见，该译码器 4 个输入端 $A_3 A_2 A_1 A_0$ 按 8421BCD 编码输入数据，10 个输出端 $\overline{Y_9} \sim \overline{Y_0}$ 分别与十进制数 0~9 对应，低电平有效。对于某个 8421BCD 码的输入，相应的输出端为低电平，其他输出端为高电平。当输入的二进制数超过 BCD 码时，所有输出端都输出高电平的无效状态。所以该电路具有拒绝无效数码输入的功能。若将最高位输入 A_3 看作使能端，则该电路可当作 3 线-8 线译码器使用。

表 5-22 74LS42 的逻辑功能表

数码	BCD 输入				输出									
	A_3	A_2	A_1	A_0	$\overline{Y_9}$	$\overline{Y_8}$	$\overline{Y_7}$	$\overline{Y_6}$	$\overline{Y_5}$	$\overline{Y_4}$	$\overline{Y_3}$	$\overline{Y_2}$	$\overline{Y_1}$	$\overline{Y_0}$
0	0	0	0	0	1	1	1	1	1	1	1	1	1	0
1	0	0	0	1	1	1	1	1	1	1	1	1	0	1
2	0	0	1	0	1	1	1	1	1	1	1	0	1	1
3	0	0	1	1	1	1	1	1	1	1	0	1	1	1
4	0	1	0	0	1	1	1	1	1	0	1	1	1	1
5	0	1	0	1	1	1	1	1	0	1	1	1	1	1
6	0	1	1	0	1	1	1	0	1	1	1	1	1	1
7	0	1	1	1	1	1	0	1	1	1	1	1	1	1
8	1	0	0	0	1	0	1	1	1	1	1	1	1	1
9	1	0	0	1	0	1	1	1	1	1	1	1	1	1
无效数码	1	0	1	0	全部为 1									
	1	0	1	1										
	1	1	0	0										
	1	1	0	1										
	1	1	1	0										
	1	1	1	1										

3. 显示译码器

显示译码器的功能是将输入的 BCD 码经过译码后,能驱动显示器件发光,可以将译码器中的十进制数显示出来。

用来显示数字、符号的器件称为数码显示器,简称数码管。目前,常用的数码显示器件包括由发光二极管(LED)组成的七段显示数码管和液晶(LCD)七段显示器等。它们一般由 a、b、c、d、e、f、g 这七段发光段组成。根据需要,让其中的某些段发光,便可显示数字 0~9。图 5-45(a)所示为显示数字和带小数点(DP)的七段数码管,图 5-45(b)所示为某些段发光对应显示的数字字型。

集成数码
显示译码器

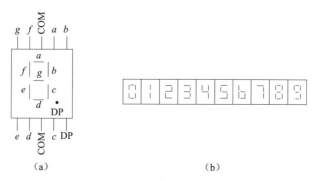

图 5-45 半导体数码管的外形结构和数码字型
(a) 外形结构;(b) 数码字型

半导体数码管有共阳极和共阴极两种接法。共阳极接法［图5-46（a）］是各发光二极管阳极相接作为COM端引出管脚，对应阴极接低电平时亮。图5-46（b）所示为发光二极管的共阴极接法，即各发光二极管的阴极相接作为COM端，对应阳极接高电平时亮。

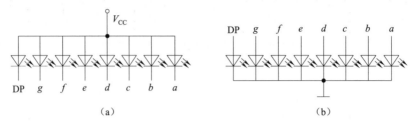

图5-46　七段显示器两种接法的原理

（a）共阳极；（b）共阴极

配合各种七段显示器有许多专用的七段译码器，如常用的74LS48和74LS47。74LS47与74LS48的主要区别是输出有效电平不同，74LS47是输出低电平有效，可驱动共阳极LED数码管；74LS48是输出高电平有效，可驱动共阴极LED数码管。74LS48逻辑符号及管脚排列如图5-47所示。$A_3A_2A_1A_0$为BCD码输入端，A_3为最高位，$Y_a \sim Y_g$为输出端，分别驱动七段显示器的$a \sim g$输入端，其他端为使能端。

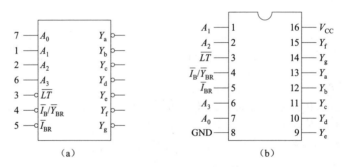

图5-47　74LS48的逻辑符号和管脚排列

（a）逻辑符号；（b）管脚排列

74LS48的逻辑功能表如表5-23所示。由表5-23可知：只有输入的二进制码是8421BCD码时，才能显示0~9的十进制数字。当输入的四位码不在8421BCD码内，显示的字型就不是十进制数了。

74LS48使能端的功能如下：

（1）消隐输入$\overline{BI}/\overline{RBO}$：当$\overline{BI}=0$时，不论其他各使能端和输入端处于何种状态，$a \sim g$均输出低电平，显示器的七个字段全熄灭。

这个端子是个双功能端子，既可作输入端子，也可作输出端子。作输入端子用时，它是消隐输入$\overline{BI}$；作输出端子用时，它是灭零输出$\overline{RBO}$。

（2）灭零输出$\overline{BI}/\overline{RBO}$：$\overline{RBO}$为灭零输出。当$\overline{RBI}=0$，输入$A_3A_2A_1A_0=0000$时，$\overline{RBO}=0$，利用该灭零输出信号可将多位显示中的无用零熄灭。

表 5-23　74LS48 的逻辑功能表

功能或十进制数	输入						输出						
	$\overline{LT}$	$\overline{RBI}$	A_3	A_2	A_1	A_0	$\overline{BI}/\overline{RBO}$	a	b	c	d	e	f	g
$\overline{BI}/\overline{RBO}$（灭灯）	×	×	×	×	×	×	0（输入）	0	0	0	0	0	0	0
$\overline{LT}$（试灯）	0	×	×	×	×	×	1	1	1	1	1	1	1	1
$\overline{RBI}$（动态灭零）	1	0	0	0	0	0	0	0	0	0	0	0	0	0
0	1	1	0	0	0	0	1	1	1	1	1	1	1	0
1	1	×	0	0	0	1	1	0	1	1	0	0	0	0
2	1	×	0	0	1	0	1	1	1	0	1	1	0	1
3	1	×	0	0	1	1	1	1	1	1	1	0	0	1
4	1	×	0	1	0	0	1	0	1	1	0	0	1	1
5	1	×	0	1	0	1	1	1	0	1	1	0	1	1
6	1	×	0	1	1	0	1	0	0	1	1	1	1	1
7	1	×	0	1	1	1	1	1	1	1	0	0	0	0
8	1	×	1	0	0	0	1	1	1	1	1	1	1	1
9	1	×	1	0	0	1	1	1	1	1	0	0	1	1
10	1	×	1	0	1	0	1	0	0	0	1	1	0	1
11	1	×	1	0	1	1	1	0	0	1	1	0	0	1
12	1	×	1	1	0	0	1	0	1	0	0	0	1	1
13	1	×	1	1	0	1	1	1	0	0	1	0	1	1
14	1	×	1	1	1	0	1	0	0	0	1	1	1	1
15	1	×	1	1	1	1	1	0	0	0	0	0	0	0

（3）试灯 $\overline{LT}$。当 $\overline{LT}=0$，$\overline{BI}/\overline{RBO}=1$ 时，$a\sim g$ 输出全高，七段显示器全亮，用来测试各发光段能否正常显示。

（4）灭零输入 $\overline{RBI}$：$\overline{RBI}$ 为低电平有效，作用是将能显示的 0 熄灭。例如，显示多位数字时，数字最前边的 0 和小数部分最后边的 0 不用显示，就把这些 0 熄灭。当译码电路中，整数部分最高位和小数部分最低位数字的译码芯片的 $\overline{RBI}$ 固定接 0，而小数点前后两位的 $\overline{RBI}$ 固定接 1。

常用编码器和译码器见附录三附表 11。

讨论题 6：用一个 3 线-8 线译码器实现函数 $Y=\overline{A}\,\overline{B}C+A\overline{B}\,\overline{C}+\overline{A}BC$，并画出逻辑图。

任务实施

制作原理如图 5-33 所示的医院病床简易呼叫系统电路，并对其进行分析、调试、测量。任务实施时，将班级学生分为 2~3 人一组，轮流当组长，使每个人都有锻炼培养组织协调管理能力的机会，培养团队合作、互帮互助、相互学习共同克服困难完成任务的团队精神。

1. 器材和工具以及仪表设备

所需器材和工具以及仪表设备包括+5 V 直流电源、万用表或逻辑笔各一台、电烙铁、组装工具一套，所需材料包括电路板、焊料、焊剂、导线。图 5-33 所示医院病床简易呼叫系统电路所需元器件明细如表 5-24 所示。

表 5-24 医院病床简易呼叫系统电路所需元器件（材）明细表

序号	元件标号	名称	参数	序号	元件标号	名称	参数
1	$R_1 \sim R_7$	色环电阻	510	9	VD1~VD4	二极管	1N4001
2	$R_8 \sim R_{16}$	色环电阻	1 kΩ	10	U1	编码器（带插座）	74LS147
3	R_{21}、R_{22}	色环电阻	10 kΩ	11	U2	6 反相器（带插座）	74LS04
4	C_1	瓷片电容	100 μF	12	DS	七段数码管	0.28 in 1 位共阴型
5	C_2	瓷片电容	0.01 μF	13	LS1	蜂鸣器	无源
6	C_3	电解电容	10 μF	14	5 V	2P 端子	
7	SW1	拨码开关	10P	15		PCB 板	配套（54 mm×50 mm）
8	U3	译码器	74LS48				

2. 电路图识读

（1）74LS147 的输入信号是_____电平有效，它将开关信号编成_____位二进制代码。它输出的二进制代码是 8421BCD 码的_____码。（填"原"或"反"）

如果并没有将 9 号开关拨到 ON 位置（ON 为开关接通），而将其他开关都拨到 ON 位置，则 74LS147 输出端 $Q_3Q_2Q_1Q_0 = $_____，74LS48 输入 $DCBA = $_____，其输出 $Q_G \sim Q_A = $_____。数码管显示数字为_____。

（2）74LS04 的作用是_____。74LS48 输出_____电平有效。

图 5-33 中 $R_1 \sim R_7$ 的作用是_____。当 1~9 号的拨码开关都合上后，数码管显示数字为_____。

3. 元器件的检测与电路的装配

1）对电路中的元器件进行识别、检测

（1）根据色环电阻的色环颜色读出电阻的值，再用万用表进行检测。自己列表写出各电阻标称值、测量值、误差，说明是否满足要求。

（2）根据标注读出电容的电容值和耐压值，用万用表的 R×1 kΩ 挡（或 R×10 kΩ）挡检测电容器的质量好坏。

（3）查阅集成电路手册可知，74LS147 的电源管脚是_____脚，接地管脚是_____。74LS04 内部集成了_____个_____门。74LS48 共有_____个管脚，其中

_____是 8421BCD 码的输入管脚,高位是_____脚,最低位是_____脚。

2)放大电路的装配

在 PCB 板或万能板上,按照装配图和装配工艺安装医院病床简易呼叫系统电路。在焊接集成块时,先焊集成块插座,待其他元器件焊完后再将集成块插入对应插座。装配好的医院病床简易呼叫系统电路(不包含提示声装置)如图 5-48 所示。

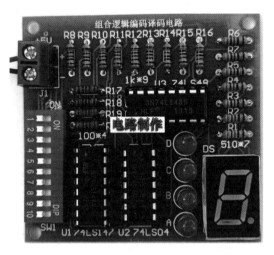

项目五 编码
译码电路显示
(任务二)

图 5-48 医院病床简易呼叫系统电路编译码显示部分实物

4. 医院病床简易呼叫系统电路的调试

装配完成后进行自检,正确无误后方可进行调试。

接通电源,分别按顺序拨动 1~9 号开关至 ON 位置,如果电路正常,则数码管对应显示数字 1~9;如果不显示或显示的数字不对应,则说明电路存在故障,应予以排除。排除故障时,可按信号流程的正向(由输入到输出)进行。

例如,分别按顺序拨动 1~9 号开关至 ON 位置时,如果全部显示不正常,则用万用表(或逻辑笔)检测 74LS147 对应输入输出电平,判断其是否能正常编码。再检测 74LS04 反相器输入输出电平、74LS48 输入输出电平能否正常译码,数码管是否损坏或某些脚虚焊。如果只是某些数字不正常,则说明 74LS147、74LS04 反相器及 74LS48、数码管部分电路没问题,重点检查对应开关处的焊点是否虚焊。

医院病床简易呼叫系统电路故障主要表现在元器件接触不良或损坏方面,如集成块插反或损坏。

5. 任务实施总结

(1)分析并讨论测试结果,得出结论。

(2)总结任务实施过程中的发生问题,找到解决方法并谈一谈收获。

6. 任务评价

医院病床简易呼叫系统电路的制作、调试与检测评分标准如表 5-25 所示。

表 5-25 医院病床简易呼叫系统电路的制作、调试与检测评分标准

项目及配分	工艺标准或要求	扣分标准	自评分	互评分	教师评分	终评分
电路的工作原理分析（10分）	能正确分析判断74LS147、74LS04、74LS48输入输出信号电平及$R_1 \sim R_7$的作用	不能正确判断74LS147、74LS04、74LS48输入输出信号电平及$R_1 \sim R_7$的作用，每个错判扣1分				
元器件检测（15分）	1. 能读、测出色环电阻的阻值； 2. 能识读电容参数并能判断其质量； 3. 能查资料说明74LS147、74LS04、74LS48相关管脚功能及工作特点	1. 不能读、测出色环电阻的阻值，不能判断电容质量，每个扣1分； 2. 集成电路74LS147、74LS04、74LS48资料查找，每个问题错误扣1分				
元器件成形（5分）	能按要求成形	损坏成形元件扣3分，不规范的每个扣1分				
插件（10分）	1. 电阻器、电容器紧贴电路板； 2. 按电路图装配，元件的位置、极性正确	1. 元件安装不对称、高度不合格、装歪，每处扣1分； 2. 没焊集成块插座的扣3分； 3. 错装、漏装，每处扣3分				
焊接（10分）	1. 焊点光亮、清洁、焊料适当； 2. 无漏焊、虚焊、桥连等现象； 3. 焊接后，元件管脚留头长度小于1 mm	1. 焊点不光亮、焊料过多或过少，每处扣1分； 2. 漏焊、虚焊、桥连等每处扣2分； 3. 管脚剪脚留头长度大于1 mm，每处扣1分				
调试检测（30分）	1. 按调试检测要求进行； 2. 能正确使用万用表或逻辑笔	1. 调试检测方法错误，扣5分； 2. 不会测量扣10分				
分析结论（10分）	能利用测试结果对制作任务进行正确总结	不能正确总结任务实施5的问题，每次扣5分				
安全、文明生产（10分）	1. 不人为损坏元件、仪表设备等； 2. 实训环境整洁、秩序井然、操作习惯良好	1. 测量任务完成，不关掉仪器仪表测试设备，扣5分； 2. 人为损坏元件、设备，一次性扣10分； 3. 任务完成后不能保持环境整洁，扣5分				
总分						

任务达标知识点总结

（1）组合逻辑电路是由逻辑门组成，并且是无记忆的电路，任何时刻输出信号仅仅取决于当时的输入信号的取值组合，而与电路原来所处的状态无关。

组合逻辑电路的分析是根据已知的逻辑图分析其逻辑功能，步骤是：已知逻辑图→写出逻辑表达式→化简→列真值表→分析逻辑功能。

组合逻辑电路的设计是根据逻辑要求设计出逻辑图，步骤是：已知逻辑要求→列出真值表→写出表达式→化简、变换→画出逻辑图。

（2）常用的编码有二进制编码、二-十进制编码，故实现这些编码和译码的电路——

编码器和译码器也有相应的二进制编/译码器、二–十进制编/译码器和显示译码器。

编/译码器的功能表较为全面地反映了编/译码器的功能。要正确使用编码器和译码器，必须先看懂功能表。编码器和译码器除了输入端和输出端外，还有一些其他的控制端。理解这些控制端的作用，对我们正使编/译码器是十分重要的。利用这些控制端还可以实现编码器和编码器、译码器和译码器之间的级联，使编/译码器的位数得到扩展。

（3）半导体数码管显示电路有共阴型和共阳型两种。共阴型数码管与输出为高电平有效的显示译码器配接，共阳型数码管与输出为低电平有效的显示译码器配接。

思考与练习 5.2

一、填空题

1. 组合逻辑电路的特点是输出状态只与_____，与电路的原状态_____，其基本单元电路是_____。

2. 所谓编码，就是用_____表示给定的数字、字符或信息。1 位二进制码有_____、_____两种状态，n 位二进制码有_____种不同的组合。

3. 编码器是_____个输入_____个输出的逻辑电路。如对 32 名同学的学号编码成二进制代码，则编码器有_____个输入端_____个输出端。

4. 优先编码器允许几个信号同时输入，但只对_____信号进行编码。

5. 二–十进制编码器有_____输入端和_____个输出端。

6. 译码器，输入的是_____输出的是_____。

7. 3 线–8 线译码器，当输入 $ABC=110$ 时，有信号输出的输出端输出高电平，其余输出端输出的均为_____电平。若译码器带数码显示器，则此时显示数为_____。

8. 有 2 个输入端的译码器，应有_____不同的输出状态。有 3 个输入端的译码器，应有_____个不同的输出状态。

9. 如果全译码器若输入信号为 n 位二进制代码，输出 m 个信号，则 m 和 n 的关系为_____。

10. 四变量输入译码器的译码输出信号最多应有_____个。

二、选择题

1. 下列属于 8421BCD 码的是（　　）。
A. 1010　　　　　B. 0101　　　　　C. 1100　　　　　D. 1101

2. 欲用二进制代码编码表示全班 43 名学生，最少需要的二进制码位数是（　　）。
A. 5　　　　　　B. 6　　　　　　C. 8　　　　　　D. 43

3. 完成二进制代码转换为十进制数应选择（　　）。
A. 译码器　　　　　　　　　　　B. 编码器
C. 一般组合逻辑电路　　　　　　D. 寄存器

4. 译码器的输出是（　　）。
A. 表示二进制代码　B. 表示二进制数　C. 特定含义的逻辑信号

5. 若 4 线–10 线译码器它的输出状态只有输出 $Y_2=0$，其余输出均为 1，则它的输入状态为（　　）。
A. 0100　　　　　B. 1011　　　　　C. 1101　　　　　D. 0010

6. 对于共阳极七段显示数码管，若要显示数字"5"，则七段显示译码器输出的 $abcdefg$ 应该为（　　）。

A. 0100100　　　　B. 0000101　　　　C. 1011011　　　　D. 1111010

三、分析题

请分析图 5-49 所示的组合逻辑电路。

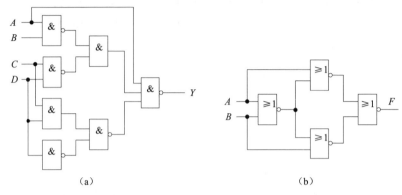

图 5-49　分析题图

四、用 3 线-8 线译码器或 4 线-16 线译码器实现下列逻辑函数

（1）$Z_1 = \bar{A}BC + \bar{A}\,\bar{B}C$；

（2）$Z_2 = ABC\bar{D} + \bar{A}\,\bar{B}\,\bar{C}\,\bar{D}$。

五、设计题

1. 3 个工厂由甲、乙两个变电站供电。若一个工厂用电，由甲变电站供电；若两个工厂用电，由乙变电站供电；若 3 个工厂同时用电，则由甲、乙两个变电站同时供电。设计一个供电控制电路。

2. 试用 3 线-8 线译码器 74LS138 和门电路实现一个判别电路，输入为 3 位二进制代码（ABC）。当输入代码能被 3 整除时，电路输出 F 为"1"，否则为"0"。

要求：(1) 列出真值表。

(2) 写出 F 的表达式。

(3) 用与非门完成图 5-50 的连接。

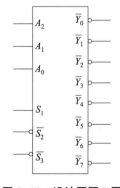

图 5-50　设计题题 2 图

知识拓展

加法器与数据选择器和数据分配器

1. 加法器

在数字系统中,任何复杂的二进制运算都是通过加法运算来变换完成的,加法器是实现加法运算的核心电路。

加法器

1) 半加器

半加器是只考虑两个一位二进制数的加数本身,而不考虑来自低位进位的逻辑电路。

设半加器中的两个输入变量分别为加数 A 和被加数 B;两个输出变量分别为和 S 与进位 C。其真值表如表 5-26 所示。

由真值表可得逻辑表达式:$S=A\bar{B}+\bar{A}B=A\oplus B$ $C=A \cdot B$

根据上两式画出逻辑电路图如图 5-51(a)所示,图 5-51(b)所示为其逻辑符号。

表 5-26 半加器的真值表

A	B	S	C
0	0	0	0
0	1	1	0
1	0	1	0
1	1	0	1

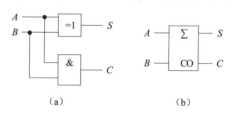

图 5-51 半加器的逻辑图与逻辑符号
(a)逻辑图;(b)逻辑符号

2) 全加器

全加器是完成两个一位二进制数 A_i 和 B_i 及相邻低位的进位 C_{i-1} 相加的逻辑电路。在全加器中,假设 A_i 和 B_i 分别是被加数和加数,C_{i-1} 为相邻低位的进位,S_i 为本位的和,C_i 为本位的进位,则全加器的真值表如表 5-27 所示。

表 5-27 全加器的真值表

A_i	B_i	C_{i-1}	S_i	C_i
0	0	0	0	0
0	0	1	1	0
0	1	0	1	0
0	1	1	0	1
1	0	0	1	0
1	0	1	0	1
1	1	0	0	1
1	1	1	1	1

由表 5-27 可得 S_i 与 C_i 的逻辑表达式为

$$S_i = m_1 + m_2 + m_4 + m_7 = \overline{A_i}\,\overline{B_i}C_{i-1} + \overline{A_i}B_i\overline{C_{i-1}} + A_i\overline{B_i}\,\overline{C_{i-1}} + A_iB_iC_{i-1}$$
$$= \overline{A_i}(\overline{B_i}C_{i-1} + B_i\overline{C_{i-1}}) + A_i(\overline{B_i}\,\overline{C_{i-1}} + B_iC_{i-1}) = \overline{A_i}(B_i \oplus C_{i-1}) + A_i\overline{(B_i \oplus C_{i-1})}$$
$$= A_i \oplus B_i \oplus C_{i-1}$$
$$C_i = m_3 + m_5 + A_iB_i = \overline{A_i}B_iC_{i-1} + A_i\overline{B_i}C_{i-1} + A_iB_i$$
$$= (\overline{A_i}B_i + A_i\overline{B_i})C_{i-1} + A_iB = (A_i \oplus B_i)C_{i-1} + A_iB_i$$

利用异或门组成的全加器如图 5-52 所示。

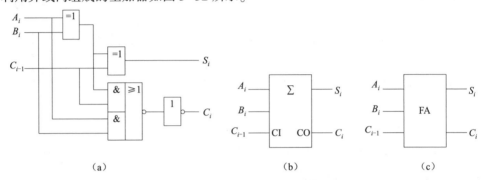

图 5-52 全加器的逻辑图和逻辑符号
（a）逻辑图；（b）、（c）逻辑符号

3）多位加法器

多位加法器是用来实现多位二进制数相加的电路。多个 1 位二进制全加器的级联就可以实现多位加法运算。根据级联方式，其可以分成串行进位加法器和超前进位加法器两种。

图 5-53 所示为由 4 个全加器构成的 4 位串行进位的加法器。这种加法器的特点包括低位全加器输出的进位信号依次加到相邻高位全加器的进位输入端以及最低位的进位输入端接地。同时，每一位的加法运算必须要等到低一位的进位产生以后才能进行。因此，串行进位加法器的运算速度较慢，只适用于运算速度不快的设备。

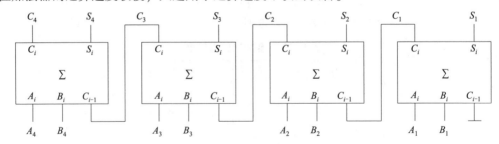

图 5-53 串行进位加法器

超前进位加法器克服串行进位加法器运算速度比较慢的缺点，设法将低位进位输入信号 C_{i-1} 经判断直接送到高位进位输入端，缩短了中间的传输路径，提高了工作速度。

常用的超前进位加法器芯片有 74LS283，它是 4 位二进制加法器。其逻辑符号及外引线如图 5-54 所示。每片 74LS283 只能完成两个 4 位二进制数的加法运算，但把若干片级联起来，便可以构成更多位数的加法器电路。

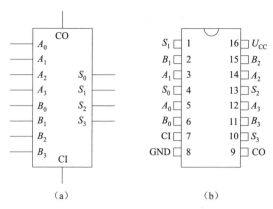

图 5-54　74LS283 的逻辑符号和外引线

（a）逻辑符号；（b）外引线

讨论题1：如何利用芯片 74LS283 构成 8 位加法计数器？请画出连线图。

2. 数据选择器与分配器

根据地址码从多路数据中选择一路输出的器件，叫数据选择器。利用数据选择器，可将并行输入的数据转换成串行数据输出，是一种多输入、单输出的组合逻辑电路，又称为多路选择器、多路开关或多路调制器。可以用一个单刀多掷开关来形象描述。

数据分配器又称多路分配器，其逻辑功能是将一路输入数据分配到指定的数据输出上。数据分配器有一个输入端，多个输出端。由地址码对输出端进行选通，将一路输入数据分配到多路接收设备中的某一路。

对于数据选择器和数据分配器，如果有 2^n 路输入/输出数据，则需要 n 个地址输入端。

1）数据选择器

常见的数据选择器有二选一、四选一、八选一和十六选一等。下面以常用的四选一数据选择器 74LS153 为例来介绍数据选择器的原理及使用。

74LS153 是双四选一数据选择器，即一个芯片中包含两个四选一电路。图 5-55 所示为 74LS153 的逻辑符号和管脚排列。

数据选择器和数据分配器

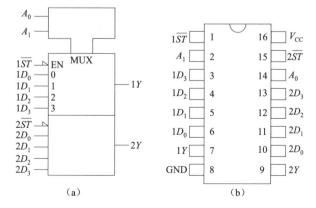

图 5-55　74LS153 的逻辑符号和管脚排列

（a）逻辑符号；（b）管脚排列

74LS153 中的两个四选一数据选择器共用一个地址输入端（A_1、A_0）、电源和地，其他均各自独立。$\overline{ST}$ 为使能端，低电平有效。其功能如表 5-28 所示。

表 5-28　74LS153 的功能

			输入				输出
$\overline{ST}$	A_1	A_0	D_3	D_2	D_1	D_0	Y
1	×	×	×	×	×	×	0
0	0	0	×	×	×	0	0
0	0	0	×	×	×	1	1
0	0	1	×	×	0	×	0
0	0	1	×	×	1	×	1
0	1	0	×	0	×	×	0
0	1	0	×	1	×	×	1
0	1	1	0	×	×	×	0
0	1	1	1	×	×	×	1

由表 5-28 可以看出，它能将一组输入数据按要求将其中 1 个数据送至输出端。比如，当 $\overline{ST}=0$ 时，若 $A_1A_0=00$，则输出 $Y=D_0$。四选一数据选择器的输出逻辑表达式 Y 为：

(1) 当 $\overline{ST}=1$ 时，$Y=0$，数据选择器不工作。

(2) 当 $\overline{ST}=0$ 时，数据选择器工作，有：

$$Y=\overline{A_1}\,\overline{A_0}D_0+\overline{A_1}A_0D_1+A_1\overline{A_0}D_2+A_1A_0D_3$$

除以上介绍的双四选一数据选择器 74LS153 外，常用的数据选择器还有八选一数据选择器 74LS151、十六选一数据选择器 74LS150、二选一数据选择器 74LS157 等。

由数据选择器的表达式可以看出，当输入数据全部为 1 时，输出为地址输入变量全体最小项的和，因此，它是一个逻辑函数的最小项输出器。而任何一个逻辑函数都可写成最小项之和的形式，利用数据选择器可实现组合逻辑函数。

用数据选择器可实现组合逻辑函数，分为三种情况：

(1) 当逻辑函数的变量的个数和数据选择器的地址输入变量个数相同时，将变量和地址码对应相连，这时可直接用数据选择器来实现逻辑函数。

(2) 当逻辑函数的变量的个数多于数据选择器的地址输入变量个数时，应分离出多余的变量用数据 D_i 代替，将余下的变量分别有序地加到数据选择器的地址输入端上。

(3) 当逻辑函数中的变量数比数据选择器的地址输入变量数少时，可将多余地址输入端接地或接 1。

例 5.14　用 74LS153 实现逻辑函数 $Z=\overline{A}B+AB$。

解：①逻辑函数表达式 $Z=\overline{A}B+AB$ 已是标准与或表达式。输入量 A、B 两个，与 74LS153 地址输入变量的个数相同。因此，可以将输入变量 A、B 分别送入选择地址端 A_1、A_0，并令 $\overline{ST}=0$。

②写出四选一数据选择器的输出表达式 Y

$$Y=\overline{A_1}\,\overline{A_0}D_0+\overline{A_1}A_0D_1+A_1\overline{A_0}D_2+A_1A_0D_3$$

③ 比较 Z 的 Y 两式中最小项的对应关系。设 $Z=Y$，$A=A_1$，$B=A_0$，Y 式中包含 Z 式中的最小项时，数据取 1，没有包含 Z 式中的最小项时，数据取 0。由此可知

$$D_0 = D_2 = 0, \quad D_1 = D_3 = 1$$

④ 画连线图。由以上分析可得出例 5.14 的电路连线图，如图 5-56 所示。

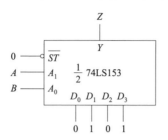

图 5-56　例 5.14 逻辑图

讨论题 2：试用 4 选 1 数据选择器实现逻辑函数 $Y=A+B$。

2）数据分配器

从逻辑功能方面看，数据分配器与数据选择器相反，它只有一个数据输入端，在 n 个地址端控制下，可将其送到 2^n 个输出端中的一端上。

四路数据分配器如图 5-57 所示，其中 D 为一路数据输入，$Y_3 \sim Y_0$ 为四路数据输出，A_1、A_0 为地址选择码输入。

数据分配器一般由译码器来充当，没有专门的集成数据分配器。将译码器的使能端作为数据输入端，二进制代码输入端作为地址信号输入端使用，译码器便可作为一个数据分配器使用。

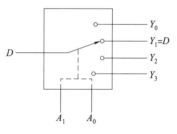

图 5-57　四路数据分配器示意

图 5-58 所示为 74LS138 构成的 3 线-8 线数据分配器，74LS138 有 8 个译码输出，3 个译码输入和 3 个使能端，现将译码输出 $Y_0 \sim Y_7$ 改作数据数出，译码输入 $A_2 \sim A_0$ 改作地址控制，使能端 ST_A、ST_B、ST_C 中的一个改作数据输入端 D，即形成一个 8 路数据分配器了。需要注意的是，当选择 ST_B 或 ST_C 作为数据输入端 D 时，输出为原码；当选择 ST_A 作为数据输入端 D 时，输出为反码。

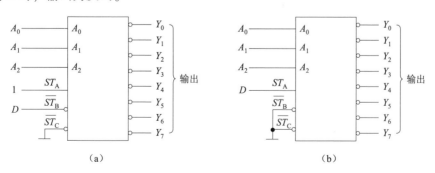

图 5-58　74LS138 构成的 3 线-8 线数据分配器

(a) ST_B 作为数据输入端；(b) ST_A 作为数据输入端

拓展内容知识点总结

（1）加法器的作用是实现算术运算。只考虑两个本位的一位二进制数相加，不考虑来自低一位的进位的加法器称为半加器。而全加器则是既考虑两个1位二进制的加数又考虑低一位的进位相加的加法器。多位加法器是用来实现多位二进制数相加运算的电路。多个1位二进制全加器的级联就可以进行多位加法运算。串行进位加法器是将低位全加器输出的进位信号依次加到相邻高位全加器的进位输入端，运算速度较慢，只适用于速度不快的设备。超前进位加法器设法将低位进位输入信号 C_{i-1} 经判断直接送到高位进位输入端，从而提高了工作速度。

（2）数据选择器能够从多路输入数据中，根据地址信号选择某一路送到输出端，它是一个多输入、单输出的组合逻辑电路。用数据选择器可实现逻辑函数及组合逻辑电路。

数据分配器与数据选择器的功能相反，它根据地址为输入端的数据选择对应的输出端输出。数据分配器一般由译码器来充当，无专门的集成数据分配器。

项目六

触发器与时序逻辑器件应用电路制作

项目说明

触发器是构成时序逻辑电路的基本单元,计数器和寄存器是常用的最基本的时序逻辑器件。通过本项目的学习,我们会认识各种功能的触发器,理解它们的功能,了解它们的应用,熟悉由触发器和门电路构成的计数器、寄存器和 555 电路的工作特点及各种实践应用。

本项目包含两个任务模块:一个是四人抢答器的设计与制作;另一个是物体流量计数器电路的设计与制作。通过两个任务模块的完成,加强同学们对触发器、常用时序逻辑器件和 555 电路的功能理解,以及实践应用。

任务一 四人抢答器的设计与制作

学习目标

[知识目标]
1. 认识各种触发器的符号,掌握各种触发器的功能特点;
2. 熟悉各种功能不同的触发器之间相互转换的方法;
3. 理解 555 电路的工作特点,熟悉 555 典型的三种应用电路。

[技能目标]
1. 能分析简单的时序逻辑电路;
2. 会通过查找集成电路手册,知道集成触发器的逻辑功能及使用方法;
3. 会对由 555 构成的实用电路进行分析;
4. 能对由触发器构成的数字电路进行装配、调试及检测。

[素养目标]
1. 树立学生勤于思考、做事认真的良好作风和良好的职业道德;
2. 培养实事求是的科学态度和严肃认真的工作作风;
3. 培养团结协作精神,以及良好的安全生产意识、质量意识和效益意识。

人民科学家
钱学森

任务概述

抢答器是学校、工厂、电视台等单位举办各种智力比赛必备的设备,它可以将最先抢答的选手锁定并显示出来。常见的各种抢答器功能基本相同,但其内部的基本电路构成不尽相同。本任务利用触发器配合门电路、发光二极管,制作四人抢答器,裁判按下复位按钮后,选手开始抢答,抢答器能对最先抢答的选手进行锁定,对应发光二极管发光显示,其他后抢答选手按钮无效,其电路原理如图6-1所示。本任务要求学生分析其工作原理、完成电路的装配、调试检测达到电路预期功能。

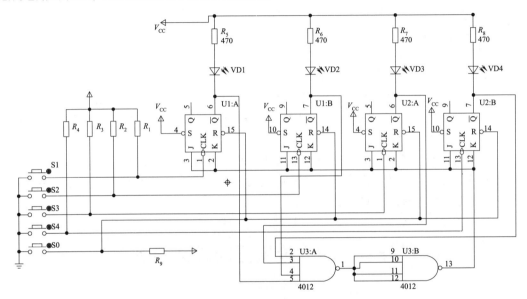

图6-1 四路抢答器原理

 任务引导

问题1:哪种触发器的功能最全?它都有哪些功能?

问题2:简述时序逻辑电路的一般分析步骤。

问题3:555电路中有哪几种典型应用电路?

知识点一　触发器

组合逻辑电路和时序逻辑电路是数字电路的两大类。触发器是时序逻辑电路的基本单元，时序逻辑电路逻辑功能的特点是：任一时刻电路的输出状态不仅与该时刻的输入状态有关，而且与电路原来所处的状态有关。

触发器的基本知识

触发器具有两个稳定的状态，即 0 状态和 1 状态，属于双稳态电路。在不同的输入（触发信号）情况下，触发器可以被置成 0 状态或 1 状态；当输入信号消失后，被置成的状态能够保持不变，所以，触发器是一种记忆功能的元件，一个触发器可以记忆 1 位二值信号。

按照触发信号的控制类型，触发器可分为两种类型：一类是非时钟控制触发器（基本触发器），它的输入信号可在不受其他时钟控制信号的作用下，按某一逻辑关系改变触发器的输出状态；另一类是时钟控制触发器（钟控触发器），它必须在时钟信号的作用下才能接收输入信号，从而改变触发器的输出状态。时钟控制触发器按时钟类型又分为电平触发和边沿触发两种类型。

根据逻辑功能的不同，可将触发器分为 RS 触发器、D 触发器、JK 触发器、T 和 T′ 触发器等。

根据电路结构的不同，可将触发器分为基本触发器、同步触发器、主从触发器、边沿触发器等。

触发器有两个互补输出端，通常标记为 Q 和 $\overline{Q}$。以 Q 这个输出端的状态作为触发器的状态，如我们将触发器输出 $Q=0$（$\overline{Q}=1$）的状态称为触发器的"0"态，将触发器输出 $Q=1$（$\overline{Q}=0$）的状态称为触发器的"1"态。

触发器的逻辑功能可用功能表（特性表）、特性方程、状态图（状态转换图）和时序图（时序波形图）来描述。

1. RS 触发器及触发器的触发方式

1）基本 RS 触发器

（1）电路组成。

图 6-2 所示为由与非门组成的基本 RS 触发器的逻辑图和逻辑符号。它由两个与非门交叉耦合而成，Q 和 $\overline{Q}$ 为两个互补输出端，$\overline{R}$ 和 $\overline{S}$ 为触发器的两个信号输入端。其中 $\overline{R}$ 称为置 0 端（复位端），$\overline{S}$ 称为置 1 端（置位端）。在逻辑符号中用小圆圈表示输入信号为低电平有效。

（2）逻辑功能。

当输入端 $\overline{S}=0$，$\overline{R}=1$ 时，与非门 G1 的输出

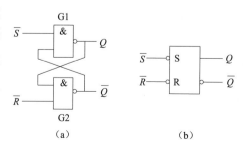

RS 触发器

图 6-2　基本 RS 触发器的逻辑图和逻辑符号
（a）逻辑图；（b）逻辑符号

端 $Q=1$，由于 Q 端被接到与非门 G2 的输入端，故输出端 $\overline{Q}=0$。因 $\overline{Q}$ 被接到与非门 G1 的输入端，使与非门 G1 的输出状态仍为高电平，即触发器被"置位"（或置 1），$Q=1$，$\overline{Q}=0$。

若输入端 $\overline{S}=1$，$\overline{R}=0$，与非门 G2 的输出端 $\overline{Q}=1$，由于 $\overline{Q}$ 端被接到与非门 G1 的输入端，故此时输出端 $Q=0$。因 Q 被接到与非门 G2 的输入端，使与非门 G2 的输出状态仍为高电平，即触发器被"复位"（或置 0），$Q=0$，$\overline{Q}=1$。

若输入端 $\overline{S}=1$，$\overline{R}=1$，可分析出触发器的输出状态将维持原状态不变，即触发器处于"保持"状态。该状态将一直保持到有新的置位或复位信号到来为止。

若 $\overline{S}=0$，$\overline{R}=0$，与非门 G1、G2 的输出状态均变为高电平，即 $Q=1$，$\overline{Q}=1$。此状态破坏了 Q 与 $\overline{Q}$ 间的逻辑关系，并且由于与非门延迟时间不可能完全相同，当两输入端的 0 同时撤除后，将不能确定触发器是处于 1 状态还是 0 状态，因此，触发器不允许出现这种情况，这就是基本 RS 触发器的约束条件。

将上述逻辑关系列成真值表，就成了基本 RS 触发器的特性表（也称为功能表），如表 6-1 所示。表中 Q^n 表示接收信号之前触发器的状态，称为"现态"；Q^{n+1} 表示接收信号之后的状态，称为次态。

表 6-1 基本 RS 触发器的特性表

$\overline{R}$	$\overline{S}$	Q^n	Q^{n+1}	功能
0	0	0	×	不允许
0	0	1	×	
0	1	0	0	$Q^{n+1}=0$ 置 0
0	1	1	0	
1	0	0	1	$Q^{n+1}=1$ 置 1
1	0	1	1	
1	1	0	0	$Q^{n+1}=Q^n$ 保持
1	1	1	1	

触发器次态 Q^{n+1} 与触发信号及现态 Q^n 之间的关系表达式我们称之为触发器的特征方程或次态方程。由表 6-1 可推导出 RS 触发器特征方程为

$$\begin{cases} Q^{n+1}=S+\overline{R}Q^n \\ RS=0 \quad （约束条件） \end{cases} \quad (6-1)$$

由特征方程可以看出，基本 RS 触发器当前的输出状态 Q^{n+1} 不仅与当前的输入状态有关而且还与其原来的输出状态 Q^n 有关。这是触发器具有的一个重要特点。

已知 $\overline{S}$ 和 $\overline{R}$ 的波形和触发器的起始状态，则由与非门组成的基本 RS 触发器波形如图 6-3 所示。

基本 RS 触发器是构成各种不同功能集成触发器

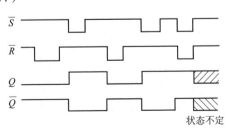

图 6-3 基本 RS 触发器波形图

的基本单元。触发器的置"0"、置"1"就是通过基本 RS 触发器来实现的。

2）同步 RS 触发器

基本 RS 触发器的输入端一直影响触发器输出端的状态。按控制类型属于非时钟控制触发器。当输入信号出现扰动时输出状态将发生变化；另外，不能实现时序控制，即不能在要求的时间或时刻由输入信号控制输出信号。

为了克服非时钟触发器的不足之处，为其增加了时钟控制端 CP，称为同步触发器（简称钟控触发器）。

同步 RS 触发器（图 6-4）是在基本 RS 触发器的基础上增加了两个由时钟脉冲 CP 控制的门电路 G3、G4 后组成的，其中 CP 为时钟脉冲输入端，简称钟控端 CP，CP 为周期性期性的矩形脉冲；R 和 S 为信号输入端。

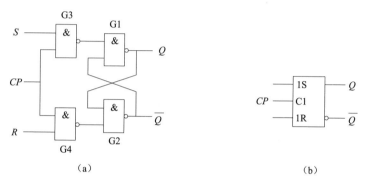

图 6-4 同步 RS 触发器的逻辑图和逻辑符号

（a）逻辑图；（b）逻辑符号

当 CP=0（低电平）时，G3、G4 闭锁，R、S 不起作用，触发器状态不变，处于保持状态。

当 CP=1（高电平）时，G3、G4 开门，触发信号 R、S 被反相加入，此时，只要将触发信号 R、S 取反，即可根据基本 RS 触发器的功能得出同步 RS 触发器的特性表，如表 6-2 所示。

表 6-2 同步 RS 触发器的特性表

CP	R	S	Q^n	Q^{n+1}	说明
0	×	×	0	0	触发器保持原来的状态不变
0	×	×	1	1	
1	0	0	0	0	
1	0	0	1	1	
1	0	1	0	1	触发器置 1
1	0	1	1	1	
1	1	0	0	0	触发器置 0
1	1	0	1	0	
1	1	1	0	×	触发器状态不定
1	1	1	1	×	

由表 6-2 可以看出，在 $R=S=1$ 时，触发器的输出状态不定，为避免出现这种情况，应使 $RS=0$。

时钟控制的 RS 触发器在 $CP=1$ 时与基本 RS 触发器具有相同的特性表，所以时钟控制 RS 触发器的特性方程与基本 RS 触发器的特性方程相同，不同的是同步 RS 触发器的逻辑功能需在 CP 作用下成立，此时 R 与 S 端受到 CP 的控制，所以 R 与 S 端称为同步触发端。

触发器的逻辑功能还可用状态转换图来描述。它表示触发器从一个状态变化到另一个状态或保持原状不变时，对输入信号（R、S）提出的要求。图 6-5 所示为 $CP=1$ 时，同步 RS 触发器的状态转换图。

在图 6-5 中两个圆圈表示触发器的两个稳定状态，箭头表示在输入时钟信号 CP 作用下状态转换的情况，箭头线旁标注的 R、S 值表示触发器状态转换的条件。

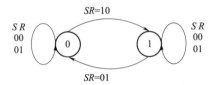

图 6-5　同步 RS 触发器的状态转换图

同步 RS 触发器的时序图如图 6-6 所示。

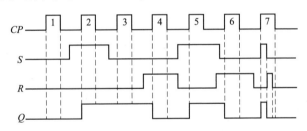

图 6-6　同步 RS 触发器的时序图

3）触发器的各种触发方式

为了克服非时钟触发器的不足，给触发器增加了时钟控制端 CP，只有当时钟控制端 CP 有效时触发器才接收输入数据，引起触发器输出状态发生变化；否则，输入数据将被禁止，触发器状态保持不变。对 CP 的要求不同决定了触发器的不同触发方式。

（1）电平控制触发。

电平控制触发有高电平触发与低电平触发两种类型。图 6-4 的同步 RS 触发器属于高电平触发型，即只有当 $CP=1$ 期间，同步 RS 触发器才接收 R、S 信号，触发器的状态才根据逻辑关系发生变化。低电平触发型是在 $CP=0$ 期间接收触发信号而引起触发器状态改变。

（2）边沿控制触发。

电平控制触发器在时钟控制电平有效期间仍存在干扰信息直接影响输出状态的问题。时钟边沿控制触发器是在控制脉冲的上升沿或下降沿到来时触发器才接收输入信号触发，与电平控制触发器相比可增强抗干扰能力。边沿触发又可分上升沿触发和下降沿触发。上升沿触发是触发器当 CP 信号由 0 跳到 1 的瞬间接收输入信号，从而引起触发器状态的改变，下降沿触发是触发器当 CP 信号由 1 跳到 0 的瞬间接收输入信号，从而引起触发器状态的改变。

在触发器逻辑符号中,框内 CP 端直接加 ">" 者表示边沿触发(上升沿),不加 ">" 者表示电平触发。如果 CP 端框内不加 ">" 也不加小圆圈 "○",表示为高电平触发。如果框内 ">" 左边加小圆圈 "○" 表示时钟脉冲的下降沿触发。脉冲沿及其表示符号如图 6-7 所示。在集成电路内部,是通过电路的反馈控制实现边沿触发的。具体电路可参阅相关书籍。

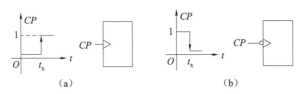

图 6-7 脉冲沿及其表示符号

(a)上升沿触发;(b)下降沿触发

讨论题 1:触发器当前的输出状态与哪些因素有关?它与门电路按一般逻辑要求组成的逻辑电路有何区别?

2. D 触发器

1)同步 D 触发器

为了避免同步 RS 触发器同时出现 R 和 S 都为 1 的情况,在其前面加一个非门,使 $S=\overline{R}$ 便构成了同步 D 触发器,而原来的 S 端改称为 D 端。如图 6-8 所示,这种单端输入的触发器称为 D 触发器,D 为信号输入端。在各种触发器中,D 触发器是一种应用得比较广泛的触发器。

D 触发器

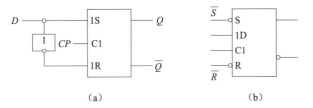

图 6-8 时钟控制 D 触发器及其逻辑符号

(a)D 触发器;(b)逻辑符号

令 $D=S=\overline{R}$,将其代入 RS 触发器特性方程中可得 D 触发器特性方程为

$$Q^{n+1}=D \quad (CP=1 \text{ 时}) \tag{6-2}$$

D 触发器的特性表如表 6-3 所示,从表中可见,D 触发器的逻辑功能不存在次态不定的问题,而且次态 Q^{n+1} 仅取决于输入端 D,而与现态 Q^n 无关,要使其具有记忆功能,必须保持 D 不变。在脉冲 CP 的作用下,D 触发器具有置 0、置 1 逻辑功能。

D 触发器的状态转换图及时序图如图 6-9 所示。

表 6-3　同步 D 触发器的特性表

CP	D	Q^n	Q^{n+1}
0	×	0	0
0	×	1	1
1	0	0	0
1	0	1	0
1	1	0	1
1	1	1	1

已知 CP、D 的波形，可画出 D 触发器的时序波形。

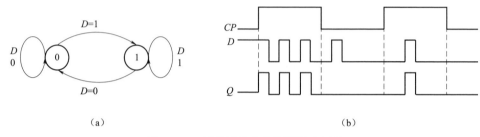

图 6-9　D 触发器状态转换图及时序图
（a）状态转换图；（b）时序图

在图 6-8 的逻辑符号中，$\bar{R}$ 和 $\bar{S}$（或 $\bar{R}_D$ 和 $\bar{S}_D$）是直接置 0（复位）端和直接置 1（置位）端，也称为异步输入端。如取 $\bar{R}_D=1$，$\bar{S}_D=0$ 时，$Q=1$，$\bar{Q}=0$，触发器置 1；如取 $\bar{R}_D=0$，$\bar{S}_D=1$ 时，触发器置 0。由于置 0 和置 1 不受 CP 脉冲的控制，$\bar{R}_D$ 和 $\bar{S}_D$ 端又称异步置 0 端和异步置 1 端，当 $\bar{R}_D=\bar{S}_D=1$ 时，触发器正常工作。这两个异步输入端主要用来预置触发器的初始状态，或者在工作过程中强行置位和复位触发器。

2）边沿 D 触发器

同步触发器在一个 CP 脉冲作用后，出现两次或两次以上翻转的现象称为空翻。

同步 D 触发器在 $CP=1$ 期间接收输入信号，如输入信号在此期间发生多次变化，其输出状态也会随之发生翻转，即出现了触发器的空翻。

由于边沿触发器只能在时钟脉冲 CP 上升沿（或下降沿）时刻接收输入信号，电路状态只能在 CP 上升沿（或下降沿）时刻翻转。而在 CP 的其他时间内，电路状态不会发生变化，这样就提高了触发器工作的可靠性和抗干扰能力。

边沿 D 触发器也叫维持阻塞 D 触发器，维持阻塞型和边沿型触发器内部结构复杂，因此不再讲述其内部结构和工作原理，只需要掌握其触发特点，会灵活应用即可。它的逻辑符号与时序图如图 6-10 所示，D 为信号输入端，$C1$ 为脉冲 CP 触发输入。

图 6-10 所示的 D 触发器是用时钟脉冲 CP 的上升沿触发。它的逻辑功能和前面讨论的同步 D 触发器相同，因此，它们的特性表和特性方程也都相同，但边沿 D 触发器只有在 CP 上升沿到达时才有效。

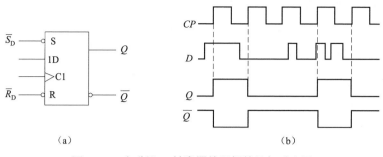

图 6-10 上升沿 D 触发器的逻辑符号与时序图

（a）逻辑符号；（b）时序图

3) 集成 D 触发器

常用的 D 触发器有 74LS74、CC4013 等，74LS74 为 TTL 集成边沿 D 触发器，CC4013 为 CMOS 集成边沿 D 触发器，图 6-11 为集成 D 触发器的管脚排列和逻辑符号。

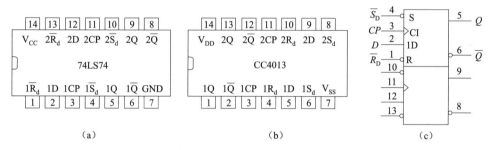

图 6-11 集成边沿 D 触发器的管脚排列和逻辑符号

（a）74LS74 的管脚排列；（b）CC4013 的管脚排列；（c）74LS74 的逻辑符号

图 6-11 中的 $\overline{R}_D$ 和 $\overline{S}_D$ 端为直接复位端（异步置 0 端）和直接置位端（异步置 1 端），低电平有效。TTL 集成边沿 D 触发器 74LS74 内部集成了两个独立的 D 触发器。其功能如表 6-4 所示。

表 6-4 集成 D 触发器 CT74LS74 的功能

输入				输出	功能说明
CP	$\overline{R}_D$	$\overline{S}_D$	D	Q^{n+1}	
×	0	1	×	0	异步置 0
×	1	0	×	1	异步置 1
↑	1	1	0	0	同步置 0
↑	1	1	1	1	同步置 1
0	1	1	×	Q^n	保持
×	0	0	×	1	不允许

由表 6-4 可看出 CT74LS74 有以下几个主要功能：

(1) 异步置 0。当 $\overline{R}_D = 0$，$\overline{S}_D = 1$ 时，触发器置 0，$Q^{n+1} = 0$，它与时钟脉冲 CP 及 D 端的

输入信号没有关系，这也是异步置0的来历。

（2）异步置1。当$\overline{R}_D = 1$，$\overline{S}_D = 0$时，触发器置1，$Q^{n+1} = 1$。它同样与时钟脉冲CP及D端的输入信号没有关系，这也是异步置1的来历。

由此可见，$\overline{R}_D$和$\overline{S}_D$端的信号对触发器的控制作用优先于CP信号。

（3）置0。当$\overline{R}_D = 1$，$\overline{S}_D = 1$时，如$D = 0$，则在CP由0正跃到1时，触发器置0，$Q^{n+1} = 0$。由于触发器的置0和CP到来同步，又称为同步置0。

（4）置1。当$\overline{R}_D = 1$，$\overline{S}_D = 1$时，如$D = 1$，则在CP由0正跃到1时，触发器置1，$Q^{n+1} = 1$。由于触发器的置1和CP到来同步，又称为同步置1。

（5）保持。当$\overline{R}_D = 1$，$\overline{S}_D = 1$时，当$CP = 0$时，不论D端输入信号为0还是为1，触发器都保持原来的状态不变。

4）D触发器的应用

D触发器有保持、置0、置1的逻辑功能，往往用多个D触发器构成锁存器、移位寄存器等。另外，用D触发器可以组成分频电路，其电路及时序如图6-12所示，其中的CP是由信号源或振荡电路发出的脉冲信号，将$\overline{Q}$接到D端。设D触发器的初始状态为$Q = 0$，$\overline{Q} = 1$，即$D = \overline{Q} = 1$。

当时钟CP上升沿到来时，D触发器将发生翻转，使$Q = 1$，$\overline{Q} = 0$；当下一个时钟上升沿到来时，D触发器又发生翻转，即在每个时钟周期，触发器都翻转一次。经过两个时钟周期，输出信号才变化一个周期。所以，经过由D触发器组成的分频电路后，输出脉冲频率将减至1/2，称为二分频。若在其输出端再串接一个同样的分频电路就能实现四分频。同理，若接n分频电路就能构成$1/2^n$倍的分频器。如果按图6-12（b）进行接线，可构成倍频电路。

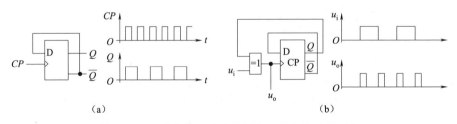

图6-12 D触发器组成的分频和倍频电路及其时序

(a) 分频电路及其时序；(b) 倍频电路及其时序

3. JK触发器

JK触发器具有保持功能、置位功能和复位功能、翻转功能，是功能最全的一种触发器，它克服了RS触发器的禁用状态，是一种使用灵活、功能强、性能好的触发器。

1）同步JK触发器

JK触发器有两个输入信号端J和K，它可从RS触发器演变而来。将RS触发器输出交叉引回到输入，使$S = J \cdot \overline{Q^n}$，$R = K \cdot Q^n$便可得到同步式JK触发器，如图6-13所示。同样，将$S = J \cdot \overline{Q^n}$、$R = K \cdot Q^n$代入RS触发器特性方程中，可得JK触发器特性方程：

$$Q^{n+1} = J\overline{Q^n} + \overline{K}Q^n \tag{6-3}$$

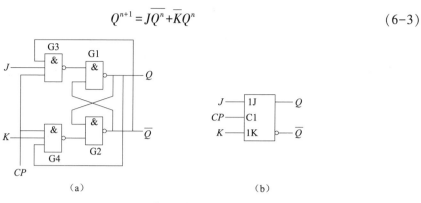

图 6-13 同步 JK 触发器
(a) 逻辑图；(b) 逻辑符号

JK 触发器的特性表如表 6-5 所示，从中可看出，JK 触发器有四个工作状态，第一行 $J=K=0$ 为保持状态；第二行 $J=0$、$K=1$ 为置 0 态；第三行 $J=1$、$K=0$ 为置 1 态；第四行 $J=K=1$，$Q^{n+1}=\overline{Q^n}$，次态与现态相反，这种功能称为翻转功能，也称为计数功能。

表 6-5 JK 触发器状态特性表

J	K	Q^n	Q^{n+1}	说明
0	0	0	0	保持
0	0	1	1	($Q^{n+1}=Q^n$)
0	1	0	0	置 0
0	1	1	0	($Q^{n+1}=0$)
1	0	0	1	置 1
1	0	1	1	($Q^{n+1}=1$)
1	1	0	1	翻转
1	1	1	0	($Q^{n+1}=\overline{Q^n}$)

由表 6-5 得到的 JK 触发器的状态转移图和时序图如图 6-14 所示。

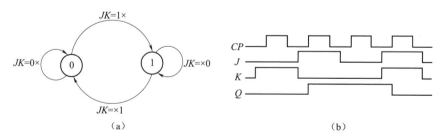

图 6-14 同步 JK 触发器状态转换图及时序图
(a) JK 触发器状态转换图；(b) 同步 JK 触发器时序图

2) JK 边沿触发器和主从触发器

由于同步触发器都具有空翻现象，为了克服空翻现象，实现触发器状态的可靠翻转，对 JK 同步触发器电路做进一步改进，从而产生了多种结构的 JK 触发器，性能较好、且应用较多的有主从 JK 触发器和边沿 JK 触发器，它们都能克服空翻现象。

JK 触发器

（1）边沿 JK 触发器。

边沿 JK 触发器只能在时钟脉冲 CP 上升沿（或下降沿）时刻接收输入信号，因此，电路状态只能在 CP 上升沿（或下降沿）时刻翻转。在 CP 的其他时间内，电路状态不会发生变化，这样就提高了触发器工作的可靠性和抗干扰能力，防止了空翻现象。

图 6-15 所示为边沿 JK 触发器的逻辑符号。边沿 JK 触发器的逻辑功能和前面讨论的同步 JK 触发器的功能相同，因此，它的特性表和特性方程也相同。但边沿 JK 触发器只有在 CP 脉冲上升沿（或下降沿）到达时逻辑功能才成立。图 6-16 所示为上升沿 JK 触发器时序图。

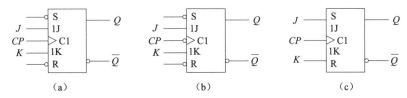

图 6-15 边沿 JK 触发器的逻辑符号
（a）上升沿触发逻辑符号；（b）下降沿触发逻辑符号；（c）简化符号

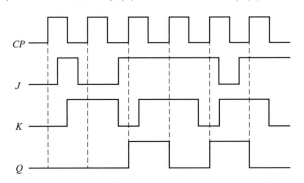

图 6-16 上升沿触发的 JK 触发器时序图

（2）主从 JK 触发器。

主从 JK 触发器的电路及其逻辑符号如图 6-17 所示，由主触发器、从触发器和非门组成。

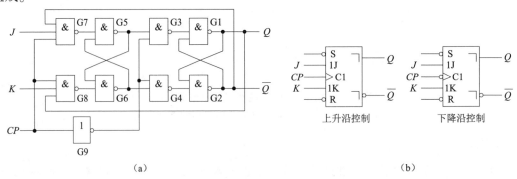

图 6-17 主从 JK 触发器电路及其逻辑符号
（a）主从 JK 触发器的电路；（b）逻辑符号

在图 6-17 所示的电路中，由与非门 G5~G8 组成的 JK 触发器用来接收输入信息，称为主触发器；由与非门 G1~G4 组成的同步 RS 触发器用来接收来自主触发器的输出信息，称为从触发器。也就是说，主触发器在时钟上升沿（或下降沿）接收输入信息，而从触发器则在时钟的下降沿（或上升沿）接收信息，因此，这类触发器称为"主从触发器"。

主从 JK 触发器与边沿 JK 触发器与同步 JK 触发器的特性表、特性方程都相同，只是触发的时刻不同。

3）集成边沿 JK 触发器

常用的边沿 JK 触发器产品有 CT74S112、CT74LS114、CT74LS107、CT74H113、CT74H101、CT74LS102 等。此外也有在 CP 上升沿时刻使输出状态翻转的 CMOS 电路边沿 JK 触发器，如 CC4027 等，这种逻辑符号在 CP 处不画小圆圈。

双 JK 触发器 74LS112 的功能表

74LS112 属 TTL 电路，是下降沿触发的双 JK 触发器，CC4027 属 CMOS 电路，是上升沿触发的双 JK 触发器。74LS112 和 CC4027 引脚排列如图 6-18 所示。

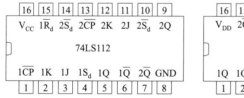 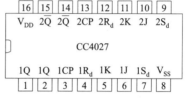

图 6-18　CT74LS112 及 CC4027 的引脚

4. T 触发器和 T′ 触发器

T 触发器可看成是 JK 触发器在 $J=K$ 条件下的特例，它只有一个控制输入端 T 端。图 6-19 为 T 触发器的逻辑图及逻辑符号，高电平触发。在 $CP=0$ 时，T 触发器保持原来状态。当 $CP=1$ 时，其特性如表 6-6 所示，特性方程为

$$Q^{n+1} = \overline{T}Q^n + T\overline{Q^n} \tag{6-4}$$

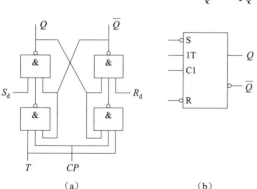

表 6-6　T 触发器的特性表

T	Q^n	Q^{n+1}	说明
0	0	0	$Q^{n+1}=Q^n$
0	1	1	保持功能
1	0	1	$Q^{n+1}=\overline{Q^n}$
1	1	0	翻转功能

图 6-19　T 触发器的逻辑图及逻辑符号
（a）逻辑图；（b）逻辑符号

如果将 T 触发器的 T 端接高电平，则成为 T′ 触发器。它的逻辑功能为次态与现态相反。T′ 触发器只有计数功能（翻转功能）。

T' 触发器的特性方程为

$$Q^{n+1} = \overline{Q^n} \tag{6-5}$$

值得注意的是，集成触发器产品中不存在 T 和 T' 触发器，而是由其他类型的触发器连接成具有翻转功能的触发器，但其逻辑符号可单独存在，以突出相应的功能和特点。

讨论题 2：你能画出 T 触发器的状态转换图吗？

5. 不同触发器的转换

目前市场上出售的集成触发器产品通常为 JK 触发器和 D 触发器两种类型，常用的 74 系列触发器 IC 见附录表 11。各种触发器的逻辑功能是可以相互转换的，我们可以通过改接或附加一些门电路来实现。所以当实际需要另一种功能触发器时，可以对 JK 触发器和 D 触发器的功能转换获得，这为触发器的应用提供了方便。转换的方法是利用已有触发器和待求触发器的特性方程相等的原则。

下面以 JK 触发器与 D 触发器的转换为例来说明这种转换的方法。需要注意的是，各种触发器的逻辑功能可以相互转换，但这种转换不能改变电路的触发方式。

1）将 JK 触发器转换为其他触发器

JK 触发器是一种全功能电路，只要稍加改动就能替代 D 触发器及其他类型触发器。

JK 触发器的特征方程为

$$Q^{n+1} = J\overline{Q^n} + \overline{K}Q^n$$

（1）将 JK 触发器转换成 D 触发器。

D 触发器的特征方程为

$$Q^{n+1} = D$$

比较 JK 触发器的特征方程与 D 触发器的特征程，变换 D 触发器的特征方程可得

$$Q^{n+1} = D\overline{Q^n} + DQ^n$$

令 JK 触发器中的 $J=D$，$\overline{K}=D$，即 $K=\overline{D}$，则 JK 触发器的特征方程就与 D 触发器的特征方程具有完全相同的形式。可见，如果将 JK 触发器中的 J 端连到 D，K 端连到 $\overline{D}$，JK 触发器就变成了 D 触发器，如图 6-20 所示。

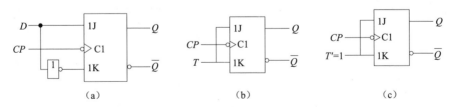

(a)　　　　　　　　　(b)　　　　　　　　　(c)

图 6-20　将 JK 触发器转换成 D 触发器、T 触发器和 T' 触发器
(a) D 触发器；(b) T 触发器；(c) T' 触发器

（2）将 JK 触发器转换为 T 触发器。

T 触发器的特征方程为 $Q^{n+1} = T\overline{Q^n} + \overline{T}Q^n$

比较 JK 触发器的特征方程与 T 触发器的特征程，可见只要取 J=K=T，就可以把 JK 触发器转换成 T 触发器。

（3）将 JK 触发器转换成 T'触发器。

如果 T 触发器的输入端 T=1，则它就成为 T'触发器。T'触发器也称为一位计数器，在计数器中应用广泛。

触发器之间的相关转换

2）将 D 触发器转换成 JK、T 和 T'触发器

由于 D 触发器只有一个信号输入端，且 $Q^{n+1}=D$，因此，只要将其他类型触发器的输入信号经过转换后变为 D 信号，即可实现转换。

（1）将 D 触发器转换成 JK 触发器。

比较 D 触发器特征方程 $Q^{n+1}=D$ 与 JK 触发器的特征方程 $Q^{n+1}=J\overline{Q^n}+\overline{K}Q^n$，只要令 $D=J\overline{Q^n}+\overline{K}Q^n$，就可实现 D 触发器转换成 JK 触发器（图 6-21），只要增加辅助电路，就能实现转换。

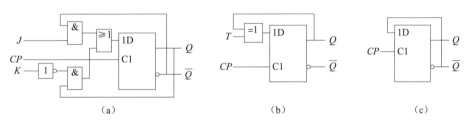

图 6-21 D 触发器转换成 JK、T 和 T'触发器
(a) JK 触发器；(b) T 触发器；(c) T'触发器

（2）将 D 触发器转换成 T 触发器。

令 $D=T\overline{Q^n}+\overline{T}Q^n$，就可以把 D 触发器转换成 T 触发器。

（3）D 触发器转换成 T'触发器。

直接将 D 触发器的 $\overline{Q^n}$ 端与 D 端相连，就构成了 T'触发器。将 D 触发器转换成 T'触发器的过程最简单，计数器电路中用得最多。

讨论题 3：总结触发器相互转换的方法。

知识点二　时序逻辑电路的分析

时序逻辑电路任意时刻的输出信号不仅取决于当时的输入信号，还取决于电路原来的状态，即与以前的输出信号也有关系。其电路由触发器和组合逻辑电路两个部分组成，其中触发器必不可少。按触发脉冲输入方式的不同，时序电路可分为同步时序电路和异步时序电路。同步时序电路是指各触发器状态的变化受同一个时钟脉冲控制，而异步时序电路中的各触发器状态的变化不受同一个时钟脉冲控制。

时序逻辑电路的分析方法与组合逻辑电路的分析方法相类似，即根据给定的时序逻辑

电路，分析出电路的逻辑功能。具体步骤如下：

第一步：写相关方程式。

分析逻辑电路组成，根据给定的逻辑电路图写出电路中各个触发器的时钟方程、驱动方程和输出方程。

（1）时钟方程：时序电路中各个触发器 CP 脉冲的逻辑关系式。

（2）驱动方程：时序电路中各个触发器的输入信号（触发信号）的逻辑关系式。

（3）输出方程：是指组合电路的输出逻辑函数式，即时序电路的输出 $Z=F(A,Q)$，若无输出，此方程可省略。

时序逻辑电路的分析方法

第二步：求各个触发器的状态方程。

状态方程表示了触发器次态和现态之间的关系。将时钟方程和驱动方程代入相应触发器的特征方程式中，便可求出触发器的状态方程。

第三步：求出对应状态值。

（1）列状态表：将电路输入信号和触发器现态的所有取值组合代入相应的状态方程，求得相应触发器的次态，列表得出。

（2）画状态图：状态图是反映时序电路状态转换规律及相应输入、输出信号取值情况的几何图形。

（3）画时序图：时序图是反映输入、输出信号及各触发器状态的取值在时间上对应关系的波形图。

第四步：归纳上述分析结果，确定时序电路的功能。

由于以上各步骤是分析时序逻辑电路的一般步骤，在实际应用中可以根据具体情况加以取舍。

例 6.1 分析图 6-22 所示的时序逻辑电路的逻辑功能（设起始状态是 $Q_3Q_2Q_1=000$）。

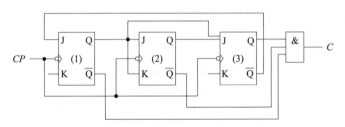

图 6-22 例 6.1 电路图

解：分析电路组成。该电路的存储器件是 3 个 JK 触发器，组合器件是一个与门。无外输入信号，输出信号为 C，各触发器状态的改变都发生在同一时钟 CP 的下降沿，是一个同步时序电路。同步时序的各触发器 CP 方程不必写出。

（1）写各触发器的驱动方程和时序逻辑电路的输出方程。

$J_1=\overline{Q_3^n}$　$K_1=1$；　$J_2=K_2=Q_1^n$；　$J_3=Q_2^nQ_1^n$　$K_3=1$；　$C=Q_3^n\overline{Q_2^n}\overline{Q_1^n}$；

（2）求状态方程。

将各触发器的驱动方程代入 JK 触发器的特性方程 $Q^{n+1}=J\overline{Q^n}+\overline{K}Q^n$ 中，可得各触发器的状态方程如下：

$$Q_1^{n+1} = J_1\overline{Q_1^n} + \overline{K_1}Q_1^n = \overline{Q_3^n Q_1^n}$$

$$Q_2^{n+1} = J_2\overline{Q_2^n} + \overline{K_2}Q_2^n = Q_1^n\overline{Q_2^n} + \overline{Q_1^n}Q_2^n = Q_1^n \oplus Q_2^n$$

$$Q_3^{n+1} = J_3\overline{Q_3^n} + \overline{K_3}Q_3^n = \overline{Q_3^n}Q_2^n Q_1^n$$

(3) 将现态的各种取值组合代入状态方程,得到的状态表如表 6-7 所示。

表 6-7 例 6.1 状态表

Q_3^n	Q_2^n	Q_1^n	Q_3^{n+1}	Q_2^{n+1}	Q_1^{n+1}	C
0	0	0	0	0	1	0
0	0	1	0	1	0	0
0	1	0	0	1	1	0
0	1	1	1	0	0	0
1	0	0	0	0	0	1
1	0	1	0	1	0	0
1	1	0	0	1	0	0
1	1	1	0	0	0	0

用状态表作状态图,如图 6-23 所示。

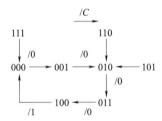

图 6-23 例 6.1 状态图

(4) 描述电路功能。

由图 6-23 可以看出,主循环的状态数是 5,即 000、001、010、011、100 五种状态,且 101、110、111 这三种状态在 CP 的作用下最终也能进入主循环,具有自启动能力。

当 $Q_3Q_2Q_1 = 100$ 时,输出 $C=1$;当 $Q_3Q_2Q_1$ 取其他值时,输出 $C=0$;在 $Q_3Q_2Q_1$ 变化一个循环过程中,$C=1$ 只出现一次,故 C 为进位输出信号。

所以,该电路是带进位输出的同步自启动五进制加法计数器。

讨论题 4:时序电路与组合电路相比,有什么相同点和区别?

知识点三 555 定时器及其应用

555 定时器又称为时基电路,是一种多用途集成器件。其内部有 3 个 5 kΩ 的电阻分压器,故称为 555。为数字-模拟混合集成电路,在波形的产生与变换、测量与控制、家用电器、电子玩具等许多领域中都得到了应用。

按内部器件的类型，555 定时器可分为双极型（晶体管）与单极型（场效应晶体管）。其产品型号繁多，但几乎所有双极型产品型号的最后三位数码都是 555 和 556（含有两个 555），电源电压为 5~16 V；输出最大负载电流可达 200 mA；特点是驱动能力强，可直接驱动微电机、指示灯及扬声器等。所有单极型型号最后的四位数都是 7555 和 7556（含有两个 7555），电源电压为 3~18 V；输出最大电流为 4 mA；其特点是功耗低、输入阻抗高、最低工作电压小。单极型和双极型定时器的逻辑功能和外部引脚排列完全相同。

1. 555 定时器的电路结构及工作原理

双极型 555 定时器采用双列直插式封装形式，共有 8 个引脚，其内部电路及逻辑符号如图 6-24 所示，一般由分压器、比较器、触发器和开关及输出四部分组成。

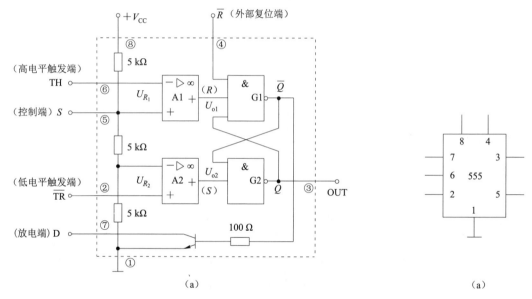

图 6-24 555 定时器内部电路及逻辑符号
(a) 555 定时器内部电路；(b) 555 定时器逻辑符号

1）分压器

分压器由三个等值的 5 kΩ 电阻串联而成，将电源电压 V_{CC} 分压，作用是为比较器提供两个参考电压 U_{R_1}、U_{R_2}。若电压控制端（CO 端）悬空或通过电容接地，则

$$U_{R_1} = \frac{2V_{CC}}{3}, \quad U_{R_2} = \frac{V_{CC}}{3}$$

若控制端 CO 外加控制电压，则

$$U_{R_1} = U_{CO}, \quad U_{R_2} = \frac{U_{CO}}{2}$$

2）比较器

比较器是由两个结构相同的集成运放 A1、A2 构成。A1 用来比较参考电压 U_{R_1} 和高电平触发端电压 U_{TH}：当 $U_{TH} > U_{R_1}$，集成运放 A1 输出 $U_{o1} = 0$；当 $U_{TH} < U_{R_1}$，集成运放 A1 输出

$U_{o1}=1$。A2 用来比较参考电压 U_{R_2} 和低电平触发端电压 $U_{\overline{TR}}$：当 $U_{\overline{TR}}>U_{R_2}$，集成运放 A2 输出 $U_{o2}=1$；当 $U_{\overline{TR}}<U_{R_2}$，集成运放 A2 输出 $U_{o2}=0$。

3）基本 RS 触发器

当 $\overline{R}\,\overline{S}=01$ 时，$Q=0$，$\overline{Q}=1$；当 $\overline{R}\,\overline{S}=10$ 时，$Q=1$，$\overline{Q}=0$。

4）开关及输出

放电开关由一个晶体三极管组成，其基极受基本 RS 触发器输出端 $\overline{Q}$ 控制。当 $\overline{Q}=1$ 时，三极管导通，放电端通过导通的三极管为外电路提供放电的通路；当 $\overline{Q}=0$ 时，三极管截止，放电通路被截断。

当第 5 脚控制电压端不外接电压时，由 555 定时器原理可得其功能，如表 6-8 所示。

表 6-8 555 定时器的功能

输入			输出	
$\overline{R}$	U_{TH}	$U_{\overline{TR}}$	OUT	放电管 V 状态
0	×	×	0	与地导通
1	$>\frac{2}{3}V_{CC}$	$>\frac{1}{3}V_{CC}$	0	与地导通
1	$<\frac{2}{3}V_{CC}$	$>\frac{1}{3}V_{CC}$	保持原状态	保持原状态
1	$<\frac{2}{3}V_{CC}$	$<\frac{1}{3}V_{CC}$	1	与地断开

第 5 脚控制电压端外接电压 U_S 时，表 6-8 中的 $\frac{2}{3}V_{CC}$ 要改为 U_S，$\frac{1}{3}V_{CC}$ 要改为 $\frac{1}{2}U_S$。

只要改变 555 集成电路的外部附加电路，就可以构成各种各样的应用电路，这里仅介绍施密特触发器、单稳态触发器和振荡器三种典型应用电路。

2. 555 定时器的集成电路构成施密特触发器

施密特触发器是受输入信号电平直接控制的双稳态触发器，具有两个稳定状态。它是一种脉冲信号变换电路，可用来实现整形和鉴波，常用它将符合特定条件的输入信号变为对应的矩形波。

555 定时器

1）电路组成

由 555 定时器构成的施密特触发器如图 6-25 所示，定时器外接直流电源和地；高电平触发端 TH 和低电平触发端 $\overline{TR}$ 直接连接，作为信号输入端；外部复位端 $\overline{R}$ 接直流电源 U_{DD}（即 $\overline{R}$ 接高电平），控制端 S 通过滤波电容接地。

2）工作原理

设输入信号 u_i 为最常见的正弦波，正弦波幅度大于 555 定时器的参考电压 $U_{R_1}=\frac{2}{3}U_{DD}$（控制端 S 通过滤波电容接地），电路输入输出波形如图 6-26 所示。

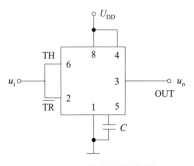

图 6-25 施密特触发器

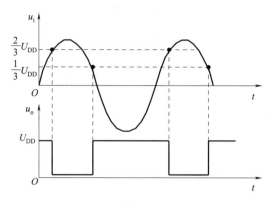

图 6-26 施密特触发器输入输出波形

当 u_i 处于 $0<u_i<\frac{1}{3}U_{DD}$ 上升区间时，根据 555 定时器功能表 6-8 可知 3 脚输出 OUT = "1"。

当 u_i 处于 $\frac{1}{3}U_{DD}<u_i<\frac{2}{3}U_{DD}$ 上升区间时，根据 555 定时器功能表可知，3 脚输出 OUT 仍保持原状态 "1" 不变。

当 u_i 一旦处于 $u_i \geq \frac{2}{3}U_{DD}$ 区间时，根据 555 定时器功能表可知，OUT 将由 "1" 状态变为 "0" 状态，此刻对应的 u_i 值称为上限阈值电压 U_{T+}。

当 u_i 处于 $\frac{1}{3}U_{DD}<u_i<\frac{2}{3}U_{DD}$ 下降区间时，根据 555 定时器功能可知，3 脚输出 OUT 保持原来状态 "0" 不变。

当 u_i 一旦处于 $u_i \leq \frac{1}{3}U_{DD}$ 区间时，3 脚输出 OUT 又将由 "0" 状态变为 "1" 状态，此时对应的 u_i 值称为下限阈值电压 U_{T-}。

施密特触发器上限阈值电压 U_{T+} 和下限阈值电压 U_{T-} 的差值 $U_{T+}-U_{T-}$ 称为回差电压，用 ΔU_T 表示。

若控制端 S 悬空或通过电容接地，$\Delta U_T = U_{R_1} - U_{R_2} = \frac{1}{3}U_{DD}$。

控制端 S 外接控制电压 U_S，$U_{R_1}=U_S$ 而 $U_{R_2}=\frac{1}{2}U_S$，则 $\Delta U_T = U_{R_1} - U_{R_2} = \frac{1}{2}U_S$。

回差电压越大，施密特触发器的抗干扰性就越强，但灵敏度也会相应降低。

施密特触发器可将正弦波、三角波变换为矩形波，也可将被干扰的不规则的矩形波整形为规则矩形波，还可鉴别输入的随机脉冲的幅度。

3. 555 集成电路构成的单稳态触发器

单稳态触发器又称为单稳态电路，它是只有一种稳定状态的电路。如果没有外界信号触发，它就始终保持在稳定状态（简称为稳态）不变；当有外界信号触发时，它将由稳定状态转变成另外一种状态，但这种状态经过一段时间（时间长短由定时元件确定）后会自动返回到稳定状态，它是不稳定状态，故称为暂态。暂稳态的持续时间的长短取决于电路本身的参数,与触发脉冲无关。

单稳态触发器的电路形式很多,既有分立元件组成的,也有专用的集成芯片。其内容可参考其他相关教材。本教材只讨论由 555 定时器构成的单稳态触发器。

1)电路的组成

由 555 定时器组成的单稳态触发器的电路和工作波形如图 6-27 所示。它以 555 定时器的 $\overline{TR}$ 端(2 脚)作为信号输入端,放电端 7 脚接至 TH 端(6 脚),而且在这一点对地接入电容 C,就构成了单稳态触发器。电路中外接的电阻 R 和电容 C 构成充电回路,$\overline{TR}$ 端采用负脉冲触发。

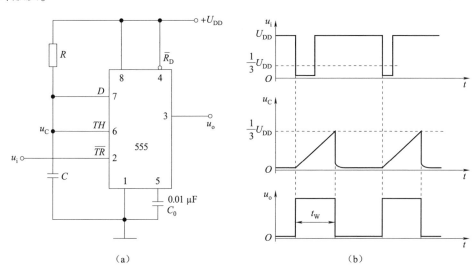

图 6-27 单稳态触发器的电路和工作波形

(a) 电路;(b) 工作波形

2)电路的工作原理

当单稳态触发器没有触发脉冲信号时,低触发端 $\overline{TR} = U_{DD}$,电源 U_{DD} 对 C 充电。随着电容 C 的充电,u_C 逐渐升高(TH 端的电位也不断上升)。当 $u_C > \frac{2}{3} U_{DD}$ 时,输出信号 u_o 为低电平,此时放电管 V 导通,C 放电到 $u_C \approx 0$,使 TH 端为低电平,维持输出端 u_o 的低电平状态,电路处于稳态。

触发信号到来时,u_i 负跳变为 $u_i < \frac{1}{3} U_{DD}$,输出信号 u_o 跳变到高电平,放电管 V 截止,电源 V_{DD} 经 R 向电容 C 充电,电路处于暂稳态。随着电容 C 的充电,u_C 逐渐升高(TH 端的电位也不断上升)。当 $u_C > \frac{2}{3} U_{DD}$ 时(此时 u_i 必须已恢复至 U_{DD}),输出信号 u_o 又跳变为低电平,放电管 V 导通,电容 C 又放电到 $u_C = 0 (u_{TH} = 0)$,电路又回到稳态。

电路在暂稳态的时间等于单稳态触发器输出脉冲的宽度 T_W。T_W 为定时电容 C 上的电压 u_C 由 0 上升到 $\frac{2}{3} U_{DD}$ 所需的时间。T_W 的计算如下:

$$T_W = \tau \ln \frac{u_C(\infty) - u_C(0^+)}{u_C(\infty) - u_C(t_W)} = RC\ln \frac{U_{DD} - 0}{U_{DD} - \frac{2}{3}U_{DD}} = RC\ln 3 \approx 1.1RC$$

式中：$\tau = RC$，$u_C(\infty) = U_{DD}$，$u_C(T_W) = \frac{2}{3}U_{DD}$。

讨论题 5：单稳态触发器的稳态和暂稳态有什么区别？

4. 555 定时器构成的多谐振荡器

多谐振荡器的功能是产生一定频率和一定幅度的矩形波信号，它不需要输入信号，接通电源就可以自动输出矩形脉冲信号。其输出状态不断在"1"和"0"之间变换，所以它又称为无稳态电路。

1）电路的组成

用 555 定时器组成多谐振荡器的电路和工作波形如图 6-28 所示。R_1、R_2、C 是外接定时元件。将 555 定时器的 TH 端（6 脚）接到 $\overline{TR}$ 端（2 脚），$\overline{TR}$ 端接定时电容 C，晶体管 V 的集电极（7 脚）接到 R_1、R_2 的连接点，将 4 脚和 8 脚接电源 U_{DD}。

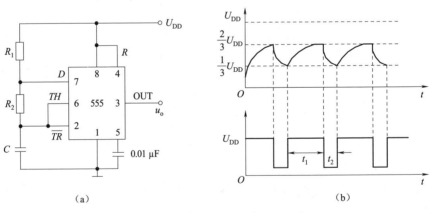

图 6-28 多谐振荡器的电路和工作波形
（a）电路；（b）工作波形

2）电路的工作原理

如图 6-28（b）所示，假定零时刻电容初始电压为零，零时刻接通电源后，因电容两端电压不能突变，则有 $U_{TH} = U_{\overline{TR}} = U_C = 0 < \frac{1}{3}U_{DD}$，OUT ="1"，放电端 D 与地断路，直流电源通过电阻 R_1、R_2 向电容充电，电容电压开始上升。

当电容两端电压 $U_C \geq \frac{2}{3}U_{DD}$ 时，即 $U_{TH} = U_{\overline{TR}} = U_C \geq \frac{2}{3}U_{DD}$，输出由一种暂稳状态（OUT ="1"，放电端 D 与地断路）自动返回另一种暂稳状态（OUT ="0"，放电端 D 与地接通），此时电容不再充电，反而通过电阻 R_2 和放电端 D 向地放电，然后电容电压开始下降。

当电容两端电压 $U_C \leq \frac{1}{3}U_{DD}$ 时，即 $U_{TH}=U_{\overline{TR}}=U_C \leq \frac{1}{3}U_{DD}$，输出就由 OUT＝"0"变为 OUT＝"1"，同时放电端 D 由接地变为与地断路；电源通过 R_1、R_2 再次向 C 充电，重复上述过程。

3）振荡周期

振荡周期为：$T=t_1+t_2$。

其中，t_1 代表充电时间（电容两端电压从 $\frac{1}{3}U_{DD}$ 上升到 $\frac{2}{3}U_{DD}$ 所需时间），$t_1 \approx 0.7(R_1+R_2)C$。$t_2$ 代表放电时间（电容两端电压从 $\frac{2}{3}U_{DD}$ 下降到 $\frac{1}{3}U_{DD}$ 所需时间），$t_2 \approx 0.7R_2C$。因而有：$T=t_1+t_2 \approx 0.7(R_1+2R_2)C$。

对于矩形波，除了用幅度、周期来衡量以外，还存在一个占空比参数 q。$q=\frac{脉宽\ T_P}{周期\ T}$，T_P 指输出一个周期内高电平所占时间。故图 6-28（a）所示电路输出矩形的占空比为

$$q=\frac{t_1}{T}=\frac{t_1}{t_1+t_2}=\frac{R_1+R_2}{R_1+2R_2}$$

图 6-28（a）所示电路只能产生占空比大于 0.5 的矩形波，而图 6-29 中的多谐振荡器的电路可以产生占空比为 0~1 的矩形波。

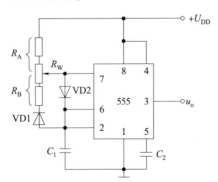

图 6-29 占空比可调的多谐振荡器的电路

讨论题 6：分析讨论图 6-29 所示电路的振荡周期。

任务实施

制作如图 6-1 所示的四路抢答器电路，并对该电路进行调试、检测以达到预期的抢答功能。任务实施时，将班级学生分为 2~3 人一组，让他们轮流当组长，使每个人都有锻炼管理能力的机会，培养团队合作精神。

1. 所需仪器设备及材料

其所需仪器设备包括+5 V 直流电源、万用表或逻辑笔各一台，电烙铁、组装工具一套。其所需材料包括电路板、焊料、焊剂、导线。图 6-1 所示的四路抢答器电路所需元器件（材）明细如表 6-9 所示。

表 6-9　四路抢答器电路器件（材）明细

序号	元件标号	名称	型号规格	序号	元件标号	名称	型号规格
1	$R_1 \sim R_4$、R_9	色环电阻	5.1 kΩ	6	U3	集成块	CD4012
2	$R_5 \sim R_8$	色环电阻	470 Ω	7		IC 座	16PIC
3	D1~D4	发光二极管	5 mm 红	8		IC 座	14PIC
4	S0~S4	开关	6*6*5	6	P1	端子	2P
5	U1，U2	集成块	74LS112	10		PCB 板	配套（70 mm×51.5 mm）

2. 电路图识读

电路原理图如图 6-1 所示，该电路由 4 个_____触发器和 2 个_____输入_____门组成。按下 S0，则四个触发器的输出 $Q=$_____，四个发光二极管 D1~D4 均_____，4 个触发器的 $\overline{Q}$ 端经过两个与非门反馈到触发器的 J 和 K 端，此时 $J=K=$_____，4 个触发器处于待反转的状态，即抢答状态。

此时若按下相关键，如 S1，则触发器 U1A 得到一个有效的时钟_____沿信号，其输出 Q_1 由原来的_____变为_____，D1 灯点亮发光，再将 $\overline{Q_1}$ 的低电平信号加到与非门输入端，经两个与非门反馈到 4 个触发器的 J 和 K 端，使 $J=K=$_____，此时 4 个触发器处于保持状态，对后续时钟信号不起作用，实现最先抢答锁住功能。

若需重新抢答，则需按下 S0 后才能再次开始，S0 即为裁判复位按钮。

3. 元器件的检测与电路的装配

1) 对电路中的元器件进行识别、检测

（1）先根据色环电阻的色环颜色读出电阻的值，再用万用表进行检测。自己列表，写出各电阻标称值、测量值、误差、说明是否满足要求。

（2）先用万用表判别发光二极管极性及好坏。发光二极管长脚为_____极，再用数字万用表测其正向导通压降为_____V。

（3）查资料：集成电路 74LS112 包含_____个 JK 触发器，其触发方式为_____触发。一块 CD4012 含有_____个_____输入与非门，其逻辑功能特点为_____。

2) 抢答器电路的装配

在 PCB 板或万能板上，按照装配图和装配工艺安装四路抢答器电路。装配好的抢答器电路如图 6-30 所示。焊接用的烙铁最好不大于 25 W，焊集成块时，先焊集成块插座，待其他元件焊接完成后再将集成块插入对应的插座。由于集成电路外引线间距离很近，焊接时，焊点要小，焊接时间要短。

4. 四路抢答器电路的调试

装配完成后进行自检，待确认无误后方可接通+5 V电源进行调试。

（1）按下清零开关 S0，所有指示灯灭。

（2）选择 S1~S4 中的任何一个开关并按下，与之对应的指示灯应点亮，此时再按其他开关均无效。

（3）按下开关 S0，所有灯应熄灭。测试触发器 $\bar{Q}$ 的电位为_____V，Q 端的电位为_____V。

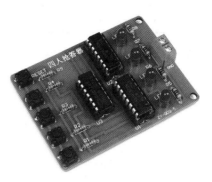

图 6-30 四人抢答器实物图

（4）重复步骤（2）和（3），依次检测各对应指示灯是否被点亮，以及其他按钮是否不起作用。

在调试过程中如不满足上面步骤现象，说明电路存在故障。则将电路由左至右依次检查元件是否有错装、虚焊、短路现象，集成块通过逻辑功能验证是否有损坏可能，直至故障排除。

5. 任务实施总结

（1）分析并讨论测试和调试过程，得出结论。

4 人抢答器

（2）总结任务实施过程中发生的问题，找到解决方法并谈一谈收获。

6. 任务评价

四路抢答器电路的制作、调试与检测评分标准如表 6-10 所示。

表 6-10 四路抢答器电路的制作、调试与检测评分标准

项目及配分	工艺标准或要求	扣分标准	自评分	互评分	教师评分	终评分
电路的工作原理分析（10 分）	能正确分析电路的组成及其工作状态	不能正确判断电路的组成、电路的逻辑电平，每个错判扣 1 分				
元器件检测（15 分）	1. 能读、测出色环电阻的阻值； 2. 能用万用表判别发光二极管的极性、导通压降； 3. 能查资料说明集成电路 74LS112、CD4012 的特点	1. 不能读、测出色环电阻的阻值，每个扣 1 分； 2. 不能用万用表判别发光二极管的极性、导通压降，扣 2 分； 3. 查找集成电路 74LS112、CD4012 的资料，每个错误扣 1 分				

续表

项目及配分	工艺标准或要求	扣分标准	自评分	互评分	教师评分	终评分
元器件成形（5分）	能按要求进行成形操作	成形损坏元件扣3分，不规范的每处扣1分				
插件（10分）	1. 电阻器紧贴电路板； 2. 按电路图装配，元件的位置、极性要正确	1. 元件安装不对称、高度不合格、装歪，每处扣1分； 2. 错装、漏装，每处扣3分				
焊接（10分）	1. 焊点光亮、清洁、焊料适当； 2. 无漏焊、虚焊、桥连等现象； 3. 焊接后，元件管脚留头长度小于1 mm	1. 焊点不光亮、焊料过多或过少，每处扣1分； 2. 漏焊、虚焊、桥连等，每处扣2分； 3. 管脚剪脚留头长度大于1 mm，每处扣1分				
调试检测（30分）	1. 按调试检测要求和步骤进行； 2. 正确使用万用表	1. 调试检测方法或步骤错误，每处扣5分； 2. 不会测量或测量结果错误，每处扣3分				
分析结论（10分）	能利用电路制作调试结果进行正确总结	不能正确总结任务实施5的问题，一次扣5分				
安全、文明生产（10分）	1. 不人为损坏元件、仪表设备等； 2. 实训环境整洁、秩序井然，操作习惯良好	1. 测量任务完成，不能正确关掉仪器仪表测试设备，扣5分； 2. 人为损坏元器件、设备，一次性扣10分； 3. 任务完成后不能保持环境整洁，扣5分				
总分						

任务达标知识点总结

（1）触发器是时序逻辑电路的基本单元，它有两个稳态输出，在触发输入的作用下，可以从一个稳态翻转至另一个稳态。触发器可用来存储二进制数据。

触发器的种类很多，根据是否有时钟脉冲输入端，分为基本触发器和时钟触发器。按逻辑功能，其又可分为 RS 触发器、D 触发器、JK 触发器、T 触发器、T' 触发器。按触发方式可分为电平触发、主从触发、边沿触发等。RS 触发器是最基本的触发器，D 触发器和 JK 触发器在各种数字电路中被普遍使用，学习时要掌握它们的逻辑功能及时序关系。

（2）时序逻辑电路的分析与组合逻辑电路的分析有相同之处，都是根据逻辑图分析其逻辑功能。分析时序逻辑电路首先要写出时钟方程、输出方程、驱动方程。再由驱动方程代入触发器的特征方程求出电路的状态方程。接下来由状态方程列出电路的状态表或状态转换图、时序图，分析电路的逻辑功能。

（3）555 定时器主要由比较器、基本 RS 触发器、门电路构成。其基本应用形式有三种：施密特触发器、单稳态触发器和多谐振荡器。

由于具有电压滞回特性，当输入电压处于参考电压 U_{R_1} 和 U_{R_2} 之间时，施密特触发器保持原来的输出状态不变,所以具有较强的抗干扰能力。

在单稳态触发器中,输入触发脉冲只决定暂稳态的开始时刻,暂稳态的持续时间由外部的 RC 电路决定,从暂稳态回到稳态时不需要输入触发脉冲。

多谐振荡器又称为无稳态电路。当状态发生变换时,触发信号不需要由外部输入,而是由其电路中的 RC 电路提供。另外,状态的持续时间也由 RC 电路决定。

思考与练习 6.1

一、填空题

1. 触发器具有_____个稳定的状态,其输出状态由_____和触发器的_____决定。

2. 边沿触发器分为_____和_____触发两种。当 CP 从 1 到 0 跳变时触发器输出状态发生改变的是_____沿触发型触发器;当 CP 从 0 到 1 跳变时触发器输出状态发生改变的是_____沿触发型触发器。

3. 设 JK 触发器的初态 $Q^n=1$,若令 $J=1$,$K=0$,则 $Q^{n+1}=$_____;若令 $J=1$,$K=1$,则 $Q^{n+1}=$_____。

4. T 触发器是在 CP 脉冲作用下,具有_____和_____功能的触发器。

5. JK 触发器的特性方程为_____,D 触发器和特性方程为_____。

6. T 触发器电路如图 6-31 所示,不论现态 Q^n 为何值,其次态 Q^{n+1} 总是等于_____。

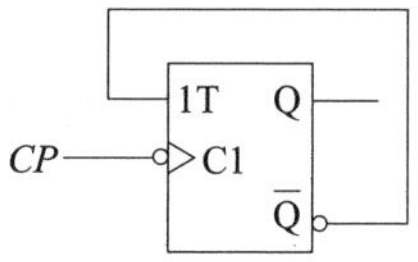

图 6-31 填空题题 6 图

7. JK 触发器的输出端 $\bar{Q}$ 与输入端 J 连接,输出端 Q 与输入端 K 连接,则 Q^{n+1} 为_____。

8. 在 D 触发器中,若要使 $Q^{n+1}=\bar{Q}^n$,则输入 $D=$_____。

9. 时序逻辑电路由_____电路和_____电路两部分组成,其中的_____电路必不可少。

10. 按照触发器是否有统一的时钟控制,分为_____时序电路和_____时序电路。

二、选择题

1. 当基本 RS 触发器在 $\bar{S}=\bar{R}=0$ 的信号同时撤除后,触发器的输出状态(   )。
A. 都为 0   B. 恢复正常   C. 都为 1   D. 不确定

2. 仅具有置"0"、置"1"功能的触发器称为(   )。
A. JK 触发器   B. RS 触发器   C. D 触发器   D. T 触发器

3. 设计一个能存放 8 位二进制代码的寄存器需要使用(   )触发器。
A. 8 个   B. 4 个   C. 3 个   D. 2 个

4. 在下列各选项中，能实现 $Q^{n+1}=\overline{Q^n}$ 的电路是（　　）。

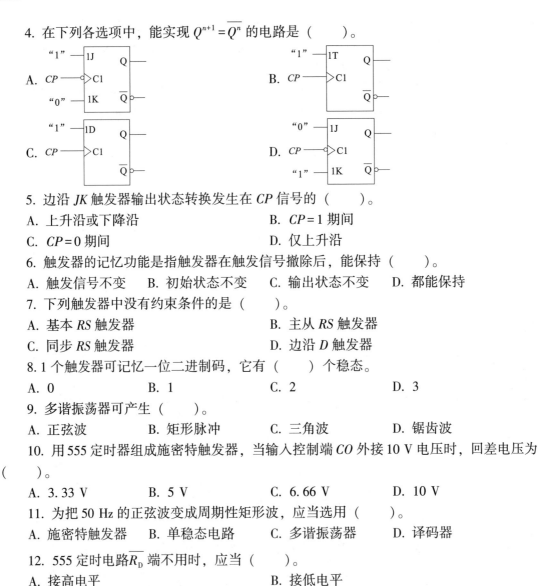

5. 边沿 JK 触发器输出状态转换发生在 CP 信号的（　　）。
   A. 上升沿或下降沿　　　　　　B. $CP=1$ 期间
   C. $CP=0$ 期间　　　　　　　　D. 仅上升沿

6. 触发器的记忆功能是指触发器在触发信号撤除后，能保持（　　）。
   A. 触发信号不变　B. 初始状态不变　C. 输出状态不变　D. 都能保持

7. 下列触发器中没有约束条件的是（　　）。
   A. 基本 RS 触发器　　　　　　　B. 主从 RS 触发器
   C. 同步 RS 触发器　　　　　　　D. 边沿 D 触发器

8. 1 个触发器可记忆一位二进制码，它有（　　）个稳态。
   A. 0　　　　　B. 1　　　　　C. 2　　　　　D. 3

9. 多谐振荡器可产生（　　）。
   A. 正弦波　　　B. 矩形脉冲　　　C. 三角波　　　D. 锯齿波

10. 用 555 定时器组成施密特触发器，当输入控制端 CO 外接 10 V 电压时，回差电压为（　　）。
    A. 3.33 V　　　B. 5 V　　　　C. 6.66 V　　　D. 10 V

11. 为把 50 Hz 的正弦波变成周期性矩形波，应当选用（　　）。
    A. 施密特触发器　B. 单稳态电路　C. 多谐振荡器　D. 译码器

12. 555 定时电路 $\overline{R_D}$ 端不用时，应当（　　）。
    A. 接高电平　　　　　　　　　B. 接低电平
    C. 通过 0.01 μF 的电容接地　　　D. 通过小于 500 Ω 的电阻接地

13. 下列说法中正确的是（　　）。
    A. 时序逻辑电路某一时刻的电路状态仅取决于电路该时刻的输入信号
    B. 时序逻辑电路某一时刻的电路状态仅取决于电路进入该时刻前所处的状态
    C. 时序逻辑电路某一时刻的电路状态不仅取决于当时的输入信号，还取决于电路原来的状态
    D. 时序逻辑电路通常包含组合电路和存储电路两个组成部分，其中组合电路是必不可少的

三、分析题

1. 图 6-32 所示为 RS 触发器，画出其功能表，并根据输入波形画出 $\overline{Q}$ 和 Q 的波形。

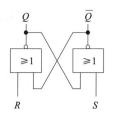
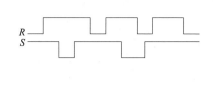

图 6-32 分析题题 1 图

2. 已知图 6-33 所示电路的输入信号波形，试画出输出 Q 端波形，并分析该电路有何用途。设触发器初态为 0。

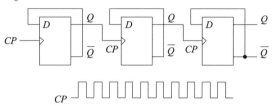

图 6-33 分析题题 2 图

3. 下降沿触发的 JK 触发器输入波形如图 6-34 所示，设触发器初态为 0，画出相应输出波形。

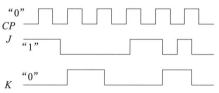

图 6-34 分析题题 3 图

4. 边沿 T 触发器电路如图 6-35 所示。设初状态为 0，试根据 CP 波形画出 Q_1、Q_2 的波形。

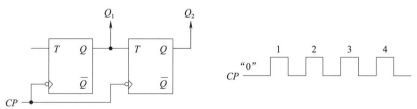

图 6-35 分析题题 4 图

5. 边沿触发器电路如图 6-36 所示，设初状态均为 0，试根据 CP 和 D 的波形画出 Q_1、Q_2 的波形。

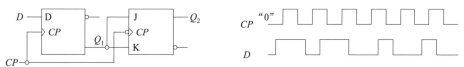

图 6-36 分析题题 5 图

6. 用"555"集成定时器组成防盗报警器如图 6-37 所示。A、B 两端用一条细铜线接通。

(1) 图 6-37 中"555"集成定时器所构成电路的名称为_____。

(2) 当 A、B 两点接通时,555 集成定时器的输出 u_o 为_____;当 A、B 两点断开时,u_o 输出为_____。

(3) 写出扬声器发出报警声的频率 f 的表达式,图 6-37 中各电阻值和电容值均为已知。

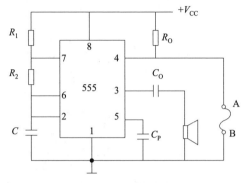

图 6-37　分析题题 6 图

7. 分析图 6-38 所示电路的逻辑功能,设起始状态 $Q_1Q_0=00$。

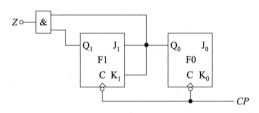

图 6-38　分析题题 7 图

任务二 物体流量计数器电路的设计与制作

学习目标

[知识目标]
1. 了解计数器的内部结构,会分析计数器的工作原理;
2. 掌握任意进制计数器的构成方法;
3. 理解寄存器的工作原理。

[技能目标]
1. 能正确阅读常用的集成二进制和十进制计数器、寄存器的功能表;
2. 能用集成计数器设计任意进制计数器;
3. 能识读物体流量计数器电路,并对电路进行装配,进行调试检测。

[素养目标]
1. 培养勤于思考、做事认真的良好的职业道德;
2. 培养实事求是、严肃认真、精益求精的科学态度与工作作风;
3. 培养团结协作的精神,以及良好的安全生产意识、质量意识和效益意识。

塑造时代的
巨人—钱学森

任务概述

自动化生产车间经常需要给生产的物件计数,故本任务就是制作一个物体流量计数器,让它能对生产流水线上的物件进行自动加计数,数码管显示当前计数值,当计数达到 9 时,指示灯点亮,并有蜂鸣器发出提示声。物体流量计数器电路原理如图 6-39 所示。本任务要求学生分析电路的工作原理、完成电路的装配,并通过调试检测来实现预期功能。

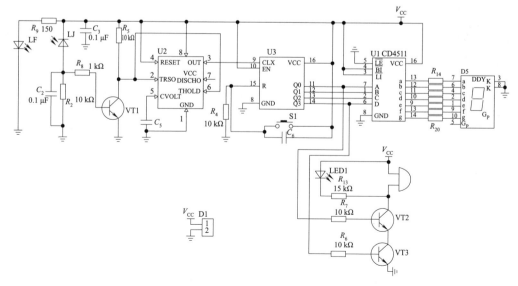

图 6-39 物体流量计数器电路原理

任务引导

问题1：计数器的类型有哪些？如何用已知集成计数器构成任意进制的计数器？

问题2：寄存器按功能分为哪几种？移位寄存器有什么工作特点？

知识链接

知识点一　计数器

计数器是用来实现累计电路输入 CP 脉冲个数功能的时序电路，在数字仪器和数字系统中，使用最多的时序逻辑电路是计数器。计数器的应用十分广泛，除了给时钟脉冲计数外，还可以用于分频、定时、产生节拍脉冲等，以实现数字测量、运算、程序控制、事件统计及系统定时等。例如，微型计算机中的指令计数器（PC）就是一种重要的计数装置。

1. 计数器的分类

计数器的种类很多，分类方法也各不相同。

（1）根据计数脉冲的输入方式，可以把计数器分为同步计数器和异步计数器。计数器是由若干个基本逻辑单元——触发器和相应的逻辑门组成的。如果计数器的全部触发器共用同一个时钟脉冲，而且这个脉冲就是计数输入脉冲时，这种计数器就是同步计数器。如果计数器中只有部分触发器的时钟脉冲是计数输入脉冲，另一部分触发器的时钟脉冲是由其他触发器的输出信号提供时，这种计数器就是异步计数器。

计数器的分类
和计数器的
原理

（2）根据计数进制，又可把计数器分为二进制、十进制和任意进制计数器。各计数器按各自的计数进位规律来计数。其中：按二进制运算规律进行计数的电路称为二进制计数器；按十进制运算规律进行计数的电路称为十进制计数器；其他进制的计数器统称为任意进制计数器。

（3）根据计数过程中计数的增减不同又分为加法计数器、减法计数器和可逆计数器。对输入脉冲进行递增计数的计数器叫作加法计数器，进行递减计数的计数器叫作减法计数器。而在控制信号作用下的，既可以进行加法计数又可以进行减法计数的计数器则叫作可逆计数器。

2. 计数器的基本原理

前文已经介绍过 T' 触发器是翻转型触发器，也就是说，输入一个 CP 脉冲该触发器的状态就翻转一次。如果 T' 触发器初始状态为 0，在逐个输入 CP 脉冲时，其输出状态就会由 $0\rightarrow 1\rightarrow 0\rightarrow 1$ 不断变化。此时，称触发器工作在计数状态，即根据触发器输出状态的变化可以确定 CP 脉冲的个数。

一个触发器能表示 1 位二进制数的两种状态，两个触发器能表示 2 位二进制数的 4 种状态，n 个触发器能表示 n 位二进制数的 2^n 种状态，即能计 2^n 个数，以此类推。

图 6-40 是由 3 个 JK 触发器构成的 3 位二进制计数器及其状态图和时序图。其中，T2 为最高位，T0 为最低位，计数输出用 $Q_2Q_1Q_0$ 表示。3 个触发器的数据输入端恒为"1"，因此，均工作在计数状态。而 $CP_0 = CP$（外加计数脉冲），$CP_1 = Q_0$，$CP_2 = Q_1$。

设计数器初始状态为 $Q_2Q_1Q_0 = 000$，第 1 个 CP 作用后，T0 翻转，Q_0 由"0"→"1"，计数状态 $Q_2Q_1Q_0$ 由 000→001。第 2 个 CP 脉冲作用后，T0 翻转，Q_0 由"1"→"0"，此时 Q_1 由"0"→"1"，计数状态 $Q_2Q_1Q_0$ 由 001→010。以此类推，当逐个输入 CP 脉冲时，计数器的状态按 $Q_2Q_1Q_0 = 000$→001→010→011→100→101→110→111 的规律变化。当输入第 8 个 CP 脉冲时，Q_0 由"1"→"0"，其下降沿使 Q_1 由"1"→"0"，Q_1 的下降沿使 Q_2 由"1"→"0"，计数状态由 111→000，完成一个计数周期，所以，该计数器是八进制加法计数器或称为模 8 加法计数器。

如果计数脉冲 CP 的频率为 f_0，由时序图 6-40（c）可看出 Q_0 输出波形的频率为 $1/2f_0$，Q_1 输出波形的频率为 $1/4f_0$，Q_2 输出波形的频率为 $1/8f_0$。这说明，计数器除具有计数功能外，还具有分频的功能，即 n 位二进制计数器有 2^n 分频功能。

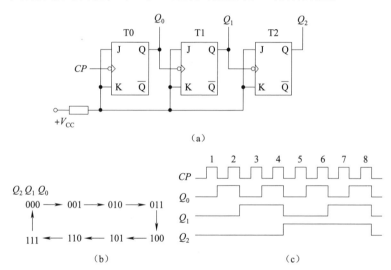

图 6-40　3 位异步二进制计数器及其状态图和时序图

对于上述计数器而言，由于各触发器的翻转并非受同一个 CP 脉冲控制，故称为异步计数器。有时为使计数器按一定规律进行计数，各触发器的数据输入端还要输入一定的控制信号。异步计数器的电路简单，对计数脉冲 CP 的负载能力要求低，但由于逐级延时，工作速度较慢，并且反馈和译码较为困难。

同步计数器各触发器在同一个 CP 脉冲作用下同时翻转，工作速度较快，但控制电路复杂。于 CP 作用于计数器的全部触发器，所以 CP 的负载较重。

修改反馈和数据输入，可以用二进制计数器构成十进制计数器或任意进制计数器。例如在计数至 $Q_3Q_2Q_1Q_0 = 1001$ 时，由于反馈的作用，当输入第 10 个 CP 脉冲后，使计数状态由 1001→0000，即恢复到初始状态，则构成十进制计数器。以上所述是由小规模集成触发器组成的计数器，在数字技术发展初期的应用比较广泛。

3. 集成二进制计数器

二进制计数器就是按二进制计数进位规律进行计数的计数器。由 n 个触发器组成的二进制计数器称为 n 位二进制计数器，可以累计 $2^n=N$ 个有效状态。N 称为计数器的模或计数容量。若 $n=1$，2，3…，则 $N=2$，4，8…，其对应的计数器称为模 2 计数器、模 4 计数器和模 8 计数器等等。二进制计数器也分为同步二进制计数器和异步二进制计数器两种。

集成同步二进制计数器芯片有许多品种，其中常用的有 4 位二进制加法计数器 74LS161 和 74LS163，4 位二进制加减计数器 74LS169 和 74LS191，4 位二进制加减计数器（双时钟）74LS193 等。下面，以集成同步二进制计数器 74LS161 为例，讨论同步二进制计数器工作特点。

图 6-41 所示为集成四位同步二进制加法计数器 CT74LS161 管脚排列图和逻辑功能示意图。表 6-11 所示为 74LS161 的功能表。

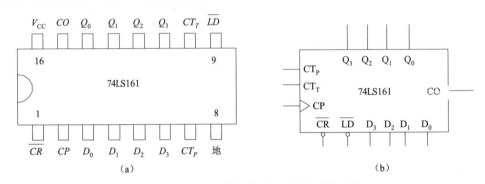

图 6-41　74LS161 管脚排列图及逻辑功能示意

(a) 74LS161 管脚排列；(b) 74LS161 逻辑功能示意

图 6-41 中的 $\overline{LD}$ 为同步置数控制端，$\overline{CR}$ 为异步置 0 控制端，CT_P 和 CT_T 为计数控制端，$D_0\sim D_3$ 为并行数据输入端，$Q_0\sim Q_3$ 为输出端，CO 为进位输出端。

表 6-11　74LS161 的功能表

输入									输出					说明
$\overline{CR}$	$\overline{LD}$	CT_P	CT_T	CP	D_3	D_2	D_1	D_0	Q_3	Q_2	Q_1	Q_0	CO	
0	×	×	×	×	×	×	×	×	0	0	0	0	0	异步清 0
1	0	×	×	↑	d_3	d_2	d_1	d_0	d_3	d_2	d_1	d_0	0	$CO=CT_T Q_3 Q_2 Q_1 Q_0$
1	1	1	1	↑	×	×	×	×	计数					$CO=Q_3 Q_2 Q_1 Q_0$
1	1	0	×	×	×	×	×	×	保持					$CO=CT_T Q_3 Q_2 Q_1 Q_0$
1	1	×	0	×	×	×	×	×	保持				0	

由表 6-11 可知，74LS161 具有如下主要功能：

（1）异步清"0"功能：当清零端 $\overline{CR}$ 为低电平时，无论其他各输入端的状态如何，各触发器均被置"0"，即该计数器被置 0。

（2）同步预置数功能：当 $\overline{CR}$ 为高电平，置数控制端 $\overline{LD}$ 为低电平时，在 CP 脉冲上升沿的作用下，数据输入端 $D_3\sim D_0$ 上的数据就被送至输出端 $Q_3\sim Q_0$。如果改变 $D_3\sim D_0$ 端的预置数,便可构成 16 以内的各种不同进制的计数器。

（3）计数功能：$\overline{CR}$、$\overline{LD}$、CT_T 和 CT_P 均为高电平时,计数器处于计数状态,每输入一个 CP 脉冲,就进行一次加法计数。当计数溢出时,进位端 CO 输出一个高电平脉冲,其宽度为一个时钟周期。

74LS161 为同步计数器,其内部 4 个触发器的状态更新是在同一时刻（CP 脉冲的上升沿）进行的,它是由 CP 脉冲同时加在 4 个触发器上而实现的。

二进制和十进制计数器原理

（4）CT_T 和 CT_P 是计数器控制端,只要其中一个或一个以上为低电平,计数器保持原态,只有两者均为高电平时,计数器才处于计数状态。

4. 集成十进制计数器

集成十进制计数器芯片的种类也比较多,常用的有:同步十进制加法计数器 74LS160 和 74LS162、同步十进制加减计数器 74LS190 和 74LS168、同步十进制加减计数器（双时钟）74LS192。下面以集成同步十进制加法计数器 74LS160 为例,讨论同步十进制计数器的工作特点。

图 6-42 所示为集成同步十进制加法计数器 74LS160 的逻辑符号。

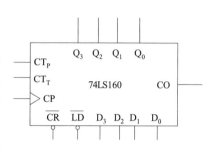

图 6-42 74LS160 的逻辑符号

图 6-42 中 $\overline{LD}$ 为同步置数控制端,$\overline{CR}$ 为异步置 0 控制端,CT_P 和 CT_T 为计数控制端,$D_0 \sim D_3$ 为并行数据输入端,$Q_0 \sim Q_3$ 为输出端,CO 为进位输出端。

由表 6-12 可知,74LS160 具有如下主要功能:

（1）异步清零功能。当清零端 $\overline{CR}$ 为低电平时,无论其他各输入端的状态如何,各触发器均被置"0",即该计数器被置 0,这时 $Q_3Q_2Q_1Q_0 = 0000$。

（2）同步预置数功能。当 $\overline{CR}$ 为高电平,置数控制端 $\overline{LD}$ 为低电平时,在 CP 脉冲上升沿的作用下,数据输入端 $D_3 \sim D_0$ 上的数据就被送至输出端 $Q_3 \sim Q_0$,这时 $Q_3Q_2Q_1Q_0 = D_3D_2D_1D_0$。

（3）计数功能。74LS160 的计数是同步的,即 4 个触发器的状态更新是在同一时刻（CP 脉冲的上升沿）进行的,它是由 CP 脉冲同时加在 4 个触发器上实现的。当 $\overline{CR} = \overline{LD} = CT_T = CT_P = 1$,在 CP 端输入计数脉冲时,计数器按照 8421BCD 码的规律进行十进制加法计数。

表 6-12 74LS160 功能表

输入									输出					说明
$\overline{LD}$	$\overline{CR}$	CT_P	CT_T	CP	D_3	D_2	D_1	D_0	Q_3	Q_2	Q_1	Q_0	CO	
0	×	×	×	×	×	×	×	×	0	0	0	0	0	异步清 0
1	0	×	×	↑	d_3	d_2	d_1	d_0	d_3	d_2	d_1	d_0	0	同步置数
1	1	1	1	↑	×	×	×	×	计数					
1	1	0	×	×	×	×	×	×	保持					$CO = CT_T Q_3 Q_0$
1	1	×	0	×	×	×	×	×	保持				0	

（4）保持功能。当 $\overline{CR}=\overline{LD}=1$，且 CT_P、CT_T 中有 0 时，计数器保持原来的状态不变。在计数器执行保持功能时，若 $CT_P=0$、$CT_T=1$，则 $CO=CT_TQ_3Q_0=Q_3Q_0$；若 $CT_P=1$、$CT_T=0$，则 $CO=CT_TQ_3Q_0=0$。

5. N 进制计数器

N 进制计数器也称为任意进制计数器。获得 N 进制计数器的常用方法是利用现成的集成计数器，配合相应的门电路，通过反馈线进行不同的连接就可以实现。常用集成计数器的型号和功能见附录三附表 13。

1）反馈清零法

在计数过程中，将某个中间状态反馈到清零端，强行使计数器返回 0，再重新开始计数，可构成比原来集成计数器模小的 N 进制计数器。反馈清零法适用于有清零输入的集成计数器，可分为异步清零和同步清零两种。

（1）异步清零法。

异步清零法就是利用集成计数器的异步清零端获得 N 进制计数器的一种方法。在异步清零端有效时，不受时钟脉冲及任何信号影响，直接使计数器清零，因而可采用瞬时过渡状态作为清零信号，但该瞬时过渡状态是无效状态，不能记为计数器的状态。

利用异步清零功能实现 N 进制计数的方法如下：用 S_1、S_2、…、S_N 表示输入 1、2、…、N 个计数脉冲 CP 时计数器的状态（S_N 是过渡状态，不计入计数器的状态）。

①写出 N 进制计数器状态 S_N 的二进制代码。

②写出反馈归零函数。这实际上是根据 S_N 的二进制代码写出置零控制端的逻辑表达式。

③画连线图。这主要是根据反馈归零函数画连线图。

例 6.2 用"异步清零法"使 74LS161 构成十进制计数器（图 6-43）。

解： 从 74LS161 的功能表可知：74LS161 的清零端 $\overline{CR}$ 是异步清零端，所以利用 74LS161 构成十进制计数器时，N（十）进制计数器状态 $S_N=S_{10}$ 的二进制代码为 1010。将输出端 Q_3 和 Q_1 通过与非门接至 74LS161 的复位端，使 $\overline{CR}=\overline{Q_3Q_1}$。当计数器从 0000 状态开始计数并计到 1001 时，计数器正常工作；当第十个计数脉冲上升沿到来时计数器出现 1010 状态，与非门立刻输出 "0" 使计数器复位至 0000 状态，使 1010 为瞬间过渡状态，不能成为一个有效状态，从而完成一个十进制计数循环（即从 0000 状态开始计数，计到 1001 后，又从 0000 状态开始循环计数）。

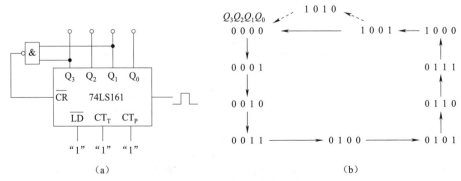

图 6-43 异步清零法使 74LS161 构成十进制计数器
（a）电路连接；（b）计数状态转换

(2) 同步清零法。

同步清零法就是利用集成计数器的同步清零端获得 N 进制计数器的一种方法。

利用同步清零功能实现 N 进制计数器的方法如下：用 S_1、S_2、…、S_{N-1} 表示输入 1、2、…、$N-1$ 个计数脉冲 CP 时计数器的状态。

①写出 N 进制计数器状态 S_{N-1} 的二进制代码。

②写出反馈归零函数。这实际上是根据 S_{N-1} 的二进制代码写出置零控制端的逻辑表达式。

③画连线图。主要根据反馈归零函数画连线图。

例 6.3 用"同步清零法"使 74LS163 构成十进制计数器。

解：从 74LS163 的功能表可知：74LS163 为四位二进制加法计数器，清零端 $\overline{CR}$ 是同步清零端，所以利用 74LS163 构成十进制计数器时，N（十）进制计数器状态 $S_{N-1} = S_9$ 的二进制代码为 1001。将输出端 Q_3 和 Q_0 通过与非门接至 74LS163 的复位端，使 $\overline{CR} = \overline{Q_3 Q_0}$。当计数器从 0000 状态开始计数，计到 1001 时，当下一个计数脉冲上升沿到来时，与非门立刻输出"0"使计数器复位至 0000 状态，从而完成一个十进制计数循环（即从 0000 状态开始计数，计到 1001 后，又从 0000 状态开始循环计数）。设计电路如图 6-44 所示。

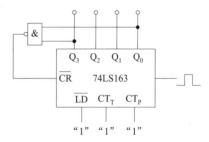

图 6-44 同步清零法实现十进制计数器

2）反馈置数法

反馈置数法就是利用集成计数器的预置数控制端 $\overline{LD}$ 和预置输入端 $D_3 D_2 D_1 D_0$ 获得 N 进制计数器。其具体方法如下：

（1）若为同步置数，则写出 N 进制计数器在输入第 $N-1$ 个计数脉冲 CP 时的状态 S_{N-1}；若为异步置数，则为输入第 N 个计数脉冲 CP 时的状态 S_N 的二进制代码。

（2）写出反馈置数函数。这实际上是根据 S_{N-1}（异步为 S_N）写出同步置数控制端的逻辑表达式。

（3）画连线图。主要根据反馈置数函数画连线图。

例 6.4 用 74161 集成计数器利用"反馈置数法"构成七进制计数器。

解：74161 具有同步预置功能，图 6-45（a）所示为利用 74161 的预置功能端构成的按自然序态变化的七进制计数器电路连接图，6-45（b）所示为七进制计数器计数状态转换图。图中 $D_3 D_2 D_1 D_0 = 0000$，$\overline{CR} = 1$，当计数器从 $Q_3 Q_2 Q_1 Q_0 = 0000$ 开始计数后，计到第六个脉冲时，$Q_3 Q_2 Q_1 Q_0 = 0110$，即 $S_{N-1} = 0110$，此时 $\overline{LD} = \overline{Q_2 Q_1}$，与非门 G 输出"0"使 $\overline{LD} = 0$，为 74161 同步预置做好了准备；当第七个 CP 脉冲上升沿作用时，完成同步预置使 $Q_3 Q_2 Q_1 Q_0 = D_3 D_2 D_1 D_0 = 0000$，计数器按自然序态完成 0~6 的七进制计数。

与用异步复位实现的反馈复位法相比，在第 N 个脉冲到来时，这种方法构成的 N 进制计数器的输出端不会出现瞬间的过渡状态。

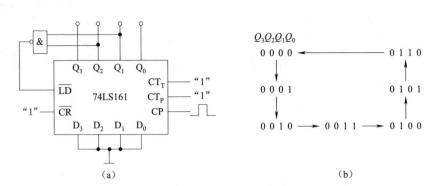

图 6-45 反馈置数法构成七进制计数器（同步预置）
(a) 电路连接；(b) 计数状态

另外，利用 74161 的进位输出端 CO，也可实现反馈预置构成任意进制计数器。

例如，把 74161 的初态预置成 $Q_3Q_2Q_1Q_0=0111$ 状态，利用溢出进位端 CO 形成反馈预置，则计数器就在 0111~1111 的后九个状态间循环计数，构成按非自然序态计数的九进制计数器，如图 6-46 所示。

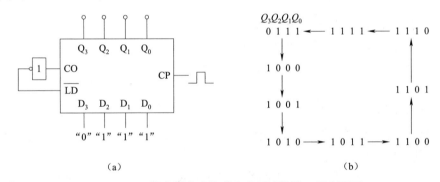

图 6-46 进位输出置数法构成九进制计数器（同步预置）
(a) 电路连接；(b) 计数状态

当计数模数 $M>16$ 时，可以利用 74161 的溢出进位信号去链接高四位的 74161 芯片，构成八位二进制计数器等。

讨论题 1：总结利用反馈清零法和反馈预置法构成任意进制计数器的方法与步骤。

3）级联法

计数器的级联是将多个集成计数器串接起来，以获得计数容量更大的 N 进制计数器。各级之间的连接方式可分为串行进位方式、整体置零方式或整体置数方式几种。下面仅以两级之间的连接为例说明这几种连接方式的原理。

(1) 串行进位方式。

若 M 可以分解为两个小于 N 的因数相乘，即 $M=N_1\times N_2$，则可采用串行进位方式或并行进位方式将一个 N_1 进制计数器和一个 N_2 进制计数器连接起来，从而构成 M 进制计数器。

其具体方法为：将低位芯片的进位输出端 CO 端和高位芯片的计数控制端 CT_T 或 CT_P

直接连接，外部计数脉冲同时从每片芯片的 CP 端输入。

如图 6-47 所示，由两片 74LS160 构成一百进制计数器。低位片 CT74LS160（1）进位输出 CO 连接到高位 CT74LS160（2）的 CT_T。当低位片计到 9 时，其输出 $CO=1$，即高位片的 $CT_T=1$，这时，高位片才能接收 CP 端输入的计数脉冲。所以，当输入第 10 个计数脉冲后，低位片回到 0 状态，同时使高位片加 1。

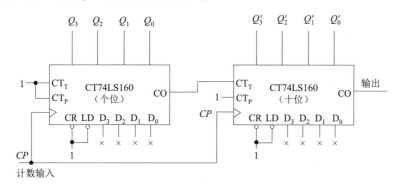

图 6-47　由两片 CT74LS160 级联成的一百进制同步加法计数器

（2）整体置零方式或整体置数方式。

当 M 为大于 N 的素数时，不能分解成 N_1 和 N_2，此时必须采取整体置零方式或整体置数方式构成 M 进制计数器。

所谓整体置零方式，是首先将两片 N 进制计数器按最简单的方式接成一个大于 M 进制的计数器，然后在计数器计为 M 状态时译出异步置零信号 $\overline{CR}=0$（若为同步置 0，则利用 $M-1$ 的状态），将两片 N 进制计数器同时置零。而整体置数方式则首先需要将两片 N 进制计数器用最简单的连接方式接成一个大于 M 进制的计数器，然后在选定的某一状态下译出 $\overline{LD}=0$ 信号，将两个 N 进制计数器同时置入适当的数据跳过多余的状态，获得 M 进制计数器。

图 6-48 所示为由两片 CT74LS160 同步十进制加法计数器级联成的六十进制计数器，采用的是整体置零的方式。十进制数 60 对应的 8421BCD 为 01100000，所以，当计数器计到 60 时，计数器的状态为 01100000，其反馈归零函数为 $\overline{CR}=\overline{Q'_2 Q'_1}$，这时，与非门输出低电平 0，使两片 CT74LS160 同步十进制加法计数器同时被置 0，从而实现了六十进制计数。

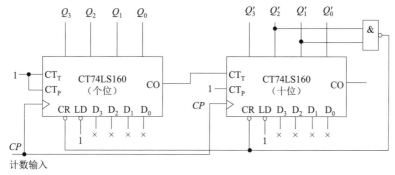

图 6-48　由两片 CT74LS160 同步十进制加法计数器级联成的六十进制计数器

讨论题2：如何用74LS161芯片构成二十四进制计数器？请画出接线图。

知识点二　寄存器

1. 寄存器的特点和分类

能存放二值代码的部件叫作寄存器，按功能可分为数码寄存器和移位寄存器。数码寄存器只供暂时存放数码，可以根据需要将存放的数码随时取出参加运算或者进行数据处理。移位寄存器不但可存放数码，而且在移位脉冲作用下，寄存器中的数码可根据需要向左或向右移位。数码寄存器和移位寄存器被广泛用于各种数字系统和数字计算机中。寄存器存入数码的方式有并行输入和串行输入两种。并行输入方式是将各位数码从对应位同时输入寄存器中；串行输入方式是将数码从一个输入端逐位输入寄存器中。从寄存器取出数码的方式也有并行输出和串行输出两种。在并行输出方式中，被取出的数码在对应的输出端同时出现；在串行输出方式中，被取出的数码在一个输出端逐位输出。

寄存器

与串行存取方式相比，并行存取方式的速度比串行存取方式快得多，但使用的数据线要比串行存取方式多。

构成寄存器的核心器件是触发器。对寄存器中的触发器只要求具有置0、置1的功能即可，所以无论何种结构的触发器，只要具有该功能就可以构成寄存器了。

1) 数码寄存器

每个触发器可以存储1位二进制数，用多个触发器便可组成多位二进制寄存器。图6-49所示为一个用四个维持阻塞D触发器组成的四位数码寄存器的逻辑图。当置0端$\overline{CR}=0$时，触发器FF0~FF3同时被置0。寄存器工作时，$\overline{CR}$为高电平1。D_0~D_3分别为FF0~FF3四个D触发器D端的输入数码，当时钟脉冲CP上升沿到达时，D_0~D_3被并行置入4个触发器中，这时$Q_3Q_2Q_1Q_0=D_3D_2D_1D_0$。在$\overline{CR}=1$、$CP=0$时，寄存器中寄存的数码保持不变，即FF0~FF3的状态保持不变。

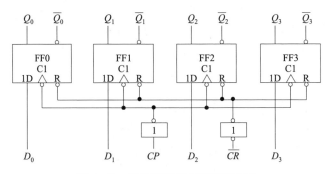

图6-49　四位数码寄存器的逻辑图

2）移位寄存器

移位寄存器是一类应用得很广泛的时序逻辑电路。移位寄存器不仅能寄存数码，还能根据需要，在移位时钟脉冲作用下，将数码逐位左移或右移。

移位寄存器的移位方向分为单向移位和双向移位。单向移位寄存器有左移移位寄存器、右移移位寄存器之分；双向移位寄存器又称为可逆移位寄存器，在门电路的控制下，既可左移又可右移。

（1）单向移位寄存器。

所谓移位，是指寄存器里存储的代码能在移位脉冲的作用下依次左移或右移。

图 6-50 所示为由 4 个上升沿触发的 D 触发器构成的可实现右移操作的四位移位寄存器的逻辑图。

D_0 为右移串行数据输入端，CP 为移位脉冲，Q_3 为串行数据输出端，$Q_3Q_2Q_1Q_0$ 为并行数据输出端。移位寄存器除了具有存储代码的功能外，还具有移位功能。

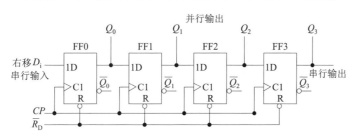

图 6-50　由 D 触发器构成的右移位寄存器的逻辑图

移位寄存器不仅可以用于寄存代码、数据移位，还可以实现数据的串行-并行转换、数值的运算和数据的处理等。

（2）双向移位寄存器。

既可将数据左移、又可右移的寄存器称为双向移位寄存器。

74LS194 是一种典型的中规模集成双向移位寄存器，由四个 RS 触发器和一些门电路构成。其逻辑符号如图 6-51 所示，其功能表如表 6-13 所示。

由表 6-13 可知，它具有如下主要功能：

①置 0 功能。当 $\overline{CR}=0$ 时，$Q_0 \sim Q_3$ 都为 0 状态。

②保持功能。当 $\overline{CR}=1$，$CP=0$，或 $\overline{CR}=1$、$M_1M_0=00$ 时，双向移位寄存器保持原状态不变。

③并行送数功能。当 $\overline{CR}=1$，$M_1M_0=11$ 时，在上升沿的作用下，$D_0 \sim D_3$ 端输入的数码 $d_0 \sim d_3$ 并行送入寄存器。

④右移串行送数功能。当 $\overline{CR}=1$、$M_1M_0=01$ 时，在上升沿作用下，D_{SR} 端输入的数码依次送入寄存器。

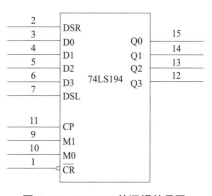

图 6-51　74LS194 的逻辑符号图

⑤左移串行送数功能。当 $\overline{CR}=1$，$M_1M_0=10$ 时，在上升沿作用下，D_{SL} 端输入的数码依次送入寄存器。

表 6–13　CT74LS194 的功能表

$\overline{CR}$	M_1	M_0	CP	D_{SL}	D_{SR}	D_0	D_1	D_2	D_3	Q_0	Q_1	Q_2	Q_3	说明
0	×	×	×	×	×	×	×	×	×	0	0	0	0	置零
1	×	×	0	×	×	d_0	d_1	d_2	d_3	保持				
1	1	1	↑	×	×	×	×	×	×	d_0	d_1	d_2	d_3	并行置数
1	0	1	↑	×	1	×	×	×	×	1	Q_0	Q_1	Q_2	右移输入 1
1	0	1	↑	×	0	×	×	×	×	0	Q_0	Q_1	Q_2	右移输入 0
1	1	0	↑	1	×	×	×	×	×	Q_1	Q_2	Q_3	1	左移输入 1
1	1	0	↑	0	×	×	×	×	×	Q_1	Q_2	Q_3	0	左移输入 0
1	0	0	×	×	×	×	×	×	×	保持				

集成移位寄存器的种类很多，如 74LS164、74LS165、74LS166 均为 8 位单向移位寄存器，74LS194、74LS195 为双向 4 位移位寄存器，常用的移位寄存器见附录三的附表 14 所示。

讨论题 3：用两片 CT74LS194 接成八位双向移位寄存器，请画出连接图。

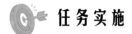

任务实施

制作如图 6-39 所示的物体流量计数器电路,并对该电路进行调试、检测以达到预期的计数显示及提示功能。任务实施时,将班级学生分组,2 人或 3 人一组,轮值安排生成组长,使每个人都有锻炼培养组织协调管理能力的机会,培养团队合作、互帮互助、相互学习共同克服困难完成任务的团队精神。

1. 所需仪器设备及材料

其所需仪器设备包括+5 V 直流电源、万用表或逻辑笔各一台,电烙铁、组装工具一套。其所需材料包括电路板、焊料、焊剂、导线。图 6-39 所示的物体流量计数器电路所需元器件(材)明细如表 6-14 所示。

表 6-14 物体流量计数器电路所需元器件(材)明细

序号	元件标号	名称	型号规格	序号	元件标号	名称	型号规格
1	R_{13}	0805 贴片电阻	1.5 kΩ	11	S1	直插轻触按键	6 mm×6 mm×5 mm
2	$R_{14} \sim R_{20}$	0805 贴片电阻	300 Ω	12	LS1	蜂鸣器	有源
3	R_2、$R_4 \sim R_7$	0805 贴片电阻	10 kΩ	13	P1	接线端子	2P
4	R_9	0805 贴片电阻	150 Ω	14	DS	0.56 数码管	1 位共阴
5	R_8	0805 贴片电阻	1 kΩ	15	U1	直插集成电路	CD4511
6	VT1、VT2、VT3	贴片三极管	9013	16	U3	直插集成电路	CD4518
7	C_2、C_3、C_5、C_6	0805 贴片电容	104	17	U2	直插集成电路	NE555
8	LED1	直插发光二极管	5 mm 发红光	18	—	IC 座	16P(2个) 8P(1个)
9	LJ	直插红外接收管	5 mm	19	PCB 板		配套 39 mm×54 mm
10	LF	直插红外发射管	5 mm	—		—	—

2. 电路图识读

物体流量计数器电路主要由红外对射电路、放大整形电路、_____、计满输出提示电路组成。

电路通电后红外发射二极管发射的红外线射入红外接收二极管中,红外二极管导通。当物体经过时,光线被遮挡,红外二极管截止,此时信号通过 Q_2 组成的放大电路,对信号进行放大处理,经过处理后的信号进入由 U2 组成的_____触发电路,将模拟信号转换为脉冲信号,送给 U3(CD4518),U3 构成 8421BCD 码十进制计数器,对脉冲上升沿进行加法计数,计数状态由 $Q_0 \sim Q_3$ 输出。U1(CD4511)为_____电路,由电路原理图可知,其输出_____有效,后接共_____型数码管,数码管依次显示当前计数值 0~9。

计满输出电路由 R_6、R_7、R_{13}、LED1、VT2、VT3 等元件组成。当物件计数显示 9,即 U3 输出 $Q_3Q_2Q_1Q_0=1001$ 时,三极管 VT2、VT3 同时导通,发光二极管 LED1 导通发光,同时蜂鸣器发出响声,表示计数达到 10 件。其中,VT2 与 VT3 的输出逻辑关系为_____逻辑。

按下 S1 后,数码管显示_____。

3. 元器件的检测与电路的装配

1) 对电路中的元器件进行识别、检测

（1）根据贴片电阻、电容的标识读出电阻、电容的值，再用万用表进行检测。自己列表列出各电阻、电容的标称值、测量值、误差、说明是否满足要求。

（2）用万用表判别三极管 VT1、VT2 的极性和质量好坏。

（3）查资料：集成电路 CD4518 包含_____个十进制计数器，若用时钟上升沿触发，信号由_____输入，此时 EN 端为_____电平。若用时钟下降沿触发，信号由_____输入，此时 CP 端为_____电平；同时，复位端 R 也保持_____电平。

2) 物体流量计数器电路的装配

在 PCB 板或万能板上，按照装配图和装配工艺安装物体流量计数器电路。装配好的物体流量计数器电路如图 6-52 所示。焊集成块时，先焊插座，待其他元件焊接完成后再将集成块插入对应的插座。由于集成电路外引线间距离很近，焊接时焊点要小，不得将相邻引线短路，而且焊接时间要短。另外，还要保证注意数码管的安装方向正确。

 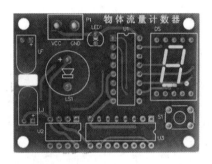

图 6-52　物体流量计数器电路实物

4. 物体流量计数器电路的调试

装配完成后进行自检，待正确无误后，方可接通 +5 V 电源进行调试。

（1）按下清零开关 S1，数码管显示 0。

（2）物体每次通过红外管时，计数显示加 1。

（3）当物体通过红外管计数显示为 9 时，灯 LED1 点亮，蜂鸣器发了响声。测试 VT2、VT3 的 U_{BE2} = _____ V，U_{BE3} = _____ V，U_{CE2} = _____ V，U_{CE3} = _____ V。其与 LED1 串联的 R_{13} 的作用是_____。

（4）按下 S1，蜂鸣器停止发声，LED1 熄灭。

在调试过程中如不满足上面步骤现象，说明电路存在故障。则将电路由左至右依次检查元件是否存在错装、虚焊、短路等现象，集成块通过逻辑功能验证是否有损坏可能，直至故障排除。

5. 任务实施总结

（1）分析讨论测试及调试过程，得出结论。

（2）总结任务实施过程中发生的问题，找到解决方法并谈一谈收获。

6. 任务评价

物体流量计数器电路的制作、调试与检测评分标准如表 6-15 所示。

表 6-15 物体流量计数器电路的制作、调试与检测评分标准

项目及配分	工艺标准或要求	扣分标准	自评分	互评分	教师评分	终评分
电路的工作原理分析（10分）	能正确分析电路的组成及电路的工作状态	不能正确判断电路的组成、电路的逻辑电平及逻辑关系，每处错判扣 2 分				
元器件检测（15分）	1. 能读、测出贴片电阻及电容的值； 2. 能用万用表判别三极管极性和好坏； 3. 能查资料说明 CD4518 的工作特点	1. 不能读、测出贴片电阻、电容值，每个扣 1 分； 2. 不能用万用表判别三极管的极性好坏，扣 2 分； 3. 集成电路 CD4518 资料查找，每个错误扣 2 分				
元器件成形（5分）	能按要求进行成形	成形损坏元件扣 3 分，不规范的每处扣 1 分				
插件（10分）	能按电路图装配，元件的位置极性正确	1. 元件安装不对称、高度不合格、装歪，每处扣 1 分； 2. 错装、漏装，每处扣 3 分				
焊接（10分）	1. 焊点光亮、清洁、焊料适当； 2. 无漏焊、虚焊、桥连等现象； 3. 焊接后，元件管脚留头长度小于 1 mm	1. 焊点不光亮、焊料过多或过少，每处扣 1 分； 2. 漏焊、虚焊、桥连等，每处扣 2 分； 3. 管脚剪脚留头长度大于 1 mm，每处扣 1 分				
调试检测（30分）	1. 按调试检测要求和步骤进行； 2. 正确使用万用表	1. 调试检测方法或步骤错误，每处扣 5 分； 2. 不会测量或测量结果错误，每处扣 3 分				
分析结论（10分）	能利用电路制作调试结果进行正确总结	不能正确总结任务实施 5 中的问题，一次扣 5 分				
安全、文明生产（10分）	1. 不人为损坏元件、仪表设备等； 2. 实训环境整洁、秩序井然、操作习惯良好	1. 测量任务完成，不关掉仪器仪表测试设备，扣 5 分； 2. 人为损坏元器件、设备，一次性扣 10 分； 3. 任务完成后不能保持环境整洁，扣 5 分				
总分						

任务达标知识点总结

（1）常用的时序逻辑电路有计数器和寄存器。计数器是组成数字系统的重要部件之一，它的功能就是计算输入脉冲的数量。

计数器按照 CP 脉冲的工作方式分为同步计数器和异步计数器，各有优缺点，学习的重点是集成计数器的特点和功能应用。同步计数器工作速度较高，但控制电路较复杂，CP 脉冲的负载较重。异步计数器电路简单，对 CP 脉冲负载能力要求低，但工作速度较低。

计数器根据计数进制不同，又可以分为二进制计数器、十进制计数器和任意进制计数器。前两种计数器有许多集成电路产品可供选择，而任意进制计数器如果没有现成的产品，则可以将二进制或十进制计数器通过引入适当的反馈控制信号来实现任意进制计数。计数器的功能表较为全面地反映了计数器的功能，而看懂功能表是正确使用计数器的第一步。

（2）寄存器按功能可分为数据寄存器和移位寄存器，移位寄存器既能接收、存储数据，又可将数据按一定方式移动。移位寄存器不仅可以用于寄存代码、数据移位，还可以实现数据的串行-并行转换、数值的运算和数据的处理等。由于寄存器的功能表反映了寄存器的使用特点，大家必须能够看懂。

思考与练习 6.2

一、填空题

1. 数字逻辑电路按照是否具有记忆功能通常可分为两类：_____、_____。
2. 计数器按进制可分为_____进制计数器、_____进制计数器和_____进制计数器。
3. 集成计数器的清零方式可分为_____和_____；置数方式可分为_____和_____。
4. 寄存器按照功能不同可分为两类：_____寄存器和_____寄存器。
5. 集成计数器 74LS163 清零需要时钟脉冲，这种清零方式称为_____清零；集成计数器 74LS161 清零不需要时钟脉冲，这种清零方式称为_____清零。
6. 十进制加法计数器由_____个触发器组成，有_____个状态，可记录脉冲的个数是_____。
7. 4 位移位寄存器，经过_____个 CP 脉冲之后，4 位数码恰好全部串行移入寄存器，再经过_____个 CP 脉冲可得串行输出。

二、选择题

1. 时序电路的异步复位信号作用于复位端时，可使时序电路（　　）复位。
   A. 在 CLK 上升沿　　　　　　　B. 在 CLK 下降沿
   C. 在 CLK 为高电平期间　　　　D. 立即
2. 构成一个五进制的计数器至少需要（　　）个触发器。
   A. 5　　　　　B. 4　　　　　C. 3　　　　　D. 2
3. 图 6-53 所示电路中，触发器构成了（　　）。

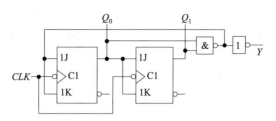

图 6-53　选择题题 3 图

A. 二进制计数器　　B. 三进制计数器　　C. 四进制计数器　　D. 五进制计数器

4. 在图 6-54 所示电路中，四位二进制计数器 74LS161 构成了（　　）。

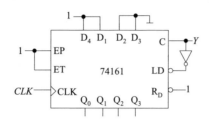

图 6-54　选择题题 4 图

A. 十二进制计数器　　　　　　　　B. 七进制计数器
C. 十六进制计数器　　　　　　　　D. 十三进制计数器

5. 在图 6-55 所示的电路中，四位二进制计数器 74LS161 构成了（　　）。

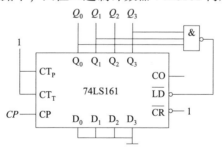

图 6-55　选择题题 5 电路

A. 十二进制计数器　B. 十进制计数器　　C. 八进制计数器　　D. 三进制计数器

6. 在图 6-56 所示的电路中，两片十进制计数器 74LS160 构成了（　　）。

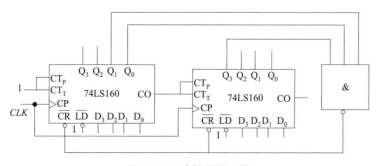

图 6-56　选择题题 6 图

A. 八十三进制计数器 B. 八十二进制计数器
C. 八十六进制计数器 D. 八十四进制计数器

7. 在下列逻辑电路中，不属于组合逻辑电路的有（　　）。

A. 译码器　　　　B. 编码器　　　　C. 全加器　　　　D. 寄存器

8. 对于 8 位移位寄存器，串行输入时经（　　）个脉冲后，8 位数码全部移入寄存器中。

A. 1　　　　　　B. 2　　　　　　C. 4　　　　　　D. 8

9. 移位寄存器不具备的功能是（　　）。

A. 数据存储　　　B. 数据运算　　　C. 构成计数器　　D. 构成译码器

10. 构成一个能存储五位二值代码的寄存器至少需要（　　）个触发器。

A. 5　　　　　　B. 4　　　　　　C. 3　　　　　　D. 2

三、分析与设计

1. 用 74LS161 构成计数器如图 6-57 所示，请分析该图为几进制计数器，并画出状态转换图。

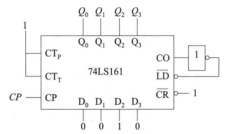

图 6-57　分析与设计题 1 图

2. 试用 74LS160 同步十进制加法计数器（图 6-58）设计一个同步七进制加法计数器，画出连线图。

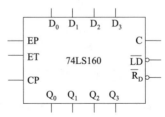

图 6-58　分析与设计题 2 图

3. 试用图 6-59 所示 4 位同步二进制计数器 74LS163（同步清零，同步置数）设计一个十二进制计数器。

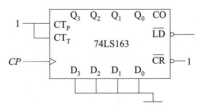

图 6-59　分析与设计题 3 图

数/模与模/数转换

数/模与模/数转换是现代自动控制技术的重要组成部分，也是智能仪表和数字通信系统中不可少的器件。当计算机系统与智能仪表用于自动控制时，所遇到的信息大多是连续变化的模拟量，如温度、压力、位移、流量等，它们的值都是随时间连续变化的，而数字系统只能接收数字量，所以首先要将传感器输出的这些模拟量经模/数转换器（A/D）将模拟量变成数字量后再送给计算机或数字控制电路进行处理。而处理的结果，又需要经过数/模转换器（D/A）变成电压、电流等模拟量以实现自动控制。

随着电子计算机的普及和小型化，目前的模数及数模转换技术越来越集成化，常以芯片或一个集成芯片的部分功能出现在电子市场内。

1. D/A 转换器

D/A 转换电路（DAC）用于将输入的二进制数字量转换为与该数字量成比例的电压或电流。一般线性 D/A 转换器，其输出模拟电压 u_o 和输入数字量 D 之间成正比关系，即 $u_o = K \times D$。K 为常数，D 为二进制数字量，$D = D_{n-1}D_{n-2}\cdots D_0$。

DAC 转换器的原理

D/A 转换器的基本思路是将数字量的每一位的代码按其权的大小转换成相应的模拟量，然后将代表每位的模拟量相加，所得的总模拟量就与数字量成正比，即

$$\begin{aligned} u_o &= D_{n-1} \times 2^{n-1} \times K + D_{n-2} \times 2^{n-2} \times K + \cdots + D_0 \times 2^0 \times K \\ &= K \times (D_{n-1} \times 2^{n-1} + D_{n-2} \times 2^{n-2} + \cdots + D_0 \times 2^0) \\ &= K \times D \end{aligned}$$

D/A 转换器的组成框图如图 6-60 所示，其中的数据锁存器用来暂时存放输入的数字量，这些数字量控制模拟电子开关，将参考电压源 U_{REF} 按位切换到电阻译码网络中变成加权电流，然后经运放求和，输出相应的模拟电压，从而完成 D/A 的转换过程。

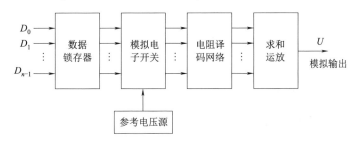

图 6-60 D/A 转换器的一般结构

D/A 转换器的种类较多，根据工作原理基本上分为两大类：权电阻网络 D/A 转换和 T 型电阻网络 D/A 转换。按工作方式分有电压相加型 D/A 转换及电流相加型 D/A 转换；按输出模拟电压极性又可分为单极性 D/A 转换和双极性 D/A 转换。这里介绍几种常见的 D/A 转换电路。

1) 典型的 D/A 转换电路

（1）权电阻 DAC。

4 位二进制权电阻 DAC 的电路原理如图 6-61 所示。

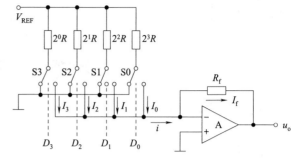

图 6-61　4 位二进制权电阻 DAC 电路原理

从图 6-61 可以看出，此类 DAC 由权电阻网络、模拟开关和运算放大器组成。V_{REF} 为稳恒直流电压，是 D/A 转换电路的基准电压。电阻网络的各电阻的值呈二进制权的关系，并与输入二进制数字量对应的位权成比例关系，权越大，对应的电阻值越小。

输入数字量 D_3、D_2、D_1 和 D_0 分别控制模拟电子开关 S3、S2、S1 和 S0 的工作状态。当 D_i 为"1"时，开关 S_i 接通参考电压 V_{REF}；当 D_i 为"0"时，开关 S_i 接地。此时，流过所有电阻的电流之和即求和运算放大器总的输入电流为

$$i = I_0 + I_1 + I_2 + I_3$$

$$= \frac{V_{REF}}{2^3 R} D_0 + \frac{V_{REF}}{2^2 R} D_1 + \frac{V_{REF}}{2^1 R} D_2 + \frac{V_{REF}}{2^0 R} D_3$$

$$= \frac{V_{REF}}{2^3 R} (2^0 D_0 + 2^1 D_1 + 2^2 D_2 + 2^3 D_3)$$

$$= \frac{V_{REF}}{2^3 R} \sum_{i=0}^{3} 2^i D_i$$

集成运算放大器作为求和权电阻网络的缓冲，其目的主要是减少输出模拟信号对负载变化的影响，并将电流输出转换为电压输出。若运算放大器的反馈电阻 $R_f = R/2$，由于运放的输入电阻无穷大，$I_f = i$；又由于集成运放反相输入端为"虚地"，运放的输出电压为

$$u_o = -I_f R_f = -\frac{R}{2} \times \frac{V_{ref}}{2^3 R} \sum_{i=0}^{n-1} 2^i D_i = -\frac{V_{ref}}{2^4} \sum_{i=0}^{3} 2^i D_i$$

对于 n 位的权电阻 D/A 转换器，其输出电压为

$$u_o = -\frac{V_{REF}}{2^n} \sum_{i=0}^{n-1} 2^i D_i$$

由上式可以看出，权电阻 D/A 转换器的模拟输出电压与输入的数字量成正比关系。当输入数字量全为 0 时，DAC 输出电压为 0 V；当输入数字量全为 1 时，DAC 输出电压为 $-V_{REF}\left(1 - \frac{1}{2^n}\right)$。权电阻网络 DAC 的优点是电路结构简单，使用的电阻元件数少，n 位只需 n 个电阻。其主要缺点是各个电阻的阻值相差较大，尤其是输入数字量的位数较多时，问题更为突出。较宽范围的电阻很难保证电阻的精度，不能保证 D/A 转换的精度，因此在集成电路中很少采用。

（2）倒 T 型电阻网络（DAC）。

为解决权电阻网络 D/A 转换器中电阻阻值相差过大的问题，人们提出了倒 T 型电阻网络 D/A 转换器。图 6-62 所示为一个由两种阻值的电阻构成的四位倒 T 型电阻网络（按同

样结构可将它扩展到任意位），它由数据锁存器（图中未画）、模拟电子开关（S）、R-$2R$ 倒 T 型电阻网络、运算放大器（A）及基准电压 U_{REF} 组成。

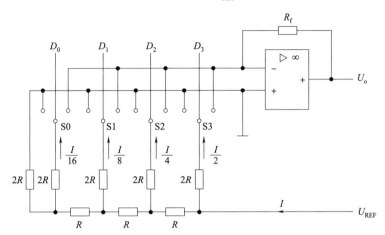

图 6-62　倒 T 型电阻网络 D/A 转换器

模拟电子开关 S3、S2、S1、S0 分别受数据锁存器输出的数字信号 D_3、D_2、D_1、D_0 控制。当 D_i 为 1 时，相应的模拟电子开关接至运算放大器的反相输入端（虚地）；若为 0 则接同相输入端（接地）。开关 S3~S0 是在运算放大器求和点（虚地）与地之间转换，因此不管数字信号 D_i 如何变化，流过每条支路的电流始终不变，从参考电压 U_{REF} 输入的总电流也是固定不变的。

集成运放反相输入端为"虚地"，因此，在图 6-62 中的电路中从 U_{REF} 向左看，整个电路等效电阻为 R，总电流 $I = U_{REF}/R$。流入每个 $2R$ 电阻的电流从高位到低位依次为 $I/2$、$I/4$、$I/8$、$I/16$，流入运算放大器反相输入端的电流为

$$I_\Sigma = D_3 \frac{I}{2} + D_2 \frac{I}{4} + D_1 \frac{I}{8} + D_0 \frac{I}{16}$$

$$= \frac{U_{REF}}{2^4 R}(D_3 \times 2^3 + D_2 \times 2^2 + D_1 \times 2^1 + D_0 \times 2^0)$$

所以运算放大器的输出电压为

$$U_0 = -I_\Sigma R_F = -\frac{U_{REF} R_F}{2^4 R}(D_3 \times 2^3 + D_2 \times 2^2 + D_1 \times 2^1 + D_0 \times 2^0)$$

若 $R_F = R$，且为 n 位 DAC，则有

$$U_0 = -\frac{U_{REF}}{2^n}(D_{n-1} \times 2^{n-1} + D_{n-2} \times 2^{n-2} + \cdots + D_1 \times 2^1 + D_0 \times 2^0)$$

倒 T 型电阻网络 D/A 转换器解码网络仅有 R 和 $2R$ 两种规格的电阻，这对于集成工艺是相当有利的；再者这种倒 T 型电阻网络各支路的电流是直接加到运算放大器的输入端，它们之间不存在传输上的时间差，故该电路具有较高的工作速度。因此，这种形式的 DAC 目前被广泛采用。

讨论题 1：在图 6-62 所示的 4 位 T 型电阻网络 DAC 中，参考电压 $V_{REF} = 10$ V，求输入为 1011 时的输出电压 u_o 为多少？

2）D/A 转换器的主要技术参数

（1）分辨率。

DAC 的分辨率是说明 DAC 输出最小电压的能力。它是指最小输出电压（对应的输入数字量仅最低位为 1）与最大输出电压（对应的输入数字量各有效位全为 1）之比：

$$分辨率 = \frac{1}{2^n - 1}$$

式中，n 表示输入数字量的位数。可见，分辨率与 D/A 转换器的位数有关，位数 n 越大，能够分辨的最小输出电压变化量就越小，即分辨最小输出电压的能力也就越强。

例如，$n = 8$，DAC 的分辨率为

$$分辨率 = \frac{1}{2^n - 1} = 0.0039$$

DAC 技术参数和集成芯片

（2）转换精度。

转换精度是指 DAC 实际输出模拟电压值与理论输出模拟电压值之差，它包括非线性误差和漂移误差等。显然，这个差值越小，电路的转换精度越高。转换精度不仅与 D/A 转换器中的元件参数的精度有关，而且还与环境温度、求和运算放大器的温度漂移以及转换器的位数、基准电压 U_{REF} 的稳定度有关。故而要获得较高精度的 D/A 转换结果，一定要正确选用合适的 D/A 转换器的位数，同时还要选用低漂移高精度的求和运算放大器、高稳定度的基准电压 U_{REF}。一般情况下要求 D/A 转换器的误差小于 $\frac{U_{LSB}}{2}$。

（3）转换速度。

转换速度是指从输入数字量开始到输出电压达到稳定值所需要的时间。所用的时间越短，工作速度就越快。

3）集成 D/A 转换器

（1）集成 D/A 转换器 AD7520。

AD7520 是十位的倒 R-$2R$ 电阻网络集成 DAC，内有 10 个 CMOS 开关，与 AD7530、AD7533 完全兼容。图 6-63（a）所示为 AD7520 引脚。

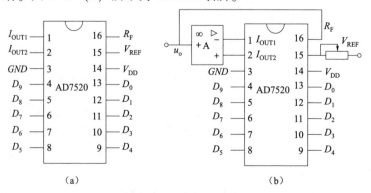

图 6-63　AD7520 引脚图及其外接电路图

(a) AD7520 引脚；(b) AD7520 外接电路图

AD7520 共 16 个引脚，各引脚功能如下：

① 4~13 脚为 $D_0 \sim D_9$，是 AD7520 的十位数字的输入端。

② 1 脚为模拟电流 I_{OUT1} 输出端，接运算放大器的反相输入端。

③ 3 脚为接地端。

④ 2 脚为模拟电流 I_{OUT2} 输出端，一般接地或接运算放大器的同相输入端。

⑤ 14 脚为 $+U_{DD}$ 电源接线端。

⑥ 15 脚为参考电源接线端，U_{REF} 可为正值或负值。

⑦ 16 脚为芯片内部反馈电阻的引出端。

该芯片内部只含有倒 T 型电阻网络、电流开关和反馈电阻，不含运算放大器，输出端为电流输出。具体使用时要外接运算放大器和基准电源。图 6-63（b）所示为其应用电路图。

（2）DAC0830 系列。

DAC0830 系列包括 DAC0830、DAC0831 和 DAC0832，是 CMOS Cr-Si 工艺实现的 8 位 DAC，可直接与 8080、8048、Z80 及其他微处理器接口。下面以 DAC0832 为例进行说明，其内部结构图和引脚图如图 6-64 所示。

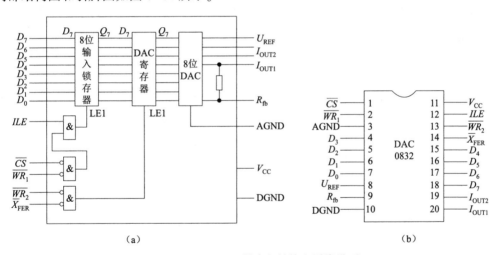

图 6-64 DAC0832 的内部结构和引脚排列

（a）DAC0832 内部结构；（b）DAC0832 引脚排列

DAC0832 由八位输入寄存器、八位 DAC 寄存器和八位 D/A 转换器三大部分组成。它有两个分别控制的数据寄存器，可以实现双缓冲、单缓冲和直通三种输入方式，所以使用时有较大的灵活性，可根据需要接成不同的工作方式。DAC0832 中采用的是倒 T 型 R-$2R$ 电阻网络，没有运算放大器，是电流输出，使用时需要外接运算放大器。由于其在芯片中已经设置了 R_{fb}，只要将 9 号管脚接到运算放大器输出端即可。但若运算放大器增益不够，还需外接反馈电阻。DAC0832 芯片上各管脚的名称和功能说明如下：

$\overline{CS}$：片选信号，低电平有效。当该端是高电平时，DAC 芯片不工作。

$\overline{WR_1}$：输入寄存器写选通信号，低电平有效。

$D_0 \sim D_7$：八位数字信号输入端。

I_{OUT1}、I_{OUT2}：DAC输出电流端。使用时分别与集成运算放大器的反相端和同相端相连。

R_{fb}：反馈信号输入端，可以直接接集成运算放大器的输出端，通过芯片内部的电阻构成反馈支路，也可以根据需要再外接电阻构成反馈支路。

V_{CC}：数字部分的电源输入端。V_{CC}可在+5~+15 V选取。

DGND：数字电路地。

AGND：模拟电路地。

ILE：输入寄存器锁存信号，高电平有效（当$\overline{CS}=\overline{WR_1}=0$时，只要ILE=1，则8位输入寄存器将直通数据，即不再锁存）。

$\overline{WR_2}$：DAC寄存器的写入控制信号。

U_{REF}：基准参考电压端，在+10~-10 V选择。

$\overline{XFER}$：DAC寄存器的传送控制信号，低电平有效。

根据DAC0832的输入寄存器和DAC寄存器不同的控制方法，DAC有以下三种工作方式：

①直通方式。如果DAC0832的两个八位寄存器都处于直通状态（输出跟随输入变），即为直通方式。这时由$D_0 \sim D_7$输入的数据可以直接进入DAC寄存器进行DA转换。

②单缓冲方式。单缓冲方式是控制输入寄存器和DAC寄存器同时接收数据，或者只用输入寄存器而把DAC寄存器接成直通方式。此方式适用于只有一路模拟量输出或几路模拟量异步输出的情形。

③双缓冲方式。双缓冲方式是先使输入寄存器接收数据，再控制输入寄存器的输出数据到DAC寄存器，即分两次锁存输入数据。为了实现两级锁存，应使$\overline{WR_1}$和$\overline{WR_2}$分别接两个控制信号。此方式适用于多个D/A转换同步输出的情形。

实际应用时，要根据控制系统的要求来选择工作方式，如图6-65所示。

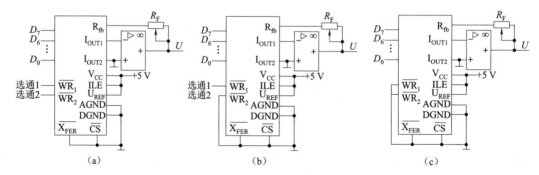

图6-65 DAC0832的三种工作方式的接线图

（a）双缓冲型；（b）单缓冲型；（c）直通型

在实际应用中，D/A转换器还有很多种，如AC1002、DAC1022、DAC1136、DAC1222、DAC1422等，用户使用时可查阅相关的手册。现将常见的D/A转换器列于附录三附表15中。

2. 模/数转换器

1) 模/数转换器（ADC）的基本工作原理

模/数转换器（A/D）转换是将时间和（或）数值上连续的模拟信号转换为时间和数值上都是离散的数字信号。转换过程通过取样（时间上对模拟信号离散化）、保持、量化（数值上离散化）和编码四个步骤完成。

ADC 转换的原理

（1）取样和保持。

采样是对模拟量在一系列离散的时刻进行采集，得到一系列等距不等幅的脉冲信号。在采样过程中，每次采样结果都要暂存即保持一定时间，以便于转换成数字量。采样电路和保持电路合称为采样-保持电路。图 6-66（a）所示为一种常见的取样保持电路，它由取样开关、保持电容和缓冲放大器组成。图 6-66（b）所示为采样过程的波形图，其中，U_i 为模拟输入信号，CP 为取样脉冲，U_o 为取样后输出信号。

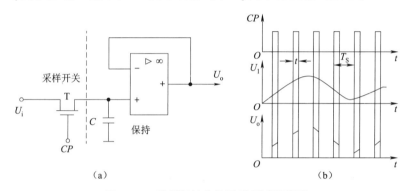

图 6-66 采样保持电路及采样过程波形
（a）采样保持电路；（b）采样过程波形

在图 6-66（a）中开关 T（利用场效应管做模拟开关）闭合时（时间 τ 内），输入模拟量对电容 C 充电，这是采样过程；开关断开时，电容 C 上的电压保持不变，这是保持过程。运算放大器构成跟随器，具有缓冲作用，以减小负载对保持电容的影响。

为了不失真地用采样后的输出信号 u_o 来表示输入模拟信号 u_i，采样频率 f_S（CP）应不小于输入模拟信号最高频率分量的两倍，即 $f_S \geq 2f_{max}$。其中，f_{max} 为输入信号 u_i 的上限频率即最高次谐波分量的频率。

（2）量化与编码。

数字信号不仅在时间上是离散的，而且数值大小的变化也是不连续的。也就是说，任何一个数字量的大小只能是某个规定的最小数量单位的整数倍。因此，在进行 A/D 转换采样保持后的模拟电压，必须转化为最小数量单位的整数倍，这个过程称为量化。量化过程中所取的最小数量单位，也叫量化单位，用 Δ 表示。量化单位一般是数字量最低位为 1 时所对应的模拟量。

量化过程不可避免地会引入误差，因为模拟电压是连续的，不一定都能被量化单位 Δ 整除，由于量化而引起的误差称为量化误差。

把量化后的数值对应地用二进制数来表示，称为编码。这样采样的模拟电压经过量化与编码电路后转换成一组 n 位二进制数据，完成了模拟量到数字量的转换。

在量化过程中，量化级分的越多（即 ADC 的位数越多），量化误差就越小，但同时输出的二进制数位数就越多，要实现这种量化的电路将更加复杂。因而在实际工作中，并不是量化级分的越多越好，而是根据实际要求，合理地选择 A/D 转换器的位数。

2）A/D 转换器的类型

目前 A/D 转换器的种类虽然很多，但按工作原理分，可以归结成两大类，一类是直接 A/D 转换器，另一类是间接 A/D 转换器。在直接 A/D 转换器中，输入模拟信号不需要中间变量就直接被转换成相应的数字信号输出，这种类型常见的有并行 ADC 和逐次比较型 ADC 等，其特点是工作速度高，转换精度容易保证，调准也比较方便。而在间接 A/D 转换器中，输入模拟信号先被转换成某种中间变量（如时间、频率等），然后再将中间变量转换为最后的数字量，这种类型常见的有双积分式 V-T 转换和电荷平衡式 V-F 转换。其特点是工作速度较低，但转换精度可以做得较高，且抗干扰性能强，一般在测试仪表中用得较多。下面介绍常用的两种 ADC。

（1）逐次比较型 ADC。

逐次比较型 ADC，又叫逐次逼近 ADC，是目前用得较多的一种 ADC。图 6-67 所示为 4 位逐次比较型 ADC 的原理框图。它由比较器 A、电压输出型 DAC 及逐次比较寄存器（简称 SAR）组成。

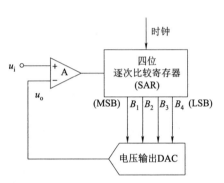

图 6-67 4 位逐次比较型 ADC 原理框图

其工作原理如下所述。首先，转换前先将寄存器清零。转换开始后，让逐次比较寄存器的最高位 B_1 为 "1"，使其输出为 1000。这个数码被 D/A 转换器转换成相应的模拟电压 u_o，送到比较器与输入 u_i 进行比较。经 DAC 转换为模拟输出（$1/2V_{REF}$）。该量与输入模拟信号在比较器中进行第一次比较。如果模拟输入大于 DAC 输出，说明寄存器输出数码还不够大，则应将这一位的 1 保留，即 $B_1=1$ 在寄存器中保存；如果模拟输入小于 DAC 输出，说明寄存器输出数码过大，故将最高位的 1 变成 0，同时将次高位置 1，即 SAR 继续令 B_2 为 1，连同第一次比较结果，经 DAC 转换再同模拟输入比较，并根据比较结果，决定 B_2 在寄存器中的取舍。如此逐位进行比较，直到最低位比较完毕，整个转换过程结束。这时，DAC 输入端的数字即为模拟输入信号的数字量输出。

逐次比较型 ADC 具有速度快、转换精度高的优点，目前应用相当广泛。

例 6.5 一个四位逐次逼近型 ADC 电路，输入满量程电压为 5 V，现加入的模拟电压 $U_i=4.58$ V。求：

①ADC 输出的数字是多少？

②误差是多少？

解：a. 第一步：使寄存器的状态为 1000，送入 DAC，由 DAC 转换为输出模拟电压

$$U_o = \frac{U_m}{2} = \frac{5}{2} = 2.5(\text{V})$$

因为 $U_o<U_i$，所以寄存器最高位的 1 保留。

第二步：寄存器的状态为 1100，由 DAC 转换输出的电压为

$$U_o = \left(\frac{1}{2} + \frac{1}{4}\right)U_m = 3.75 \text{ V}$$

因为 $U_o < U_i$，所以寄存器次高位的 1 也保留。

第三步：寄存器的状态为 1110，由 DAC 转换输出的电压为

$$U_o = \left(\frac{1}{2} + \frac{1}{4} + \frac{1}{8}\right)U_m = 4.38 \text{ V}$$

因为 $U_o < U_i$，所以寄存器第三位的 1 也保留。

第四步：寄存器的状态为 1111，由 DAC 转换输出的电压为

$$U_o = \left(\frac{1}{2} + \frac{1}{4} + \frac{1}{8} + \frac{1}{16}\right)U_m = 4.69 \text{ V}$$

因为 $U_o > U_i$，所以，寄存器最低位的 1 去掉，只能为 0。

所以，ADC 输出数字量为 1110。

b. 转换误差为：

$$4.58 - 4.38 = 0.2(\text{V})$$

逐次逼近型 ADC 的数码位数越多，转换结果越精确，但转换时间也越长。这种电路完成一次转换所需时间为 $(n+2)T_{CP}$。式中，n 为 ADC 的位数，T_{CP} 为时钟脉冲周期。

（2）双积分型 ADC 电路（图 6-68）。

双积分型 ADC 电路工作原理是：对输入模拟电压 u_i 和基准电压 $-U_{REF}$ 分别进行积分，将输入电压平均值变换成与之成正比的时间间隔 T_2，然后在这个时间间隔里对固定频率的时钟脉冲计数，计数结果 N 就是正比于输入模拟信号的数字量信号。

该电路由基准电压 U_{REF}、运算放大器 A 构成的积分器、过零比较器 C、计数器及控逻辑电路和标准脉冲 CP 组成。其中，基准电压 U_{REF} 与输入模拟电压 u_i 极性相反。所谓双积分，是指积分器要用两个极性不同的电源进行两个不同方向的积分。双积分型 ADC 的工作波形如图 6-69 所示。

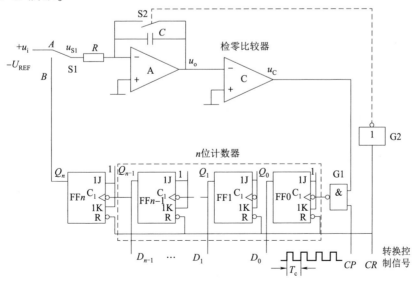

图 6-68　双积分型 ADC 电路

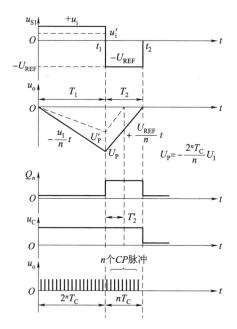

图 6-69 双积分型 ADC 的工作波形

①积分器：由集成运放和 RC 积分环节组成，其输入端接控制开关 S1。S1 由定时信号控制，可以将极性相反的输入模拟电压和参考电压分别加在积分器，进行两次方向相反的积分。其输出接比较器的输入端。

②过零比较器：作用是检查积分器输出电压过零的时刻。当 $u_o > 0$ 时，比较器输出 $u_C = 0$；当 $u_o < 0$ 时，比较器输出 $u_C = 1$。比较器的输出信号接时钟控制门的一个输入端。

③时钟输入控制门 G1：标准周期为 T_{CP} 的时钟脉冲 CP 接在控制门 G1 的一个输入端。另一个输入端由比较器输出 u_C 进行控制。当 $u_C = 1$ 时，允许计数器对输入时钟脉冲的个数进行计数；当 $u_C = 0$ 时，禁止时钟脉冲输入到计数器。

④计数器：计数器对时钟脉冲进行计数。当计数器计满（溢出）时，Q_n 被置 1，发出控制信号使开关 S1 由 A 接到 B，从而可以开始对 $-U_{REF}$ 进行积分。其工作过程可分为两段。

第一段对模拟输入积分。转换前电容 C 放电到 0，计数器复位。开始转换时，控制电路使 S1 接通模拟输入 u_i，积分器 A 开始对 u_i 积分，积分输出电压 u_o 自零向负方向线性增加，为负值，u_C 输出为 1，计数器开始计数。当计数器计到第 2^n 个脉冲，计数器溢出，控制电路使 S1 接通参考电压 $-U_{REF}$，积分器结束对 u_i 积分，这段的积分输出电压达到 U_P。积分时间 $T_1 = 2^n T_{CP}$，n 为计数器的位数，此阶段又称为定时积分。

第二段对参考电压积分，又称定压积分。因为参考电压与输入电压极性相反，可使积分器的输出开始反向线性减小，计数器开始重新从 0 计数，当 u_o 减小到 0 时，通过控制门 G1 的作用，禁止时钟脉冲输入，计数器停止计数。此时计数器的计数值 $D_0 \sim D_{n-1}$ 就是转换后的数字量。此阶段的积分时间 $T_2 = N_i T_{CP}$，N_i 为此定压积分段计数器的计数个数。

从两次积分的过程看，由于两次积分的时间常数相同，均为 RC，因此，第二阶段计数器的计数值的大小 N_i 与 U_P 有关，而 U_P 的大小又由输入电压 u_i 决定，计数值 N_i 正比于输入电压的大小，从而完成模拟量到数字量的转换。

3) ADC 的主要技术指标

（1）分辨率。

ADC 的分辨率指 A/D 转换器对输入模拟信号的分辨能力。常以输出二进制码的位数 n 来表示。它表明该转换器可以用 2^n 个二进制数对输入模拟量进行量化，或者分辨率反映了 ADC 能对输出数字量产生影响的最小输入量。

$$分辨率 = \frac{1}{2^n} FSR$$

式中，FSR 是输入的满量程模拟电压。例如，输入模拟电压的满量程是 5 V，则 8 位 ADC 可以分辨的最小模拟电压值是 $\frac{5}{2^8} = \frac{5}{256} = 0.01953$（V），而 10 位 ADC 则为 $\frac{5}{2^{10}} = \frac{5}{1024} = 0.00488$（V），显然，ADC 位数越多，分辨率就越高。

（2）相对转换精度。

相对精度是指 A/D 转换器实际输出的数字量与理论输出数字量之间的差值，通常用最低有效位 LSB 的倍数来表示。如，转换精度 <±LSB/2，表明实际输出的数字量和理论上输出的数字量之间的误差小于最低有效位的一半。ADC 的位数越多，量化单位便越小，分辨率越高，转换精度也越高。

ADC 技术指标和转换芯片

（3）转换速度。

转换速度是指 A/D 转换器完成一次转换所需的时间，即从接到转换控制信号开始到输出端得到稳定数字量所需的时间。A/D 转换器转换速度主要取决于转换电路的类型。并联比较型 A/D 转换器速度最快，其次是逐次比较型，其多数产品的转换时间都在 10~100 μs，较快的也不会小于 1 μs；而双积分 A/D 转换器的转换速度就低多了，一般多在数十到百 ms 之间。

4) 集成 A/D 转换器 ADC0809

ADC0809 是用 CMOS 工艺制成的双列直插式 28 引脚的 8 位 8 通道 A/D 转换器，它是按逐次比较型原理工作的，除了具有基本的 A/D 转换功能外，内部还包括 8 路模拟输入通道及地址译码电路，地址译码器选择 8 个模拟信号之一送入 ADC 进行 A/D 转换，输出具有三态缓冲功能，能与微机总线直接相连。适用于分辨率较高而转换速度适中的场合。其引脚如图 6-70 所示。

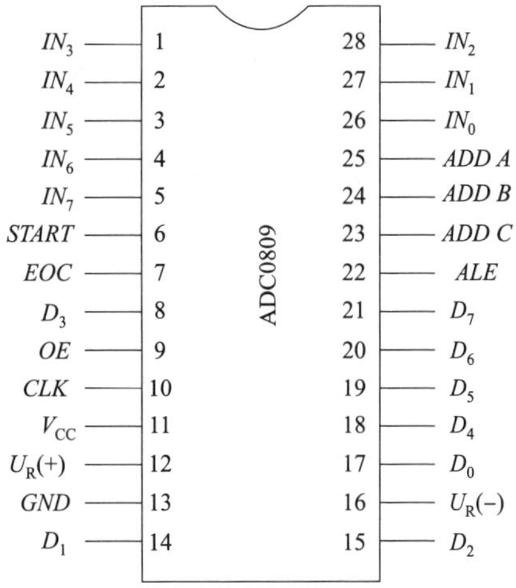

芯片上各引脚的名称和功能如下：

$IN_0 \sim IN_7$：八路单端模拟输入电压的输入端。

$UR(+)$、$UR(-)$：基准电压的正、负极输入端，由此输入基准电压。

图 6-70 ADC0809 的引脚

$START$：启动脉冲信号输入端。当需启动 A/D 转换过程时，在此端加一个正脉冲，脉冲的上升沿将所有的内部寄存器清零，下降沿时开始 A/D 转换过程。

$ADDA$、$ADDB$、$ADDC$：模拟输入通道的地址选择线。表 6-16 所示为通道选择表。

ALE（22 脚）：通道地址锁存输入端，高电平有效。当 $ALE = 1$ 时，将地址信号有效锁存，并经译码器选中一个通道。

CLK：时钟脉冲输入端。

$D_0 \sim D_7$：转换器的数码输出线，D_7 为高位，D_0 为低位。

OE：输出允许信号，高电平有效。当 *OE* = 1 时，打开输出锁存器的三态门，将数据送出。

ADC0809 的工作时序图

EOC：转换结束信号，高电平有效。当 *EOC* = 0 时表示转换正在进行，当 *EOC* = 1 时表示转换已经结束。因此，*EOC* 常被作为微机的中断请求信号或查询信号。显然，只有当 *EOC* = 1 以后，才可以让 *OE* 变为高电平，这时读出的数据才是正确的转换结果。

ADC0809 的工作时序见二维码图片。

表 6-16　通道选择表

地址输入			选中通道
ADDC	ADDB	ADDA	
0	0	0	IN_0
0	0	1	IN_1
0	1	0	IN_2
0	1	1	IN_3
1	0	0	IN_4
1	0	1	IN_5
1	1	0	IN_6
1	1	1	IN_7

实际应用中的 ADC 还有多种，读者可根据需要选择模拟输入量程、数字量输出位数均适合的 A/D 转换器。常用的 D/A 及 A/D 转换器见附录三附表 15。

讨论题 2：对于某 8 位逐次逼近型 ADC 电路，内部 DAC 最高输出电压为 U_{omax} = 10 V，当输入电压值 U_i = 7.08 V 时，将转换成多大的数字量？

拓展内容知识点总结

A/D 和 D/A 转换器集成芯片又可称为 ADC、DAC，它们都是大规模集成芯片，是现代数字系统中的重要组成部分，应用日益广泛。

D/A 转换器根据工作原理基本上分为权电阻网络 D/A 转换和 T 型电阻网络 D/A 转换。由于倒 T 型电阻网络 D/A 转换只要求两种阻值的电阻，因此在集成 D/A 转换器中得到了广泛的应用。D/A 转换器的分辨率和转换精度都与 D/A 转换器的转换位数有关，位数越多，则分辨率和精度就越高。

A/D 转换按工作原理主要分为并行 A/D、逐次逼近 A/D 及双积分型 A/D 等。不同的

A/D 转换方式具有各自的特点。在对速度要求高的情况下，可以采用并行 ADC；在要求精度高的情况下，可以采用双积分 ADC；而逐次逼近 ADC 在一定程度上兼顾了以上两种转换器的优点。

常用的集成 ADC 和 DAC 种类很多，要根据实际情况在不同的场合选择不同的转换器，发挥器件的最大作用，从而实现经济、合理。

附录一 半导体器件型号命名方法

附表1 中国国家半导体器件型号命名规则（GB/T 249—2017）

第一部分		第二部分		第三部分		第四部分	第五部分
用数字表示器件的电极数目		用汉语拼音字母表示器件的材料和极性		用汉语拼音字母表示器件的类型		用数字表示序号	用汉语拼音字母表示规格号
符号	意义	符号	意义	符号	意义		
2	二极管	A	N型，锗材料	P	普通管		
		B	P型，锗材料	V	微波管		
		C	N型，硅材料	W	稳压管		
		D	P型，硅材料	C	参量管		
3	三极管	A	PNP型，锗材料	Z	整流管		
		B	NPN型，锗材料	L	整流堆		
		C	PNP型，硅材料	S	隧道管		
		D	NPN型，硅材料	U	光电管		
		E	化合物材料	K	开关管		
				X	低频小功率管：(截止频率<3 MHz 耗散功率<1 W)		
				G	高频小功率管：(截止频率≥3 MHz 耗散功率<1 W)		
				D	低频大功率管：(截止频率<3 MHz 耗散功率≥1 W)		
				A	高频大功率管：(截止频率≥3 MHz 耗散功率≥1 W)		
				T	可控整流器（半导体闸流管）		
				CS	场效应器件		
				BT	半导体特殊器件		
				FH	复合管		
				PIN	PIN型管		
				JG	激光器件		

半导体分立器件的型号一般由第一部分到第五部分组成，也可以由第三部分到第五部分组成。

示例：

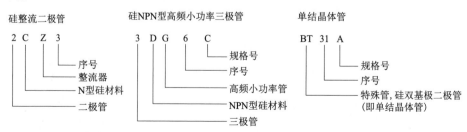

附表 2　美国半导体器件型号命名规则

第一部分		第二部分		第三部分		第四部分	
符号	意义	符号	意义	符号	意义	符号	意义
1 2 3	二极管 三极管 四极管	N	半导体器件	2~4 位数字	序号	A B C R ⋮	表示改进型（挡次） 其中 R 为反向二极管

例如 1N4148B：1 表示 PN 结的数目为 1，即二极管；N 表示二极管在 EIA（美国电子工业协会）的注册标志；4148 表示该二极管在 EIA 登记的顺序号、B 表示二极管的分挡。

附表 3　日本半导体器件型号命名规则

第一部分		第二部分		第三部分		第四部分		第五部分	
符号	意义	符号	意义	符号	意义	符号	意义	符号	意义
0	光电管和光电二极管	S	表示半导体	A	高频 PNP 三极管，快速开关管（注）	11 以上数字	序号	拉丁字母	同一型号的改进型
				B	低频及大功率 PNP 三极管				
1	二极管			C	高频及快速开关 NPN 三极管				
				D	低频及大功率 NPN 三极管				
2	三极管及可控整流器			F	PNPN 闸流管				
				G	NPNP 闸流管				
				H	专用管				

例如 1SD16F：1 表示 PN 结的数目为 1，即二极管；S 表示二极管在 EIAJ（日本电工业协会）的注册标志；D 表示该二极管为 NPN 型低频管；16 表示在 EIAJ 登记的顺序号；F 表示改进产品的序号。

附录二 部分常用半导体器件的型号和参数

一、半导体二极管

附表 4 检波、整流、开关二极管的型号和参数

参数		最大整流电流	正向压降	最高反向工作电压		反向漏电流	最高工作频率	
符号		I_F	U_D	U_R		I_R	f_m	
单位		mA	V	V		μA	MHz	
型号	2AP1 2AP5 2AP6B 2AP7 2AP8	16 35	≤1.2	10 75 100 100 20		≤250 ≤200	150	
	2CZ52A 2CZ52C 2CZ52D 2CZ52H	100	≤1.5	25 100 200 600		≤5	3	
	1N4001 1N4004 1N4005 1N4007	1	≤1	50 400 600 1 000		≤30	3	
	2AK1 2CK70E	150 10	≤1 ≤0.8	10 60		≤1	反向恢复时间 I_{yy}(ns)	≤200 ≤3
	2CZ55A~X 2CZ56A~X 2CZ57A~X 2CZ58A~X 2CZ59A~X	1K 3K 5K 10K 20K	≤1 ≤0.8 ≤0.8 ≤0.8 ≤0.8	A 25V B 50V C 100V D 200V E 300V F 400V G 500V	H600V : M1000V : S2000V : X3000V	≤10 ≤20 ≤20 ≤30 ≤40	3	

附表 5 部分硅稳压管的型号和参数

型号	稳定电压 U_Z/V	最大稳定电流 I_{Zmax}/mA	最小稳定电流 I_{Zmin}/mA	动态电阻 R_Z/Ω	最大功耗 P_{ZM}/W	电压温度系数 $C_{TV}/(10^{-4}\cdot℃^{-1})$
2CW52	3.2~4.5	55	10	≤70	250	≥−8
2CW54	5.5~6.5	38	10	≤30	250	−3~5
2CW57	8.5~9.5	26	10	≤20	250	≤8
2CW64	18~21	11	3	≤75	250	≤10
2DW230	5.8~6.6	30	10	≤25	200	≤|0.5|

续表

型号	稳定电压 U_Z/V	最大稳定电流 I_{Zmax}/mA	最小稳定电流 I_{Zmin}/mA	动态电阻 R_Z/Ω	最大功耗 P_{ZM}/W	电压温度系数 $C_{TV}/(10^{-4}·℃^{-1})$
2DW231	5.8~6.6	30	10	≤15	200	≤|0.5|
2DW7C	6.0~6.5	30	10	≤10	200	≤|0.5|
2DW57	100~120	8	3	≤400	1 000	≤12

附表6 部分发光二极管主要参数

颜色	基本材料	发光波长/nm	正向电压（10 mA时）/V	极限电流 I_M/mA	极限功率 P_M/mW
红外	砷化镓	830~950	1.3~1.5	100	160
红	磷砷化镓	630~680	1.6~1.8	70	150
黄	磷砷化镓	583	2~2.2	70	150

二、半导体三极管

附表7 低频、高频放大用半导体三极管的型号和参数

参数型号	P_{CM}/mW	I_{CM}/mA	$U_{(BR)CEO}$/V	h_{fe}	I_{CBO}/μA	f_T/kHz	C_{ob}/pF
3AX31B	125	125	18	40~180	≤12		
3BX31B	125	125	18	40~180	≤12		
3AX81B	200	200	18	40~270	≤15		
3BX81B	200	200	18	40~270	≤15	8	
3CX201B	300	300	18	55~400	≤1		
3DX201B	300	300	18	55~400	≤0.5		
3AG53A	50	10	10	30~200	≤5	≥20k	≤8
3DG100D	100	20	30	30~200	≤0.01	≥300k	≤4
3DG201A	100	20	15	25~270	≤0.05	≥100k	
3DG202B	100	20	25		≤0.05		
3DG180A	700	100	60~300	≥20	≤0.05	50k	
3AD50C	10K	2K	30	12~100	≤0.4k		
3AD53C	20K	4K	24	12~100	≤0.5k		
3DD56A	10K	3K	80	≥10	≤1k		
3AA7	1K	500	75	≥30	≤100		
3DA150B	1K	100	150	≥30			
9011（NPN硅管）	300	300	≥30	54~198	≤0.1	≥150k	
9012（PNP硅管）	625	500	≥20	64~202	≤0.1		
9013（NPN硅管）	625	500	≥20	64~202	≤0.1		
9014（NPN硅管）	450	100	≥45	60~1 000	≤0.05	≥150k	
9015（PNP硅管）	625	100	≥20	60~600	≤0.1	≥100k	
8050（NPN硅管）	800	1 500	≥25	85~300	≤1	≥100k	
8550（PNP硅管）	800	1 500	≥25	85~300	≤1	≥100k	

注：表中9012与9013、9014与9015、8050与8550为互补管，可用于推挽功放电路

附录三 中国半导体集成电路型号命名方法

GB/T 3420—1989 为我国半导体集成电路型号命名方法的现行国家标准，于 1989 年开始实施。我国集成电路器件型号由五个部分组成，其符号及意义如附表 8 所示。

附表 8　中国半导体集成电路型号命名方法

第 1 部分		第 2 部分		第 3 部分	第 4 部分		第 5 部分	
用字母表示器件符合国家标准		用字母表示器件的类型		用阿拉伯数字表示器件的系列和品种代号	用字母表示器件的工作范围		用字母表示器件的封装	
符号	意义	符号	意义		符号	意义	符号	意义
C	中国制造	T	TTL 电路	其中 TTL 电路分为四个系列： 1000—中速系列 2000—高速系列 3000—肖特基系列 4000—低功耗肖特基系列	C	0~70 ℃	F	多层陶瓷扁平
		H	HTL 电路		G	−25~70 ℃	B	塑料扁平
		E	ECL 电路		L	−25~85 ℃	H	黑瓷扁平
		C	CMOS 电路		E	−40~85 ℃	D	多层陶瓷双列直插
		M	存储器		R	−55~85 ℃	J	黑瓷双列直插
		U	微型机电路		M	−55~125 ℃	P	塑料双列直插
		F	线性放大器				S	塑料单列直插
		W	稳压器				T	金属圆壳
		D	音响电视电路				K	金属菱形
		B	非线性电路				C	陶瓷芯片载体
		J	接口电路				E	塑料芯片载体
		AD	A/D 转换电路				G	网络针栅阵列
		DA	D/A 转换电路					
		SC	通信专用电路					
		SS	敏感电路					
		SW	钟表电路					
		SJ	机电信电路					
		SF	复印机电路					

示例：

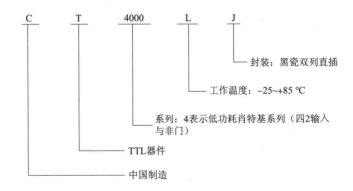

附表9　常用TTL门电路器件表

品种代号	品种名称	品种代号	品种名称
00	四-二输入与非门	12	三-三输入与非门
01	四-二输入与非门（OC）	20	双-四输入与非门
02	四-二输入或门	21	双-四输入与门
03	四-二输入或非门（OC）	22	双-四输入与非门（OC）
04	六反相器	27	三-三输入或非门
05	六反相器（OC）	30	八输入与非门
06	六高压输反相缓冲/驱动器（OC，30 V）	37	四-二输入与非缓冲器
07	六高压输同相缓冲/驱动器（OC，30 V）	40	双-四输入与非缓冲器
08	四-二输入与门	136	四-二输入异或门（OC）
10	三-三输入与非门	245	把双项总线发送/接收器

附表10　常见组合集成电路

类型	型号	功能
码制转换器	74184 74185	BCD码移二进制码转换器 二进制码——BCD码转换器
数据选择器	74150 74151 74153　74LS253	16选1数据选择器（有选通输入，反码输出） 8选1数据选择器（有选通输入，互补输出） 双4选区数据选择器（有选通输入）
数据选择器	74157 74253　74LS253 74353　74LS353 74351	四2选1数据选择器（有公共选通输入） 双4选1数据选择器（三态输出） 双4选1数据选择器（三态输出，反码） 双8选1数据选择器（三态输出）
比较器	74LS85 74LS686 74LS687 74688　74LS688 74689	4位幅度比较器 8位数值比较器 8位数值比较器（OC） 8位数值比较器/等值检测器 8位数值比较器/等值检测器（OC）
运算器	74283　74LS283）	4位二进制超前进位全加器

附表11　常用编码器和译码器

类型	型号	功能
编码器	74148　74LS148　74HC148 74147　74LS147　74HC42 74LS348	8线-3线优先编码 10线-4线优先编码 8线-3线优先编码（三态输出）

续表

类型	型号	功能
译码器	7442 74L42 74LS42 74HC42 74C42 7443 74L43 7444 74L44 74HC131 74S137 74LS137 74HC137 74HC237 74S138 74LS138 74HC138 74S139 74LS139 74HC139 74141 74145 74LS155 74HC145 74154 74L154 74LS154 74HC154	-十进制译码器 余3码-十进制译码器 余3格雷码-十进制译码器 3线-8线译码器（带地址锁存） 3线-8线译码器/多路转换器 双2线-4线译码器/多路转换器 BCD-十进制译码器/驱动器 BCD-十进制译码器/驱动器（OC） 4线-16线译码器/多路分配器（OC）
译码器	74159 74hc1459 74HC238 74HC239 74LS48 74C48 7449 74LS49 74246 74LS247 74247 74248 74LS248 74249 74LS249 74LS373 74LS447 7446 74L46 7447 74L47 74LS47 74249 74LS249 74LS445 74LS537 74LS538	-3线-8线译码器/多路分配器 双2线-4线译码器/多路分配器 BCD-七段译码器/驱动器 BCD-七段译码器/驱动器（OC） BCD-十进制译码器/驱动器（OC） BCD-十进制译码器（三态） 3-8多路分配器（三台）

附表12 常用触发器IC

品种代码	品种名称	品种代码	品种名称
70	与门输入上升沿 JK 触发器（带预置、清除端）	71	与或门输入主从 JK 触发器（带预置端）
72	与或门输入主从 JK 触发器（带预置、清除端）	74	双上升沿 D 触发器（带预置、清除端）
78	双主从触发器（带预置、公共清除、公共时钟端）	107	双下降沿 JK 触发器（带清除端）
108	双下降沿 JK 触发器（带预置、公共清除端）	109	双上升沿 JK 触发器（带预置、清除端）
110	与门输入主从 JK 触发器（带预置、清除端、有数据所定功能）	111	双主从 JK 触发器（带与置端、清除端、有数据所定功能）
112	双下降触发器（带预置、清除端）	116	双四位锁存器
125	四总线缓冲器	173	四位寄D存器
174	六上升沿 D 触发器（Q端输出，带公共清除端）	175	四上升沿 D 触发器（带公共清除端）
244	八缓冲/驱动/线接收器	245	把双总线发送/接收器
247	四线七段译码/驱动器（BCD输入，OC，30 V）	248	四线七段译码器/驱动器（BCD输入，有上拉电阻）

续表

品种代码	品种名称	品种名称	品种名称
249	四线七段译码/驱动器（BCD 输入，OC）	279	四位锁存器
373	八 D 锁存器	374	八上升沿 D 触发器
375	双二位 D 锁存器	377	八上升沿 D 触发器

附表 13　常用集成计数器的型号和功能

类型	型号	功能
计数器	7468	双十进制计数器
	74LS90	十进制计数器
	74LS92	十二分频计数器
	74LS93	四位二进制计数器
	74LS160	同步十进制计数器
	74LS161	四位二进制同步计数器（异步清除）
计数器	74LS162	十进制同步计数器（同步清除）
	74LS163	四位二进制同步计数器（同步清除）
	74LS168	可预置制十进制同步加/减计数器
	74LS169	可预置四位二进制同步加/减计数器
	74LS190	可预置十进制同步加/减计数器
	74LS191	可预置制四位二进制同步加/减计数器
	74LS192	可预置十进制同步加/减计数器（双时钟）
	74LS193	可预置四位二进制同步加/减计数器（双时钟）
	74LS196	可预置十进制计数器
	74LS197	可预置二进制计数器
计数器	74LS290	十进制计数器
	74LS293	四位二进制计数器
	74LS390	双四位十进制计数器
	74LS393	双四位二进制计数器（以不清楚）
	74LS490	双四位十进制计数器
	74LS568	可预置十进制同步加/减计数器（三态）
	74LS569	可预置二进制同步加/减计数器（三态）
	74LS668	十进制同步加/减计数器
	74LS669	二进制同步加/减计数器
计数器	74LS690	可预置十进制同步计数器/寄存器（直接清除、三态）
	74LS691	可预置二进制同步计数器/寄存器（直接清除、三态）
	74LS692	可预置十进制同步计数器/寄存器（同步清除、三态）
	74LS693	可预置二进制同步计数器/寄存器（同步清除、三态）
	74LS696	十进制同步加/减计数器（三态、直接清除）
	74LS697	二进制同步加/减计数器（三态、直接清除）
	74LS698	十进制同步加/减计数器（三态、同步清除）
	74LS699	二进制同步加/减计数器（三态、同步清除）

附表 14　常用的移位寄存器

类型	型号（74、54系列）	功能
移位寄存器	164	八位移位寄存器（串行输入、并行输出）
	165	八位移位寄存器（并行输入、串行输出）
	166	八位移位寄存器（串并行输入、并行输出）
	194	四位双向移位寄存器（并行存储）
	195	四位双向移位寄存器（并行存储，J、K 输入）
	299	八位双向移位寄存器（3S）
	589	八位移位寄存器（3S，并行输入，串行输出）
	595	八位移位寄存器（3S 串行输入，串、并行输出、输入锁存）
	597	八位移位寄存器（串并行输入，串行输出、输入锁存器）
移位寄存器	173	四位 D 寄存器（3S）
	174	六 D 锁存器（上升沿触发）
	175	四 D 锁存器（上升沿触发）
	259	八位可寻址锁存器（电平触发）
	273	八 D 锁存器（上升沿触发）
	373	八 D 锁存器（3S，高电平触发）
	374	八 D 锁存器（3S，上升沿触发）
	533	八 D 锁存器（3S，高电平触发，Q 非端输出）
	534	八 D 锁存器（3S，上升沿触发，Q 非端输）
	563	八 D 锁存器（3S，高电平，Q 非端输出）
	564	八 D 锁存器（3S，上升沿触发，Q 非端输）
	573	八 D 锁存器（3S，高电平触发）
	574	八 D 锁存器（3S，上升沿触发）

附表 15　常用的 D/A 及 A/D 转换器

类型	功能说明
DAC0830、DAC0831、DAC0832	八位 D/A 转换器
DAC1000、DAC1001、DAC1002	十位 D/A 转换器
DAC1006、DAC1007、DAC1008	
DAC1230、DAC1231、DAC1232	十二位 D/A 转换器
DAC700、DAC701、DAC702	十六位 D/A 转换器
DAC703、DAC712、	
DAC811、DAC813、	十二位 D/A 转换器
AD7224、AD7228A、AD7524	八位 D/A 转换器
AD7533	十位 D/A 转换器
AD7534、AD7525、AD7538	十四位 D/A 转换器
ADC0801、ADC0802、ADC0803	八位 A/D 转换器
ADC0831、ADC0832、ADC0834	
ADC10061、ADC10062	十位 A/D 转换器
ADC10731、ADC10734	十一位 A/D 转换器
AD7880、AD7883	十二位 A/D 转换器
AD7884、AD7885	十六位 A/D 转换器

思考与练习参考答案

思考与练习1.1

一、填空题

1. 光敏、热敏，P、N 2. P，N，PN结正偏，高 3. 单向导电，导通，截止
4. 0.1 V，0.5 V，0.6~0.8 V，0.2~0.3 V 5. 硅，锗 6. 单向导电性
7. 输出，二极管 8. 反向击穿 9. 反向击穿

二、选择题

1. C 2. D 3. A 4. D 5. C 6. B 7. D 8. C 9. A 10. D

三、判断题

1. × 2. × 3. √ 4. × 5. × 6. × 7. ×

四、分析计算题

1.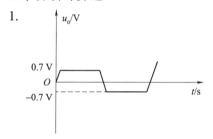

2. (a) 二极管导通，$u_o = 6$ V；(b) 二极管VD导通，$u_o = -3$ V；(c) 二极管VD导通，$u_o = 0$ V；(d) VD2导通，VD1截止，$u_o = 4$ V

3. (a) $u_o = 16$ V (b) $u_o = 10$ V (c) $u_o = 6$ V

4. 通过半导体器件手册查得，2AP8A是锗管，允许的最大正向电流平均值为35 mA，反向击穿电压20 V（反向击穿时稳定电流范围200~800 μA），截止时反向电流约为0。

图(a)中，二极管正向导通，所以取 $U_{VD} = 0.3$ V，则 $U_R = 3 - 0.3 U_R = 2.7$ V，$I = 1.35$ mA。

图(b)中，二极管是反向截止状态，所以：电流 $I \approx 0$，$U_R \approx 0$，$U_{VD} \approx -3$ V。

图(c)中，二极管是反向击穿状态，所以 $U_{VD} = -20$ V，$U_R = -(30 + U_{VD}) = -(30 - 20) = -10$(V)，$I = -10$ V$/20 \times 10^3 = -0.5$(mA)，I 在稳定范围内，管子能正常工作。

思考与练习1.2

一、填空题

1. 集电、发射、基 2. NPN，PNP 3. 50 4. 饱和、截止、断开、接通
5. $U_C > U_B > U_E$ 6. 基极，集电极 7. $I_E = I_B + I_C$，基极电流，$\Delta I_C / \Delta I_B$

二、选择题

1. C 2. B 3. A 4. B 5. D 6. B 7. A，A，B

三、判断题

1. × 2. √ 3. √ 4. × 5. × 6. ×

四、分析计算题

1. (1) 9 V 为 U_C，3.3 V 为 U_B，3 V 为 U_E，为锗管，NPN 管。

   (2) −6.7 为 U_E，−6 V 为 U_B，−11 V 为 U_C，为硅管，PNP 管

2. (a) 放大 (b) 放大 (c) 放大 (d) 饱和 (e) 截止

思考与练习 2.1

一、填空题

1. 集电极电路、共发射极电路、共基极电路 2. 基极、发射极 3. I_{BQ}、I_{CQ}、U_{CEQ}

4. 1、相同、大、小 5. 断路、短路、短路、短路 6. 分压式偏置电路

7. 隔直通交 8. 饱和、截止

二、选择题

1. A 2. C 3. A 4. B 5. A 6. A 7. C 8. B 9. C 10. B

三、判断题

1. × 2. × 3. × 4. × 5. × 6. × 7. √ 8. × 9. √

四、计算题

1. (a) $I_B = (U_{CC} - U_{BE})/R_b = (24 - 0.7)/120 \text{ k}\Omega \approx 0.2 \text{ mA}$，$I_C = \beta I_B = 50 \times 0.2 \text{ mA} = 10 \text{ mA}$，$U_{CE} = U_{CC} - I_C R_C = 24 - 10 = 12(\text{V})$，三极管工作在放大状态。

   (b) $U_B \approx U_{CC} R_{b2}/(R_{b1} + R_{b2}) = 24 \times 30/90 = 8(\text{V})$，$I_E = (U_B - U_{BE})/R_e \approx 4 \text{ mA}$，$I_c \approx I_e = 4 \text{ mA}$，$U_{CE} = U_{CC} - I_E R_e = 16 \text{ V}$，$I_B = I_C/\beta = 0.05 \text{ mA} = 50 \text{ μA}$ 三极管处于放大状态。

   (c) $I_E = (6 - 0.7)/2K \approx 3 \text{ mA}$，$3 = 100 I_B + I_B$，$I_B \approx 0.03 \text{ mA}$，$I_C \approx 3 \text{ mA}$，$U_{CE} = U_{CC} - I_C R_c - I_E R_e = 12 \text{ V}$，三极管处于放大状态。

   (d) $2I_E + 0.3 = 6$，$I_E \approx 3 \text{ mA}$，$I_E = 101 I_B$，$I_B \approx 0.03 \text{ mA}$，$I_C \approx 3 \text{ mA}$，$U_{EC} = 12 - 42 = -30 \text{ V}$，三极管处于饱和状态。

2. $A_u = u_o/u_i = 200$，$A_i = i_o/i_i = 1 \text{ mA}/10 \text{ uA} = 100$，$A_P = u_o i_o/u_i i_i = 20\,000$

3. 静态工作点：$I_B \approx V_{CC}/R_b = 0.03 \text{ mA}$，$I_c = \beta I_B = 1.8 \text{ mA}$，$U_{CE} = V_{CC} - I_C R_c = 3 \text{ V}$

   (1) $I_B = I_c/\beta = 2/60 \text{ mA}$，$R_b \approx V_{CC}/I_B = 360 \text{ k}\Omega$

   (2) $U_{CEQ} = 6 \text{ V} = V_{CC} - I_C R_c$，$I_c = 6/5K = 1.2 \text{ mA}$，$I_B = I_c/\beta = 1.2/60 \text{ mA}$，$R_b \approx V_{CC}/I_B = 600 \text{ k}\Omega$

4. (1) $I_B = (V_{CC} - U_{BE})/R_b = (12 - 0.8)/280 K = 0.04 \text{ mA}$，$I_c = \beta I_B = 2 \text{ mA}$，$U_{CE} = V_{CC} - I_c R_c = 6 \text{ V}$

   (2) $U_{CEQ} = 9 \text{ V} = V_{CC} - I_C R_c$，$I_c = 3/3 K = 1 \text{ mA}$，$I_B = I_c/\beta = 1/50 = 0.02 \text{ mA}$，$R_b = (V_{CC} - U_{BE})/I_B = 560 \text{ k}\Omega$

   (3) 若三极管的 β 增大一倍，即 $\beta = 100$，$I_B = 0.04 \text{ mA}$，$I_c = \beta I_B = 4 \text{ mA}$，$U_{CE} = V_{CC} - I_c R_c = 0 \text{ V}$，电路不能正常放大，要增加 R_b。

   (4) 在放大区范围内，β 增大，A_u 会增大。

5. (1) $U_B \approx V_{CC}/3 = 4 \text{ V}$，$I_E = (U_B - U_{BE})/R_e = 2 \text{ mA}$，$I_C \approx I_E = 2 \text{ mA}$，$U_{CE} = V_{CC} - I_C(R_c + R_e) = 4 \text{ V}$，$I_B = I_c/\beta = 0.04 \text{ mA}$

$r_i = R_{b1} // R_{b2} // r_{be} \approx r_{be} = 300 + \beta 26/I_C = 950 \ \Omega$, $r_o \approx R_c = 2 \ K$, $A_u = -(\beta R_c // R_L)/r_{be} \approx -50$

(2) 若 Ce 开路. $I_C \approx I_E = 2 \ mA$, $U_{CE} = V_{CC} - I_C(R_c + R_e) = 4 \ V$

$r_i = R_{b1} // R_{b2} // (r_{be} + 51R_e) \approx 26.7 \ K$, $r_o \approx R_c = 2 \ K$,

$A_u = -(\beta R_c // R_L)/(r_{be} + 51R_e) \approx 0.49 - 50$

思考与练习 2.2

一、填空题

1. 负载   2. 阻容耦合，直接耦合，变压器耦合   3. 输入、中间、输出、偏置、电压

4. 无穷，零   5. 线性、非线性、非线性   6. 深度负、反相输入   7. 直流、交流

8. 交流电压、交流电流   9. 交流电压、交流串联   10. 交流电压串联负反馈

二、选择题

1. B   2. A   3. A   4. A   5. D   6. C   7. A

三、判断题

1. ×   2. √   3. ×   4. ×   5. √   6. √   7. ×   8. ×   9. ×   10. ×

四、(a) 电压并联负反馈   (b) 电流串联负反馈   (c) 电流并联负反馈

(d) R_5 引入电压并联正反馈 R_4 引入电压串联负反馈

五、计算题

1. (1) $U_{B1} \approx 3 \ V$, $I_{E1} = 1 \ mA$, $I_{c1} \approx I_{E1} = 1 \ mA$, $U_{CE1} = 7.6 \ V$, $I_{B1} = I_{C1}/\beta = 0.02 \ mA$

$I_{B2} \approx 0.03 \ mA$, $I_{C2} = 1.5 \ mA$, $U_{CE2} = 6 \ V$, $r_{be1} = 300 + 50 \times 26/1 = 1\ 600 \ \Omega$

$r_{be2} = 300 + 50 \times 26/1.5 = 1\ 167 \ \Omega$

(2) 微变等效电路图略。

(3) $A_u = [-50 \times (R_{c1} // r_{be2})/(r_{be1} + 51R_{e1})] \times [(-50R_{c2} // R_L)/r_{be2}] = 25.4$

(4) $r_i = r_{i1} = R_{b1} // R_{b2} // (r_{be1} + 51R_{e1}) = 8.4 \ K$, $r_o = r_{o2} \approx R_{c2} = 4 \ K$

2. (1) $-5 \ V$ (2) $10 \ V$ (3) $-10 \ V$ (4) 不能。若输入失调电压 $U_{Io} = 2 \ mV$, 其输出已超过运放的最大输出电压，工作在非线性区。

3. $AF = 10$, $A_{uf} = A/(1+AF) = 9.1$

4. $A_{uf} = 2/0.1 = 20$, $A = 4/0.1 = 40$, 则 $A_{uf} = A/(1+AF)$, $F = 0.025$, $AF = 1$

思考与练习 3

一、填空题

1. 虚短、虚断、放大   2. 非线性   3. 同相输入端、反相输入端   4. 不变

5. R_1 与 R_f 的并联阻值   6. 反相   7. 积分，微分   8. 非线性，高，低   9. 迟滞比较器

二、选择题

1. C   2. B   3. C   4. A   5. B   6. A   7. D   8. A   9. D   10. B   11. A   12. C

三、判断题

1. √   2. √   3. √   4. √   5. ×   6. √   7. √   8. √   9. √   10. √

四、分析计算题

1. 解：$U_o = -\dfrac{R_F}{R_1} U_i = -\dfrac{20}{2} \times 5 = -50 \text{(V)}$

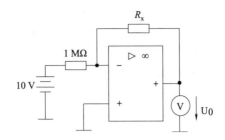

2. **解**：从电路图来看，此电路为一反相比例运算电路，因此：$U_o = -I_f R_x = -10^{-5} R_x$

3. **解**：$u_o = 2\dfrac{R_f}{R_1} u_i$

4. **解**：$u_o = -\dfrac{R_F}{R_1} u_i = 4\ \text{V}$

5. **解**：$u_o = -\dfrac{1}{R_1 C}\int_0^t u_i \mathrm{d}t$　　$T = R_1 C U_{OM} = 0.1\text{S}$，超过这段时间后，输出电压为电路输出最大电压。

6. **解**：$u_{o1} = -\dfrac{1}{R_1 C}\int u_{i1}\mathrm{d}t$　　$u_o = -\left(\dfrac{R_1}{R_2}u_{o1} + \dfrac{R_1}{R_2}u_{i2}\right) = \dfrac{1}{R_2 C}\int u_{i1}\mathrm{d}t - \dfrac{R_1}{R_2}u_{i2}$

7. **解**：

u_I/V	0.1	0.5	1.0	1.5
u_{O1}/V	−1	−5	−10	−14
u_{O2}/V	1.1	5.5	11	+14

8. **解**：集成运放工作在非线性区，组成电压比较器，输出为两个值高电平或低电平。当输出高电平时，三极管导通，指示灯亮。当输出低电平时，三极管截止，指示灯不亮。

用稳压管 VZ 稳定输出电压，R_3 具有限流作用保护稳压二极管。R_4 使三极管工作在开关状态。

思考与练习 4

一、填空题
1. 电源变压器，整流电路，滤波电路，稳压电路　2. 负载电流较小且变动不大
3. 调整元件，取样电路，基准电压，比较放大　4. +9，−12
5. 24，20，电容断路，负载断路，一个二极管断路同时电容断路　6. 1.25

二、选择题
1. B　2. C　3. A　4. A　5. B　6. D　7. C　8. C　9. C　10. B

三、综合题
1. **答**：（1）输出电压增大；$R_L C$ 越大，电容放电速度越慢，负载电压中的纹波成分越小，负载平均电压越高。

（2）在 $R_L C = (3\sim 5)\dfrac{T}{2}$ 时，$U_{L0} \approx 1.2 U_2$

(3) 若将二极管 VD_1 断开时，当于半波整流电容滤波，$U_L \approx 1.0 U_2$。负载电阻 R_L 断开，即相当于空载，有 $U_{L0} = \sqrt{2} U_2 \approx 1.4 U_2$。

(4) 若 C 断开时，即无电容时则为桥式整流电路，有 $U_{L0} \approx 0.9 U_2$。

2.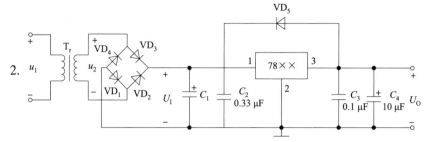

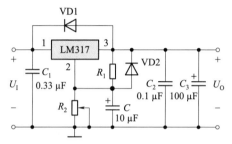

3. **答**：(1) 电路中稳压管接反或限流电阻 R 短路，稳压管会烧坏。

(2) 因为 $U_1 = 1.2 U_2$，所以 $U_2 \approx U_1/1.2 = 15$ V。输出电压 $U_o = 6$ V。

(3) 略

4. (1) C 上端为正极下端为负极。(2) $U_{o1} = +15$ V，$U_{o2} = -15$ V

5. **解**：(1) U_1 是单相桥式整流电容滤波后的输出，C 足够大，所以
$$U_1 = 1.2 U_2 = 1.2 \times 30 = 36 (V)$$

(2) 当 $R'_P = R_P$ 时，输出最小为 U_{omin}；当 $R'_P = 0$ 时，输出最大为 U_{omax}
$$U_{omin} = \frac{R_2 + R_3 + R_P}{R_3 + R_P} \times U_Z = \frac{100 + 100 + 300}{100 + 300} \times 6 = 7.5 (V)$$

$$U_{omax} = \frac{R_2 + R_3 + R_P}{R_3} \times U_Z = 30 \text{ V}$$

输出电压 U_o 在 U_{omin} 至 U_{omax} 范围内可调节，即 U_o 在 7.5～30 V 范围内调节。

(3) $U_1 = 1.2 U_2 = 1.2 \times 20 = 24$ V，则 U_o 增大到 $U_1 - U_{CES} = 24 - 2 = 22$ V 时，三极管已经饱和，U_o 达到极限，所以这时 U_o 最大值为 22 V，即 U_o 在 7.5～22 V 范围内调节。

思考与练习 5.1

一、填空题

1. 4，1　2. 10000，00010110，数制，代码　3. 17，21　4. 逻辑代数，数字逻辑电路
5. 0　6. 与门、或门、非门　7. 0，1，高阻　8. 3，与非门　9. A，A，ABC

二、选择题

1. C　2. D　3. C　4. A　5. B　6. A　7. C　8. D　9. B　10. C　11. C　12. C

三、判断题

1. √ 2. × 3. × 4. × 5. √ 6. √ 7. × 8. × 9. × 10. √ 11. ×

四、

A	B	C	F_1
0	0	0	0
0	0	1	1
0	1	0	0
0	1	1	0
1	0	0	0
1	0	1	1
1	1	0	1
1	1	1	1

A	B	C	D	F_2	A	B	C	D	F_2
0	0	0	0	0	1	0	0	0	1
0	0	0	1	0	1	0	0	1	1
0	0	1	0	0	1	0	1	0	0
0	0	1	1	0	1	0	1	1	0
0	1	0	0	0	1	1	0	0	1
0	1	0	1	1	1	1	0	1	1
0	1	1	0	1	1	1	1	0	0
0	1	1	1	1	1	1	1	1	1

五、图略

六、$F_1 = A+B+C$；$F_2 = \overline{A}\,\overline{B}\,\overline{C}+D$；$F_3 = A\overline{B}+D$

七、

1. 图略

2. 若探头输入为 1，则第二个与非门输出为 1，上面的二极管发光，下面的二极管不发光。

若探头输入为 0，则第二个与非门输出为 0，上面的二极管熄灭，下面的二极管发光。

结论，若探头输入为 1，上面二极管发光，若探头输入为 0，则下面的二极管发光。

思考与练习 5.2

一、填空题

1. 当前输入有关，无关，门电路 2. 二进制代码，0，1，2^n 3. 多，多，32，5
4. 优先级别最高的 5. 10，4 6. 二进制代码，代表信号的 0 或 1 7. 低，6
8. 4，8 9. $m = 2^n$ 10. 16

二、选择题

1. B 2. B 3. A 4. C 5. D 6. A

三、分析题

（a）$Y = \overline{A} + B + CD$（判断四位二进制数为 8，9，10 时输出为 0，否则输出为 1）。

（b）$Y = AB + \overline{A}\,\overline{B}$（判断 AB 信号是否相同）。

四、(1)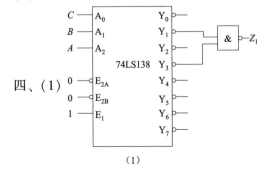

(2)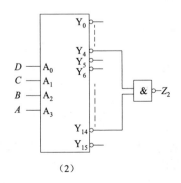

五、设计题

1. 设三个工厂分别为 A、B、C，需用电为 1，不需用电为 0，甲变电站设为 Z_1，乙变电站设为 Z_2，供电为 1，不供电为 0，真值表如下：

A	B	C	Z_1	Z_2
0	0	0	0	0
0	0	1	1	0
0	1	0	1	0
0	1	1	0	1
1	0	0	1	0
1	0	1	0	1
1	1	0	0	1
1	1	1	1	1

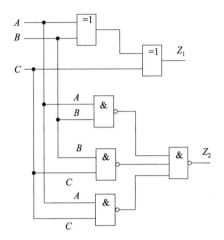

设计题题 1 图

$Z_1 = A \oplus B \oplus C$，$Z_2 = AB + BC + AC = \overline{\overline{AB}\ \overline{BC}\ \overline{AC}}$

2.

(1)

A	B	C	F
0	0	0	1
0	0	1	0
0	1	0	0
0	1	1	1
1	0	0	0
1	0	1	0
1	1	0	1
1	1	1	0

(2) $F = \overline{A}\ \overline{B}\ \overline{C} + \overline{A}BC + AB\overline{C}$

(3)
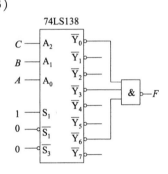

设计题题 2 图

思考与练习 6.1

一、填空题

1. 2，触发信号，现态   2. 上升沿，下降沿，下降沿，上升沿   3. 1，0
4. 保持，翻转（计数）
5. $Q^{n+1} = J\overline{Q^n} + \overline{K}Q^n$，$Q^{n+1} = D$ 6. 1   7. $\overline{Q^n}$ 8. $\overline{Q^n}$ 9. 门电路，触发器
10. 同步，异步

二、选择题

1. D   2. C   3. A   4. B   5. D   6. C   7. D   8. C   9. B   10. B   11. A   12. A   13. C

三、分析题

1.

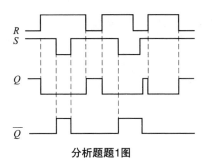

分析题题1图

R	S	$\overline{Q^n}$	$\overline{Q^{n+1}}$
0	0	0	0
0	0	1	0
0	1	0	1
0	1	1	1
1	0	0	0
1	0	1	0
1	1	0	0
1	1	1	0

2.

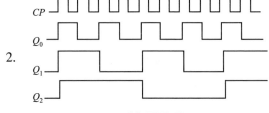

为三位二进制减法计数器。

分析题题2图

3.

分析题题3图

4.

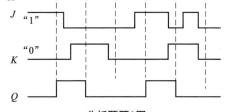

分析题题4图

5.

分析题题5图

6. （1）多谐振荡器　（2）0；矩形波　（3）$f = \dfrac{1}{0.7(R_1 + 2R_2)C}$

7. （1）驱动方程：$J_0 = 1$　$K_0 = 1$；$J_1 = K_1 = Q_0^n$；输出方程 $Z = Q_1 Q_0$

（2）求各个触发器的状态方程。

JK 触发器特性方程为 $Q^{n+1} = J\overline{Q^n} + \overline{K}Q^n (CP\downarrow)$

将对应驱动方程分别代入特性方程，进行化简变换可得状态方程：

$Q_0^{n+1} = 1 \cdot \overline{Q_0^n} + \overline{1} \cdot Q_0^n = \overline{Q_0^n}\,(CP\downarrow)$　　$Q_1^{n+1} = J_1\overline{Q_1^n} + \overline{K_1}Q_1^n = Q_0^n + \overline{Q_0^n}Q_1^n\,(CP\downarrow)$

（3）求出对应状态值。

①列状态表：列出电路输入信号和触发器原态的所有取值组合，代入相应的状态方程，求得相应的触发器次态及输出，列表得出对应的状态。

CP	Q_1^n	Q_0^n	Q_1^{n+1}	Q_0^{n+1}	Z
↓	0	0	0	1	0
↓	0	1	1	0	0
↓	1	0	1	1	1
↓	1	1	0	0	0

②题 7 图是画出的状态图和时序图。

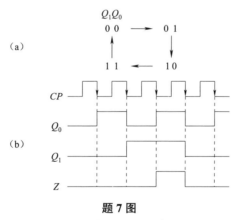

题 7 图

（a）状态图；（b）时序图

从时钟方程可知该电路是同步时序电路。

从图（a）所示状态图可知：随着 CP 脉冲的递增，不论从电路输出的哪一个状态开始，触发器输出 $Q_1 Q_0$ 的变化都会进入同一个循环过程，而且此循环过程中包括四个状态，并且状态之间是递增变化的。

当 $Q_1 Q_0 = 11$ 时，输出 $Z = 1$；当 $Q_1 Q_0$ 取其他值时，输出 $Z = 0$；在 $Q_1 Q_0$ 变化一个循环过程中，$Z = 1$ 只出现一次，故 Z 为进位输出信号。

综上所述，此电路是带进位输出的同步四进制加法计数器电路。

思考与练习 6.2

一、填空题

1. 组合逻辑电路，时序逻辑电路 2. 二，十，任意
3. 同步清零，异步清零，同步置数，异步置数
4. 数码，移位 5. 同步，异步 6. 4，10，10 7. 4，4

二、选择题

1. D 2. C 3. B 4. D 5. A 6. A 7. D 8. D 9. D 10. A

三、分析与设计

1. 为十二进制计数器。状态转换图如下图所示：

$Q_3Q_2Q_1Q_0$

0100 → 0101 → 0110 → 0111 → 1000 → 1001

↑   ↓

1111 ← 1110 ← 1101 ← 1100 ← 1011 ← 1010

分析与设计题 1 图

2.

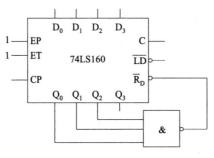

分析与设计题 2 图

3.

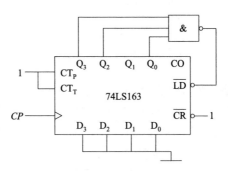

分析与设计题 3 图

参 考 文 献

[1] 康华光. 电子技术基础（模拟部分）[M]. 北京：高等教育出版社，2013.
[2] 康华光. 电子技术基础（数字部分）[M]. 北京：高等教育出版社，2014.
[3] 杨素行. 模拟电子技术基础简明教程[M]. 4版. 北京：高等教育出版社，2022.
[4] 余孟尝. 数字电子技术基础简明教程[M]. 4版. 北京：高等教育出版社，2021.
[5] 詹新生. 模拟电子技术项目化教程[M]. 北京：清华大学出版社，2014.
[6] 董小琼. 数字电子技术项目式教程[M]. 北京：北京理工大学出版社，2017.
[7] 张国汉. 电子技术应用实训教程[M]. 北京：北京理工大学出版社，2016.
[8] 董建民. 电子技术教学做一体化教程[M]. 北京：北京理工大学出版社，2018.
[9] 阎石. 数字电子技术基本教程[M]. 北京：清华大学出版社，2007.
[10] 刘守义，钟苏. 数字电子技术[M]. 西安：西安电子科技大学出版社，2012.
[11] 华容茂，过军. 电工、电子技术实习与课程设计[M]. 北京：电子工业出版社，2000.
[12] 郝波. 数字电路基础[M]. 西安：西安电子科技大学出版社，2011.
[13] 王衍凤. 电子技术基础[M]. 北京：清华大学出版社，2019.
[14] 陈晓文. 数字电子技术[M]. 北京：机械工业出版社，2013.
[15] 朱祥贤. 数字电子技术项目教程（项目式）[M]. 北京：机械工业出版社，2010.
[16] 刘美玲. 电子技术基础[M]. 北京：清华大学出版社，2012.